PLANEJAMENTO E CONTROLE DA PRODUÇÃO
MODELAGEM E IMPLEMENTAÇÃO

2ª edição

Fábio Müller Guerrini

Renato Vairo Belhot

Walther Azzolini Júnior

© 2019, Elsevier Editora Ltda.

Todos os direitos reservados e protegidos pela Lei 9.610 de 19/02/1998.

Nenhuma parte deste livro, sem autorização prévia por escrito da editora, poderá ser reproduzida ou transmitida sejam quais forem os meios empregados: eletrônicos, mecânicos, fotográficos, gravação ou quaisquer outros.

ISBN: 978-85-352-9138-4
ISBN (versão digital): 978-85-352-9139-1

Copidesque: Augusto Coutinho
Revisão tipográfica: Silvia Lima
Editoração Eletrônica: Thomson Digital

Elsevier Editora Ltda.
Conhecimento sem Fronteiras

Rua da Assembléia, nº 100 – 6º andar
20011-904 – Centro – Rio de Janeiro – RJ

Av. Nações Unidas, nº 12995 – 10º andar
04571-170 – Brooklin – São Paulo – SP

Serviço de Atendimento ao Cliente
0800 026 53 40
atendimento1@elsevier.com

Consulte nosso catálogo completo, os últimos lançamentos e os serviços exclusivos no site www.elsevier.com.br

> **NOTA**
>
> Muito zelo e técnica foram empregados na edição desta obra. No entanto, podem ocorrer erros de digitação, impressão ou dúvida conceitual. Em qualquer das hipóteses, solicitamos a comunicação ao nosso serviço de Atendimento ao Cliente para que possamos esclarecer ou encaminhar a questão.
>
> Para todos os efeitos legais, a Editora, os autores, os editores ou colaboradores relacionados a esta obra não assumem responsabilidade por qualquer dano/ou prejuízo causado a pessoas ou propriedades envolvendo responsabilidade pelo produto, negligência ou outros, ou advindos de qualquer uso ou aplicação de quaisquer métodos, produtos, instruções ou ideias contidos no conteúdo aqui publicado.
>
> A Editora

CIP-BRASIL. CATALOGAÇÃO NA PUBLICAÇÃO
SINDICATO NACIONAL DOS EDITORES DE LIVROS, RJ

G966p
2. ed.

    Guerrini, Fábio Müller
    Planejamento e controle da produção modelagem e implementação / Fábio Müller Guerrini, Renato Vairo Belhot, Walther Azzolini Júnior. - 2. ed. - Rio de Janeiro : Elsevier, 2019.
    : il.

    Apêndice
    Inclui bibliografia
    ISBN 978-85-352-9138-4

    1. Administração da produção. 2. Planejamento da produção. 3. Controle de produção. I. Belhot, Renato Vairo. II. Azzolini Júnior, Walther. III. Título.

18-51380   CDD: 658.5
                           CDU: 658.5:005.584.1

Meri Gleice Rodrigues de Souza - Bibliotecária CRB-7/6439

Agradecimentos

A maioria dos artigos e textos citados nos tópicos de Modelagem e Implementação são em coautoria com mestres e doutores orientados pelo autor Fábio Müller Guerrini. Agradecemos às seguintes pessoas:

Dani Marcelo Nonato Marques

Cristiane Carneiro da Silva

Cristina Cury Pellegrinotti

Heber Lombardi de Carvalho

Larissa Elaine Dantas de Araújo

Murilo José Rosa

Rogério Cerávolo Calia

Thales Botelho de Sousa

Os Autores

Fábio Müller Guerrini, professor associado do departamento de Engenharia de Produção da EESC-USP, desenvolve pesquisas sobre modelagem de redes dinâmicas e PCP.

Renato Vairo Belhot, professor associado do departamento de Engenharia de Produção da EESC-USP, com pós-doutorado pela Texas A&M University, desenvolve pesquisas sobre ensino – aprendizagem em Engenharia e uso de jogos em PCP.

Walther Azzolini Júnior, professor doutor do departamento de Engenharia de Produção da EESC-USP, desenvolve pesquisas sobre PCP e pesquisa operacional.

Apresentação

O planejamento e controle de produção tem se mostrado, cada vez mais, a principal área que gera vantagens competitivas na manufatura em custo, qualidade, flexibilidade e desempenho de entregas. Tal argumento é comprovado pela grande quantidade de livros e publicações de artigos em periódicos que evidenciam que os esforços da gerência devem ser voltados para a produção.

Entretanto, apesar do reconhecimento da importância da área de planejamento e controle de produção, observa-se um descompasso na formação acadêmica do profissional em relação ao pensamento sistêmico e às formas de modelar e implementar os sistemas de produção. Essa lacuna deve-se ao foco do conteúdo estar no ensino de técnicas e modelos matemáticos para solução de problemas específicos de determinado estágio do planejamento e controle de produção (plano de vendas, recursos, mestre, necessidades de matérias e programação).

Para modelar e implementar sistemas de planejamento e controle de produção é necessário compreender como os processos, atores e recursos se articulam em torno dos objetivos da manufatura.

A proposta deste livro é partir da visão sistêmica para inserir o problema de planejamento e controle de produção em um contexto maior, identificando as variáveis por meio da modelagem interpretativa, fundamentada em estruturas de operações e em metodologia para gestão do conhecimento, e uma vez delimitado o problema, utilizar a modelagem matemática por meio de heurísticas, técnicas matemáticas e programação linear para solucioná-lo.

Esta abordagem visa garantir que o aprendizado seja possível tanto para alunos que possuem um perfil generalista, que necessita compreender o problema sistemicamente para conseguir entender as partes; quanto para alunos que possuem um perfil sequencial, que necessitam aprender gradativamente, passo a passo, para atingir a compreensão sistêmica.

Para viabilizar esta proposta, o foco da apresentação do conteúdo do livro é o aluno e está organizado em cinco níveis de aprendizagem: conhecimento, compreensão, aplicação, reflexão e síntese.

Para facilitar a identificação dos níveis de aprendizado, nesta 2ª edição, cada capítulo foi organizado em seções correspondentes:

- ❖ **Introdução.** Corresponde ao nível de conhecimento e oferece um modelo conceitual que sintetiza os conceitos abordados no capítulo.

- ❖ **Caso.** Corresponde ao nível de reflexão, para motivar o leitor a reconhecer os conceitos que serão desenvolvidos no capítulo.

❖ **Compreendendo as variáveis.** Corresponde ao nível de compreensão que antecede a aplicação de técnicas, métodos e modelos matemáticos, com o intuito de apresentar os fundamentos teóricos. Ao final dessa seção são propostas questões dissertativas para consolidar o nível de compreensão.

❖ **Aplicação.** Corresponde ao nível de aplicação de técnicas, métodos e modelos matemáticos, a partir de exemplos de aplicação.

❖ **Modelagem e implementação.** Corresponde ao nível de reflexão, com a finalidade de apresentar os principais elementos a serem considerados para a modelagem interpretativa e a implementação de sistemas de PCP. Essa seção foi especialmente inserida nesta 2ª edição.

❖ **PCP também é cultura.** Também colabora com o nível de reflexão. O intuito é apresentar conhecimentos transversais de caráter cultural, de forma que o leitor compreenda que os conceitos de PCP podem ser observados em diferentes contextos.

❖ **Projeto de aplicação didática.** Está colocado em forma de apêndice e corresponde ao nível de síntese. O apêndice é transversal a todos os capítulos do livro, e foi completamente reformulado para esta 2ª edição, contendo, além do detalhamento maior no projeto sobre as atividades de PCP, um projeto de Engenharia de Software de um sistema MRP.

O livro não pretende abordar todas as técnicas existentes, mas sim capacitar o aluno a identificar e compreender as variáveis de um problema para definir os modelos conceituais necessários para a sua solução.

Sumário

Introdução   1

Jornada de aprendizado   2

Modelagem dos processos de PCP   4

Síntese da proposta do livro   7

Referências   7

Capítulo 1 PCP: Evolução e conceito   9

Introdução   10

Evolução do planejamento e controle de produção   11

Primeiro estágio: a transição da produção artesanal
para a produção em massa   11

Segundo estágio: métodos científicos   14

Terceiro estágio: o surgimento dos sistemas de PCP   16

PCP: Conceitos preliminares   17

Objetivos do planejamento e controle de produção   17

Processo de planejar e controlar a produção   20

Níveis hierárquicos do PCP   22

Conclusão   30

Referências   34

Capítulo 2 Sistemas de produção e estruturas de operações   37

Introdução   38

Compreendendo as variáveis   38

Sistema de produção   38

O grau de influência do cliente nos sistemas de produção   39

Estruturas de operações de Wild	49
Estruturas de fabricação	50
Estruturas de suprimentos	52
Estruturas de transporte e serviços	53
Aplicação	55
Exemplo de aplicação	55
Estudo de caso	57
Modelagem e implementação	59
Gestão colaborativa no setor automobilístico	59
Levantamento de dados	59
Processo de gestão colaborativa	60
PCP também é cultura	63
Uma carta de Clyde Champion Barrow para Henry Ford	63
Conclusão	63
Referências	66
Capítulo 3 Previsão de vendas	**69**
Introdução	70
Caso	70
Hipóteses para a previsão aplicada a uma república de estudantes	70
Compreendendo as variáveis	72
Métodos qualitativos	74
Métodos quantitativos	75
Métodos primitivos e métodos baseados em princípios estatísticos	75
Aplicação	85
Erro de previsão	103
Modelagem e implementação	110
Execução do módulo do plano de vendas e operações (S&OP)	110
Decomposição do processo de execução do planejamento mensal	111
PCP também é cultura	113
O oráculo de Delfos	113
Conclusão	114
Referências	115

Capítulo 4 Plano de Recursos   **117**

Introdução   118

Caso   118

    A necessidade de planejar recursos   118

Compreendendo as variáveis   121

    Políticas de capacidade   121

Aplicação   130

    Método gráfico ou por quadros   130

    Método Canto Noroeste   136

    Modelo de Custos Lineares para o plano de recursos   139

Modelagem e implementação   143

    Implantação de um sistema APS   143

    Compreendendo o processo de implantação   144

PCP também é cultura   146

    A travessia de sete mil quilômetros
       no Atlântico Sul   146

Conclusão   146

Referências   148

Capítulo 5 Administração de Estoques   **149**

Introdução   150

Caso   150

    Administração de estoques utilizando
       a metodologia de Goethe   150

Compreendendo as variáveis   155

    Tipos de estoques   155

    Estoque do ponto de vista funcional   156

    Técnicas de controle de estoque   159

Aplicação   164

    Custo dos estoques   164

Modelagem e implementação   178

    Implantação de Teoria das Restrições
       para a diminuição de estoques   178

    Levantamento das informações   179

    Implementação na unidade fabril   179

PCP também é cultura 180

    O PCP começou com o problema de estoques 180

Conclusão 182

Referências 183

Capítulo 6 Programação de Atividades 185

Introdução 186

Caso 186

    Uma ideia simples e brilhante já completou 100 anos 186

Compreendendo as variáveis 188

    Objetivos da programação da produção 188

Aplicação 189

    Carregamento 189

    Sequenciamento 190

    Foco no produto 192

    Regras de sequenciamento 195

    Programação 200

    Técnicas de programação 203

Modelagem e implementação 207

    Programação e ajustes de capacidade segundo
a visão de Wild 207

PCP também é cultura 208

    Surgimento das técnicas de programação de atividades 208

Conclusão 209

Referências 219

Capítulo 7 Sistemas MRP, MRPII, ERP 221

Introdução 222

Caso 222

    Evolução do sistema MRP para o sistema ERP 222

Compreendendo as variáveis 225

    Sistemas de planejamento dos recursos empresariais - ERP 225

    Planejamento dos recursos de manufatura (MRP II) 226

Aplicação 235

    Cálculo das necessidades de materiais e estrutura do produto 235

Modelagem e implantação	252
Implantação de sistemas ERP	252
Abordagem da literatura	253
Elementos para implantação de sistemas ERP	254
Compreendendo objetivos, regras e o processo de implantação	255
PCP também é cultura	257
Situação de guerra	257
Conclusão	257
Referências	258

Capítulo 8 Produção Enxuta — **261**

Introdução	262
Caso	262
Evolução do sistema Toyota de produção para a produção enxuta	262
Compreendendo as variáveis	264
Princípios do Sistema Toyota de Produção	264
Categorias de desperdícios	265
Sistema de controle do *Just in Time: Kanban*	272
Sistemas híbridos	279
Aplicação	280
Mapeamento de fluxo de valor	280
Modelagem e implementação	289
Evento Kaizen	289
Primeiro dia	289
Segundo: ações *kaizen*	290
Terceiro dia	290
Quarto dia	291
Quinto dia	292
PCP também é cultura	292
As três perguntas de Taiichi Ohno	292
Conclusão	293
Referências	296

Apêndice: Projetos de aplicação didática — 299

Projeto 1: Relacionamento das atividades de PCP e sistema MRP — 300

Motivação do projeto de aplicação didática — 300

Apresentação do projeto — 300

Modelagem do projeto - genérica — 309

Modelagem do projeto com as variáveis do projeto — 310

Modelagem matemática final do projeto — 311

Projeto 2: Projeto de Engenharia de Software de um sistema MRP — 313

1. Documento de requisitos — 313

2. Diagrama de atores — 314

3. Casos de uso do sistema — 314

4. *Mock-ups* — 314

5. Sugestão de ferramentas para o projeto — 314

INTRODUÇÃO

O objetivo deste livro é capacitar o leitor para a modelagem dos processos básicos do planejamento e controle de produção, e para o uso dos correspondentes métodos e técnicas de solução.

A proposta é mesclar esses aspectos e incrementar o uso de técnicas e procedimentos que considerem os diferentes estilos de aprendizagem, objetivos instrucionais que efetivamente possam ser atingidos, permeados por uma estratégia de ensino que privilegie a autoaprendizagem. Há uma proposta diferenciada de abordagem do fluxo de informações do Planejamento e Controle de Produção, que permite a identificação do contexto e das técnicas que originaram a concepção dos sistemas de PCP, em uma estrutura hierárquica de decisão, a qual aborda os sistemas de PCP existentes. A utilização de cinco níveis de aprendizado e seus respectivos mecanismos estão representados na Figura 1.

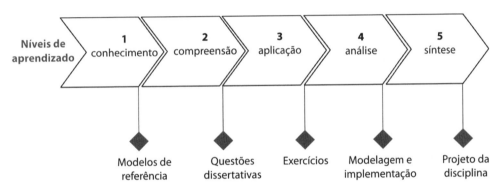

Figura 1: Níveis de aprendizado.

O objetivo instrucional é estimular o leitor a pensar por conta própria e integrar informações e conceitos de diferentes áreas do conhecimento. As principais vantagens e diferenças deste livro em relação a similares de planejamento e controle de produção são:

1. Apresenta o planejamento e o controle de produção por meio de diferentes metodologias de modelagem interpretativa (*For Enterprise Modeling* [4EM], metodologia de sistemas *soft*, estruturas de Wild) e modelagem matemática (heurísticas, programação linear) para modelar os processos básicos do PCP.
2. Dá ênfase ao projeto dos sistemas de produção em relação à classificação desses sistemas e à definição do sistema de planejamento e controle de produção a ser adotado.

3. Propõe um projeto de aplicação que envolve programação linear e procura abordar o fluxo de informações do PCP conforme as atividades de previsão de vendas, plano de recursos, administração de estoques e programação de atividades.

4. Propõe um projeto de Engenharia de Software de um sistema MRP, tendo como produto uma bicicleta, e o desenvolvimento dos artefatos referentes ao documento de requisitos, diagrama de atores, casos de uso e *mock-ups*.

5. Solicita ao leitor que solucione o problema proposto por meio do direcionamento em passos de resolução. A finalidade é processar a informação de uma forma ativa, levando o leitor a trilhar os passos estabelecidos pelos diferentes métodos e técnicas, e a visualizar a aplicação prática dos conceitos discutidos.

6. Ao longo de cada capítulo, há um conjunto de atividades, similar a um estudo dirigido, que complementará o conteúdo desenvolvido. Seu objetivo é dar oportunidade ao leitor para lidar com aspectos de maior dimensão, extrapolar parâmetros e variáveis estabelecidas e criar conexões conceituais.

7. Observa cinco níveis de aprendizado fundamentados em conhecimento (modelos baseados na metodologia 4EM), compreensão (questões dissertativas), aplicação (exercícios), reflexão (estudos de caso) e síntese (projeto de aplicação) propostos pela taxonomia de Bloom.

Jornada de aprendizado

O sentido extremo de um processo de aprendizado é provocar uma mudança na cultura do indivíduo, pois ele não apenas aprende o que é ensinado, mas pode aprender a aprender. "Aprender a aprender" é um processo lógico analítico que o indivíduo adquire quando incorpora o conhecimento sobre um determinado assunto baseado em um método.

Em uma jornada de aprendizado, espera-se que o leitor seja proativo a ponto de não se limitar somente ao conteúdo desenvolvido pelo professor em sala de aula, mas que seja capaz de empregá-lo como ponto de partida para o desenvolvimento da uma cultura particular sobre planejamento e controle de produção.

Os cinco níveis de aprendizado propostos na Figura 1 podem ser atingidos em função do compromisso do leitor com a proposta. A participação ativa dos leitores será solicitada o tempo todo.

A seguir, uma breve descrição do conteúdo do livro por partes e capítulos.

Parte I. Introdução

O **Capítulo 1** aborda os conceitos básicos que constituem a linguagem comum da área: evolução do PCP, o planejamento e o controle de produção na abordagem da modelagem organizacional.

Parte II. Atividades do PCP

O **Capítulo 2** aborda os sistemas de produção e as estruturas de operações de Ray Wild. Além do conteúdo teórico, serão propostas atividades práticas para despertar a percepção das variáveis envolvidas nos sistemas de produção.

O **Capítulo 3** apresenta os conceitos para a utilização de métodos qualitativos e quantitativos a fim de desenvolver previsões de vendas e suas implicações para a elaboração do Planejamento e Controle de Produção. Como consequência, espera-se atingir os objetivos de aprendizado que dizem respeito a: saber identificar padrões de comportamento de dados históricos; saber distinguir o que pode ser previsível; o que é quantitativo e o que é qualitativo segundo critérios estabelecidos; identificar a técnica que melhor se adapta ao conjunto de dados, segundo os critérios estabelecidos; saber aplicar as técnicas de previsão e analisar os resultados para comparar e escolher a melhor técnica.

O **Capítulo 4** ilustra a participação da previsão de vendas e da administração de capacidade na dinâmica do planejamento de recursos produtivos, apresenta modelos lineares aplicáveis na produção e analisa a estrutura de um plano de recursos. Com relação a esse assunto, espera-se atingir os seguintes objetivos de aprendizado: entender o papel da previsão na elaboração de planos de recursos; ser capaz de agregar com relação a esse assunto informações para viabilizar o plano de recursos; saber calcular e medir a capacidade de produção; compreender a relevância da capacidade para a execução de um plano de produção e sua ligação com a geração de estoques; saber elaborar um plano de produção (recursos) de forma heurística e otimizante; construir os respectivos modelos e saber como aplicar um plano de produção.

O **Capítulo 5** aborda as variáveis e as técnicas que envolvem a administração de estoques. Sobre esse tema, espera-se atingir os seguintes objetivos de aprendizado: aplicar as diferentes técnicas e modelos matemáticos para administrar estoques, identificar os diversos custos envolvidos na manutenção de estoques, conhecer as políticas de reposição de estoques e sua modelagem, aplicar a classificação ABC em custos de estocagem e outras medidas de desempenho; calcular o Lote Econômico de Compra e entender a sua importância na composição do custo total; reforçar a inter-relação entre a qualidade da previsão de vendas, estoques e custos; representar graficamente e analiticamente o comportamento dos estoques no tempo.

O **Capítulo 6** apresenta como a programação de atividades é organizada e implementada. Em decorrência, os objetivos de aprendizado visam capacitar o leitor a aplicar as técnicas e os modelos matemáticos para programar atividades; compreender o significado de critérios de formação de sequências (ordem de produção); aplicar as métricas para a comparação de resultados nas sequências de produção de tarefas; compreender como os fatores internos e externos interferem na programação-padrão, e como levá-los em consideração no momento da decisão; compreender o papel da programação de atividades na consecução do planejamento de produção; compreender como a programação das atividades pode provocar variações na capacidade de produção; saber construir o diagrama de montagem e analisar os resultados.

Parte II. Sistemas de PCP

O **Capítulo 7** aborda os principais sistemas de planejamento e controle de produção (MRP, MRPII e ERP). Em decorrência, os objetivos de aprendizado visam capacitar o leitor a planejar e controlar a produção utilizando o MRP, cientes dos condicionantes que levam à adoção das respectivas soluções.

O **Capítulo 8** apresenta os conceitos relativos à Produção Enxuta, como filosofia de produção, sistema de planejamento e controle de produção e sistemas de emissão de ordens.

O **Apêndice** propõe dois projetos para permitir a síntese da proposta de aprendizado do livro. O primeiro projeto, de caráter integrativo dos assuntos abordados, permite verificar como as atividades do PCP se integram para a solução de um caso prático. O segundo projeto, direcionado para o perfil do aluno da área de Sistemas de Informação, prevê o desenvolvimento de um projeto de Engenharia de Software para um sistema MRP, cujo produto final é uma bicicleta.

Modelagem dos processos de PCP

De acordo com Pidd (1998): "Modelo é uma representação externa e explícita da realidade vista pela pessoa que deseja usar aquele modelo para entender, mudar, gerenciar e controlar parte daquela realidade."

A modelagem auxilia o conhecimento das consequências das ações e decisões como visão estratégica da empresa e estabelece o elo entre o intuitivo e o racional.

Pidd (1998) propôs a categorização da modelagem baseada na modelagem interpretativa, associada às Ciências Administrativas, na qual se insere a metodologia de Sistemas *Soft* (SSM) e o método *For Enterprise Modeling* (4EM). Também se baseia na modelagem matemática, na qual está inserida a Programação Linear, visando a otimização de recursos, e a Heurística, que busca uma solução para o problema administrativo não otimizante. Tanto as metodologias citadas na modelagem interpretativa quanto na modelagem matemática serão utilizadas para o desenvolvimento da modelagem da produção.

A metodologia de sistemas *soft* (SSM) foi proposta por Checkland (1981) e consiste em uma abordagem do problema administrativo a partir de uma linha divisória entre o mundo real (análise cultural) e o pensamento sistêmico (análise lógica). No mundo real parte-se de uma situação problemática não estruturada para definir uma situação problemática expressa. A partir da situação problemática

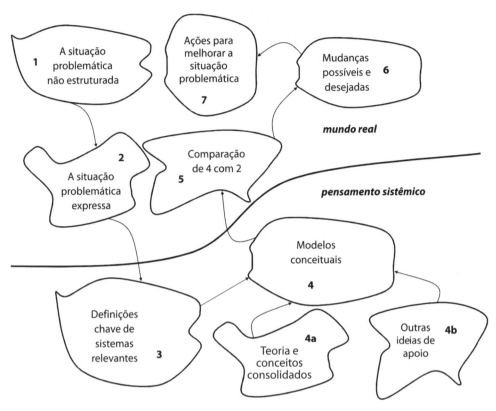

Figura 2: Passos da metodologia *soft. Fonte:* Pidd (1998).

expressa, no pensamento sistêmico buscam-se as definições-chave de sistemas relevantes a partir das quais se elaboram os modelos conceituais, tanto em termos do conceito formal de sistema quanto de outras ideias sistêmicas. No mundo real, novamente compara-se o modelo conceitual com a situação problemática expressa para verificar as mudanças possíveis desejadas e propor ações para melhorar a situação problemática (Figura 2).

O método *For Enterprise Modeling* (4EM) (Sandkuhl et al., 2014) é uma forma sistemática e organizada de compreender a organização por meio de um conjunto de seis submodelos interdependentes entre si: *objetivos*, que apresentam as metas organizacionais da empresa; *regras de negócio*, que garantem a consecução das ações para atingir os objetivos, os quais, por sua vez, disparam os *processos de negócio*; nestes últimos, estão envolvidos *atores e recursos*, que especificam, por meio de *conceitos* e dos demais submodelos, quais são os *componentes e requisitos técnicos* necessários para o desenvolvimento de um sistema de informação. A Figura 3 apresenta a metodologia 4EM.

Um resumo dos conectores da metodologia 4EM é apresentado no Quadro 1.

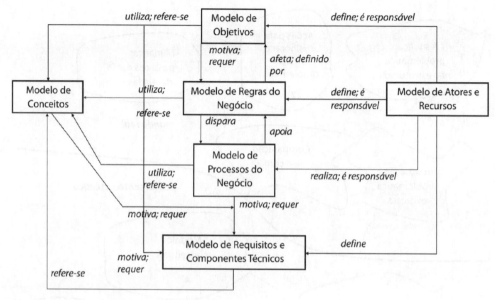

Figura 3: Método 4EM. *Fonte*: Sandkhul (2016).

Quadro 1: Conectores do método 4EM

Conector	Significado
△	Decomposição "E"
▽	Decomposição "OU"
○	Agregação "É UM" (contém parte)
●	Agregação "É UM" (contém a totalidade)
□	Agregação "É PARTE DE" (contém parte)
■	Agregação "É PARTE DE" (contém a totalidade)

A Programação Linear visa otimizar recursos a partir do estabelecimento de uma função objetivo que pode maximizar ou minimizar tais recursos de acordo com determinadas restrições preestabelecidas. No contexto da disciplina, será utilizada para planejar recursos e desenvolver o projeto da disciplina baseado nas atividades do PCP. Nesse caso, pode-se utilizar o *software* Lindo ou uma planilha Excel para o desenvolvimento do projeto.

Os métodos heurísticos fornecem uma solução aproximada de problemas administrativos com a intenção de chegarem o mais próximo de soluções ótimas. Definem parâmetros a serem considerados para a obtenção de soluções, procurando simplificar as variáveis envolvidas.

De uma forma geral, o que a modelagem de processos de PCP permite avaliar é a necessidade de otimização de recursos em contraposição ao nível de serviço desejado. Quanto mais se otimizam recursos, diminui-se a disponibilidade e consequentemente o nível de serviço associado a esses recursos.

A partir dessa premissa, Wild (1980) propôs sete estruturas de operações com recursos combinados relacionados com fabricação, suprimentos, transporte ou serviço. Se na fabricação a otimização de recursos de manufatura pode ser preponderante em relação ao nível do serviço, o oposto é verdadeiro no serviço de atendimento médico emergencial.

Síntese da proposta do livro

A proposta de abordagem do PCP neste livro é uma convergência de metodologias de modelagem interpretativa e matemática que permite ao leitor adquirir uma visão sistêmica dos conceitos e pressupostos para compreender as variáveis necessárias para o projeto, a implantação e a operação de sistemas de planejamento e controle de produção.

Referências

SANDKUHL, K.; STIRNA,J.; PERSSON. A.; WIβOTZKI, M. *Enterprise modeling*: tackling business challenges with 4EM method. Heildelberg: Springher-Verlag, 2014.

CHECKLAND, P. B. *Systems thinking, systems practice*. Chichester: John Wiley & Sons, 1982.

PIDD, M. *Modelagem empresarial: ferramentas para a tomada de decisão*. Porto Alegre: Bookman, 1998.

WILD, R. *Operations Management: a policy framework*. Oxford: Pergamon Press, 1980.

Capítulo 1

PCP: EVOLUÇÃO E CONCEITO

Fábio Müller Guerrini

Renato Vairo Belhot

Walther Azzolini Júnior

Resumo

O PCP surgiu a partir do desenvolvimento de técnicas isoladas para a resolução de problemas específicos na linha de produção e que, ao longo do tempo, foram integradas de forma sistêmica. A visão sistêmica propiciou a definição de uma estrutura hierárquica de decisões em função de um horizonte de tempo. O PCP visa garantir a eficiência e eficácia para a coordenação de atores e recursos envolvidos. Na condição de uma das áreas das empresas, o PCP necessita de informações das áreas de marketing, suprimentos, engenharia, qualidade e manutenção. As atividades do PCP dizem respeito a identificar os sistemas de produção, prever vendas, planejar recursos, administrar estoques e programar atividades.

Palavras-chave: Planejamento e controle de produção; fluxo de informações do PCP; PCP.

Objetivos instrucionais (do professor)

❖ Apresentar a evolução dos conceitos e o desenvolvimento das técnicas que compõem o PCP e sua importância relativa às atividades a serem desempenhadas.

Objetivos de aprendizado (do aluno)

❖ Abordar a evolução dos conceitos do planejamento e controle de produção.
❖ Capacitar o leitor a identificar a necessidade da desagregação de informações para viabilizar a produção.
❖ Conhecer o jargão terminológico e siglas empregadas na área e entender os conceitos de hierarquia e processo decisório.

Introdução

Este capítulo divide-se em duas partes: a primeira aborda a evolução histórica do planejamento e controle de produção; e a segunda parte apresenta os conceitos preliminares sobre o planejamento e controle de produção.

A evolução histórica dos sistemas de planejamento e controle de produção pode ser dividida em três estágios de desenvolvimento do planejamento e conbtrole de produção.

O primeiro estágio caracterizou-se pela mudança do paradigma da produção artesanal para a produção em massa possibilitada pelo conceito de divisão do trabalho e decorrente do advento da Revolução Industrial.

O segundo estágio caracterizou-se pela contribuição da administração científica e do fordismo. São apresentados os condicionantes históricos do surgimento da Administração Científica que visou substituir o caráter empírico para uma abordagem científica dos problemas da produção. O fordismo materializou vários princípios de balanceamento da linha de produção, observando a necessidade de existir uma correspondência entre as vendas, produção e compra de matéria-prima.

O terceiro estágio caracterizou-se pelo surgimento dos sistemas de planejamento e controle de produção. São apresentadas a linha evolutiva do sistema Toyota de produção para a produção enxuta e a linha evolutiva do sistema de planejamento de necessidades materiais (MRP) para o sistema de planejamento de recursos empresariais (ERP).

A Figura 1.1 apresenta uma síntese dos conceitos abordados na primeira parte do capítulo.

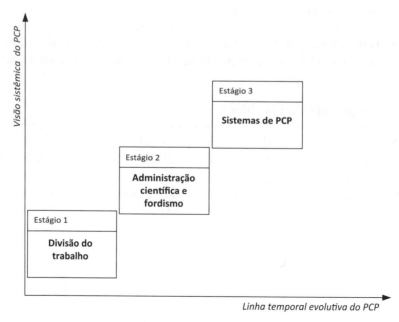

Figura 1.1: Evolução do planejamento e controle de produção.

Os conceitos preliminares de planejamento e controle de produção são o resultado do processo de sistematização das técnicas em sistemas informais, na definição do fluxo de informações que permitiu estabelecer uma hierarquia de planejamento a partir de um horizonte de planejamento.

A partir dessa premissa, a segunda parte do capítulo aborda os conceitos preliminares do planejamento e controle de produção, com o objetivo de proporcionar uma compreensão comum dos objetivos do planejamento e controle de produção, como se estrutura a área de PCP nas empresas, as variáveis a serem consideradas em um processo de planejamento e controle de produção, o fluxo de informações do PCP e os níveis hierárquicos do PCP. A Figura 1.2 apresenta uma síntese dos conceitos abordados na segunda parte do capítulo.

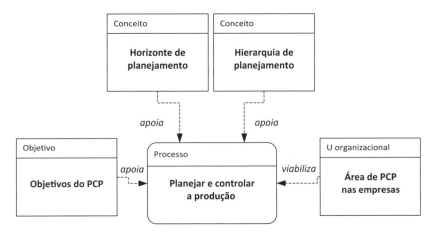

Figura 1.2: Conceitos preliminares do PCP.

Evolução do planejamento e controle de produção

A evolução do conceito de planejamento e controle de produção confunde-se com a evolução da gestão de operações. Entretanto, se o foco recai sobre o fluxo de informações do PCP, torna-se mais evidente que os sistemas de PCP surgiram a partir do desenvolvimento de técnicas isoladas para a resolução de problemas específicos na linha de produção e que, ao longo do tempo, foram integradas de forma sistêmica. A visão sistêmica propiciou a definição de uma estrutura hierárquica de decisões em função de um horizonte de tempo.

Primeiro estágio: a transição da produção artesanal para a produção em massa

A origem do desenvolvimento dos sistemas de produção ocorreu na transição do sistema artesanal para o sistema de produção em massa.

No início do sistema artesanal, o artesão era o responsável pelas cinco funções do ciclo de produção: era responsável por comprar a matéria-prima, contratar ajudantes, utilizar as ferramentas das quais era proprietário, produzir e entregar para o cliente.

O desenvolvimento da divisão técnica do trabalho era impedido pela limitação do número de aprendizes e oficiais, e a organização era em torno das Corporações de Ofício que não permitiam qualquer alteração da técnica. Com o surgimento do intermediário houve uma reorganização da técnica de produção, permitindo a especialização. O sistema de corporações começou a desmoronar. Os mestres passaram a se diferenciar entre si. Começaram a ocorrer encomendas de uma corporação para outra, desempenhando a função de mercador (LITTLER, 1986).

As corporações tinham poder e influência dentro dos limites da cidade e regiões próximas. Sempre que necessário, o intermediário colocava sua empresa fora da jurisdição da corporação, fora das cidades, nos distritos rurais, onde o trabalho podia ser realizado por métodos mais adequados.

No século XVI, os mercadores de pano estabeleceram-se fora dos limites urbanos e, portanto, fora da jurisdição corporativa, contratando os camponeses para fiar e tecer. O mercador fornecia a matéria-prima, pagava e vendia o produto final (HUBERMAN, 1969).

Esse tipo de produção foi um estágio importante para a transição da produção artesanal para a produção capitalista. Os camponeses passaram a reunir-se em grandes oficinas com uma nova divisão técnica de trabalho, mudando não só as relações sociais de produção, mas também as forças produtivas. Os trabalhadores passaram a depender um dos outros e a constituir um sistema de participação coletiva para a realização do trabalho.

Para os intermediários era interessante aumentar a produção tanto quanto o possível, pois os tecidos eram o principal produto exportado para o Oriente. Assim, entregavam a matéria-prima para toda família que se dispusesse a produzi-lo para a venda.

Aos poucos, as funções de comprar matéria-prima e entregar (distribuir) passaram a ser feitas por um intermediário, que fornecia a matéria-prima e se responsabilizava pela venda do produto. Ou seja, das cinco funções iniciais do artesão, somente contratar ajudantes, utilizar as ferramentas das quais era proprietário e produzir ficaram sob a égide do artesão.

Mas isso também começou a mudar lentamente. Huberman (1969) relata o caso isolado de Jack de Newburry que, em 1640, ao contrário dos outros intermediários que levavam matéria-prima para os artesãos trabalharem em suas casas, ergueu um edifício próprio com mais de 200 teares, no qual cerca de 600 homens, mulheres e crianças trabalhavam. Isso ocorreu em princípios do século XVII. Foi Jack de Newburry o precursor do sistema de fábricas que surgiria na Revolução Industrial.

O papel da Revolução Industrial e a divisão de trabalho

Havia muita resistência por parte dos artesãos, os quais achavam que somente pessoas sem talento executavam trabalho dessa natureza. O capitalismo manufatureiro estava barateando a produção e, inexoravelmente, as mercadorias iriam penetrar nos mercados urbanos. Com o fortalecimento das monarquias, o absolutismo uniu-se ao capital comercial combatendo as corporações. O capital passou a ter um papel importante no sistema de produção doméstica, surgido com a economia nacional. O capitalista tornava-se o mercador, o intermediário, o empreendedor do sistema de produção doméstica. A procura maior significava a reorganização, em bases capitalistas, das indústrias pesadas em instalações caras. Do século XVI ao XVII os assalariados surgiram e foram ocupando o lugar dos artesãos, tornando-se paulatinamente dependentes do capitalista.

Enquanto o crescimento das manufaturas necessitava de mão de obra, os miseráveis aumentavam, devido à expropriação de terras por parte da indústria de lã. A solução encontrada pelo governo inglês foi confiná-los em asilos mediante uma ajuda simbólica. Tais medidas tomadas pelo governo impediram que a única saída para a crise pudesse acontecer: deixar que as pessoas, por seus próprios meios e sorte, procurassem trabalho onde havia trabalho. Uma força de trabalho móvel era inconcebível para os governos, mas extremamente necessária para o desenvolvimento do modo de produção capitalista. Do século XIII ao século XVIII, a classe operária formou-se por meio da quebra das relações sociais e da separação dos trabalhadores de seus meios de produção (HEILBRONER, 1997).

Com o progresso industrial, não produtores tornaram-se proprietários de unidades produtivas, os produtores não detinham mais a propriedade, e a produção deveria gerar o maior lucro em relação ao montante do capital investido (HEILBRONER, 1997).

James Watt, um inventor escocês, ao criar a máquina a vapor em 1764, viabilizou a construção de fábricas em localidades distantes dos rios. E essa tecnologia também possibilitou a mudança na velocidade e na escala de produção. Esse tipo de invenção associada à expansão de mercado ajudou a redefinir o modo de produção na época. A organização do trabalho começou a ser repensada com o intuito de aumentar a produtividade.

Princípio da divisão do trabalho

Na Revolução Industrial, ocorreu a divisão do trabalho, baseada em tarefas simples e repetitivas, e a divisão da estrutura organizacional, agrupando funções similares, níveis hierárquicos e especializando as pessoas em suas respectivas funções.

O primeiro estágio do desenvolvimento do planejamento e controle de produção propriamente dito iniciou-se em 1776, quando Adam Smith concluiu, em seu livro *A Riqueza das Nações*, que a divisão do trabalho aumentava a produtividade. Para explicar esse conceito, ele utilizou como exemplo o processo de fabricação de alfinetes.

O alfinete é um item tão pequeno que poderia parecer fácil fabricá-lo de uma vez só. Todo o trabalho é feito de forma manual. É possível dividir o processo de fabricação de alfinetes em dezoito etapas. Comparando-se o tempo gasto por um único operário para realizar todas as etapas com o de dez operários que executam somente uma ou duas etapas cada um, verifica-se que há uma grande diferença: dez trabalhadores especializados (alguns desempenhando duas ou três funções) trabalhando na produção do alfinete produziriam aproximadamente 48.000 alfinetes por dia, em contraposição aos poucos alfinetes que dez trabalhadores não qualificados poderiam fabricar. Tal procedimento permite especializar o trabalhador em uma determinada tarefa repetitiva, minimiza o tempo perdido durante a troca de tarefas e faz com que as máquinas cumpram tarefas específicas e especializadas.

A divisão do trabalho corrobora um modelo de desenvolvimento de empresas apoiado no Reducionismo, no qual o conhecimento e a experiência podiam ser reduzidos, decompostos e desmontados, fazendo-se o isolamento das partes. O Reducionismo deu origem ao método analítico por meio do qual as explicações de um "todo" eram extraídas a partir das explicações do comportamento e propriedades das suas partes. Consequentemente, o processo de análise isola o objeto de estudo para entender o comportamento das partes e reúne esse entendimento das partes para a compreensão do todo. As consequências do modelo de desenvolvimento levaram às empresas a analisarem os seus problemas de forma determinista (relações de causa-efeito) e mecanicista (mundo encarado como uma máquina).

Segundo estágio: métodos científicos

O segundo estágio do desenvolvimento do PCP ocorreu a partir do desenvolvimento da aplicação de métodos científicos para a solução de problemas de produção e o estabelecimento de linhas de produção que tiravam o caráter artesanal da fabricação.

Administração Científica

O pioneiro da Administração Científica foi Frederick Winston Taylor, que nasceu na Filadélfia (Pensilvânia) em 1856 e iniciou a sua vida profissional nas Oficinas Sharpe. Seguindo o conselho do proprietário da empresa, procurou sempre aprender e aprimorar o seu trabalho. Em 1878, foi trabalhar na Midvale Steel Company, uma empresa de bens de capital. Começou como contador e passou a torneiro mecânico. Nessa época, o salário era pago por peça fabricada, o que dificultava a fixação do conceito de remuneração por tarefa. Formou-se no curso de Engenharia do Stevens Institute of Technology. Com isso, William Sellers permitiu-lhe desenvolver um estudo científico dos métodos de trabalho, que gerou mais de 50 patentes de máquinas, ferramentas e processos de trabalho. Em 1896 começou a trabalhar na Bethlehem Steel Works, e três anos e meio depois, fazia com 140 homens o trabalho que antes necessitava de 400 a 600. Reduziu o custo da manipulação do material de 7 a 8 centavos para 3 a 4 centavos por tonelada. Nos seis meses subsequentes, economizou US$ 78.000 dólares ao ano. Nos anos seguintes procurou difundir as suas ideias e escreveu *The Principles of Scientific Management*, que seria a síntese do seu trabalho e mudaria para sempre os conceitos de organização da produção (GERENCER, 1979).

Dentre as contribuições destacam-se os mecanismos da Administração Científica que sistematizam as relações de produção e o estudo da organização: estudo de tempo e padrões de produção; supervisão profissional; padronização de ferramentas e instrumentos; planejamento de cargos e tarefas; princípio de execução; utilização da régua de cálculo e instrumentos para economizar tempo; fichas de instruções de serviço; atribuição de tarefas, associadas a prêmios de produção pela execução eficiente; sistemas de classificação dos produtos e do material usado na manufatura; sistemas de delineamento da rotina do trabalho (TAYLOR, 1979).

Emerson, que era um dos colaboradores de Taylor, estabeleceu os princípios de eficiência: traçar um plano objetivo e bem definido, de acordo com os ideais; estabelecer o predomínio do bom senso; manter orientação e supervisão competentes; manter disciplina; manter honestidade nos acordos; manter registros precisos, imediatos e adequados; fixar remuneração proporcional ao trabalho, normas padronizadas para as condições do trabalho, para o trabalho e operações; estabelecer instruções precisas; fixar incentivos eficientes ao maior rendimento e à eficiência.

Fordismo

Henry Ford ainda era um garoto de 12 anos quando começou a se interessar por veículos de transporte, conforme ele próprio relata em seu livro *Minha vida, minha obra*:

> *Foi a vida na fazenda que me levou à preocupação de melhorar os meios de transporte. Nasci a 30 de julho de 1863, em Dearborn, no Michigan, onde o meu pai era fazendeiro, e a minha primeira ideia foi que o trabalho, para mínimos resultados, requeria um esforço excessivo... como em todas as fazendas da época muito serviço rude era feito à mão... isso me levou a estudar mecânica... O acontecimento mais importante da minha vida foi o encontro de um locomóvel na estrada de Detroit aos doze anos... por ter sido o primeiro veículo não puxado por animais... Era munido de uma corrente sem fim que ligava o motor às rodas de trás, que suportavam a caldeira. O motor vinha em cima desta, e um homem de pé no traseiro da máquina, sobre uma plataforma, dava carvão à fornalha, regulava o motor e o dirigia. Era um locomóvel construído pela Nichols, Shepard & Company, de Battle Creek... Foi essa máquina que me levou a estudar os carros automotores.*

A partir desse momento Ford começou a preocupar-se com a fabricação de carros (que iniciou pelo trator, passou pela descoberta da viabilidade do motor à combustão e pela fabricação dos Modelos A, B, C, F, N, R, S e K).

Ford tinha a ideia de popularizar o carro, de tal forma que o seu operário pudesse ter um. Ao desenvolver o Modelo T, a partir de 1909, todos os outros modelos saíram de linha. Para comportar a nova linha de produção era necessária uma fábrica maior. Assim ele comprou 24 hectares em Highland Park.

Walter Flanders, em 1908, reorganizou a fábrica de Henry Ford para fabricar o Modelo T. Durante muitos anos, a Fábrica de Rouge da Ford foi conhecida como um modelo de fábrica a ser copiado, pois adotava técnicas inovadoras que permitiam a reorganização dos processos de produção. A produção ocorria sequencialmente em linha reta, com peças pequenas que eram transportadas por correias automáticas. De 1908 a 1911 a fábrica passara de 2,65 acres para 32 acres, o número de operários subiu de 1.908 para 4.110 e o de 6.000 carros produzidos para 35.000. Ford explica como isso foi feito.

Os princípios desenvolvidos por Ford nortearam a ideia sobre planejamento e controle de produção. Em seus depoimentos podemos verificar alguns exemplos:

Numa escura oficina de viela, um velho artífice passava os anos a fazer cabos de machado. Fazia-os de nogueira, com plaina, enxó e lixa. Era necessário que o roliço se amoldasse à mão e respeitasse a direção das fibras da madeira. Trabalhando de manhã à noite o velho conseguia fazer oito cabos de machado por semana, pagos a um dólar cada um, salvo os defeituosos. Hoje, graças às máquinas, temos por alguns centavos um cabo de machado melhor que o do velho. Todos saem iguais e perfeitos. Os processos modernos não só reduziram o preço a uma fração do que era, como melhoraram a qualidade do produto. A aplicação de métodos idênticos permitiu-nos diminuir o preço dos autos e melhorar a qualidade.

Essa constatação de Ford remete ao conceito de divisão de trabalho proposto por Adam Smith. Ford também se preocupou com o equilíbrio de produção:

...uma parada traz enormes perdas; perda no trabalho dos operários, perda do trabalho das máquinas, perda no futuro sobre as vendas, restringidas pelo aumento de preço que a parada de produção determina;

a regularização da produção:

mensalmente traçamos planos da produção de modo que o número de carros em trânsito corresponda ao número de pedidos. Se o ritmo não for bem conservado, ou ficamos abarrotados de carros ou não podemos atender aos pedidos;

e a formação de estoques:

verifiquei que na compra de matéria-prima não valia a pena comprar além das necessidades imediatas. E comprávamos só o exigido pelo nosso programa de produção, tendo em conta o estado dos transportes nesse período. Se o transporte fosse feito e a entrada de matéria-prima regular, nem necessitaríamos manter estoques. Os materiais chegariam na ordem, de acordo com os contratos, e sairiam dos vagões para a usina. Resultaria disso um grande lucro, pois encurtava-se o ciclo de manufatura, e suprimia-se o empate de dinheiro em material parado. Os maus transportes é que obrigam a fazer estoque da matéria-prima. ... Quando os preços começam a subir, julga-se de boa política comprar muito para comprar pouco quando a alta estiver no auge. Por mais certo que seja isso, verifiquei que está errado.

Ford foi um dos primeiros industriais a abandonar os sistemas informais, pois eles eram inviáveis para as grandes empresas. Ele adotou um sistema fundamentado em notas de encomenda com planos de montagem e produção bem definidos. É interessante notar que Frederick Taylor seria consultor de Ford para a implantação da linha de produção.

Terceiro estágio: o surgimento dos sistemas de PCP

O terceiro estágio de evolução dos conceitos de PCP ocorreu com os sistemas de planejamento e controle de produção. O surgimento dos sistemas de planejamento e controle de produção está inserido no contexto da Teoria Geral de Sistemas proposta inicialmente por Ludwig von Bertalanffy, que explorou a contraposição dos conceitos de sistemas abertos e fechados. A empresa pode ser abordada como um sistema aberto, que interage com o ambiente.

Os sistemas de PCP evoluíram a partir das técnicas, mas com abordagens distintas dos problemas de produção. Nesse livro serão abordados o Sistema Toyota de produção que originou a Produção Enxuta e a linha evolutiva do MRP (*Materials Requirement Planning*) ao ERP (*Enterprise Resources Planning*).

Origem do pensamento sobre PCP no Brasil

No Brasil, a origem do pensamento sobre o PCP foi pontual, mas importante. Já na década de 1960, o professor Ruy Aguiar da Silva Leme chamava a atenção para a necessidade de livros que estivessem vinculados à realidade brasileira. Ele coordenou a publicação de uma coleção de livros pela Escola Politécnica da Universidade de São Paulo, da qual saiu o primeiro livro sobre planejamento e controle de produção, de autoria do professor Sérgio Baptista Zacarelli. O livro propôs uma classificação das atividades envolvidas no PCP, mostrava as diversas alternativas para realizar essas atividades, evidenciando as suas implicações e, por fim, apresentava um esquema auxiliar na escolha e composição dessas atividades, formando um sistema integrado.

PCP: Conceitos preliminares

Nesta seção abordam-se os conceitos preliminares acerca do planejamento e controle de produção sob a ótica de seus objetivos, como área nas empresas, e do fluxo de informações, e como processo de negócio para planejar e controlar a produção.

Objetivos do planejamento e controle de produção

Ao longo da década de 1990, houve um intenso processo de reestruturação industrial em função da aceleração do progresso técnico, que impeliu as empresas a buscarem a redução do ciclo de desenvolvimento de novos produtos e a melhoria contínua dos processos. A necessidade de aumento da produtividade e competitividade levou-as a internacionalização de suas operações, globalização da produção e a adoção de um modelo pós-fordista de estruturar a produção e organizar a empresa (FRISCHTACK, 1994).

Portanto, para definir os objetivos do planejamento e controle de produção no século XXI, é necessário que incluam-se nesses objetivos: garantir eficiência, eficácia e resposta rápida às mudanças de mercado (responsividade) na coordenação de atores e recursos; ter flexibilidade para produtos e processos que atendam uma ampla gama de clientes; conceber produtos e produzir globalmente; estabelecer elos cooperativos com outras empresas que permitam a identificação imediata de competências complementares para projetar, desenvolver, fabricar e distribuir novos produtos, além de participar das redes globais de suprimentos.

A Figura 1.3 representa o modelo de objetivos que contempla essas variáveis.

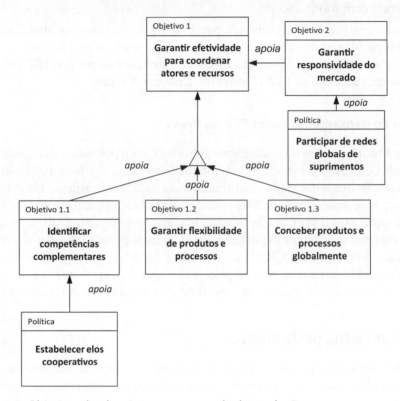

Figura 1.3: Objetivos do planejamento e controle de produção.

A área de PCP nas empresas

A área de PCP nas empresas planeja, controla e coordena os recursos de manufatura necessários à fabricação de produtos e faz a emissão das ordens de fabricação e de compra. Para isso, necessita de informações de diferentes áreas da empresa para elaborar o planejamento e a programação da produção. A área de Suprimentos fornece informações relativas ao *lead time* dos fornecedores. A área de Engenharia fornece informações relativas à Engenharia do Produto, tais como modificações no produto, desenho do produto e lista de materiais, e à Engenharia do Processo, tais como roteiro e tempo de fabricação, sendo responsável pelo apontamento de controle de processo. A área de Marketing fornece informações acerca do plano de vendas do produto. A área de qualidade fornece informações relativas ao controle de peças defeituosas (refugo) e certificação da Qualidade. A área de manutenção garante a confiabilidade e a disponibilidade do equipamento.

A Figura 1.4 representa o relacionamento das diferentes áreas da empresa com a área de PCP.

CAPÍTULO 1 – PCP: EVOLUÇÃO E CONCEITO

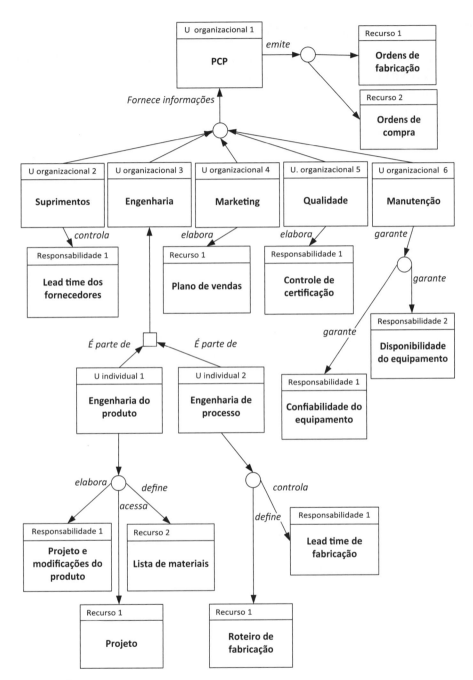

Figura 1.4: Área de PCP nas empresas.

Processo de planejar e controlar a produção

As atividades de planejamento e controle de produção são agregadas a partir de um fluxo de informações que considera o horizonte de tempo, a hierarquia de planejamento para desagregar as informações necessárias e as etapas do processo de planejamento e controle de produção.

O horizonte de planejamento é estabelecido de forma a identificar o balanceamento entre as funções de planejamento e controle em um determinado horizonte de tempo. Ele apoia o direcionamento dos objetivos da organização para a produção.

A definição do balanceamento (*trade-off*) de critérios competitivos também apoia o controle de produção, pois vai definir os critérios competitivos que devem ser considerados (por exemplo, se o critério é menor custo, isso afetará a qualidade do produto final).

Critérios para avaliar desempenho e seu comportamento

Os critérios utilizados para expressar e avaliar o desempenho são: qualidade, entrega, custo e flexibilidade (FILIPPINI *et al.*, 1998). Embora tenham fortes ligações com a manufatura, não têm o seu uso restrito a ela. As diversas funções da Organização podem utilizá-los para estabelecer seus objetivos (KRAUSE *et al.*, 2001).

A esses critérios são atribuídos diferentes termos e expressões, variando conforme a sua aplicação. Segundo Hayes e Wheelwright (1984), eles são "prioridades competitivas" aplicadas pela estratégia de manufatura na orientação das decisões relativas ao posicionamento diante do mercado e dos produtos a ele destinados. Para Slack *et al.* (1997), são "objetivos de desempenho" para as atividades e decisões da função produção. Não há unanimidade na determinação de critérios de desempenho (FILIPPINI *et al.* 1998).

Os critérios mencionados são multidimensionais, isto é, para "capturar" os seus atributos é preciso desdobrá-los em dimensões (KATHURIA, 2000). As dimensões dos critérios de desempenho são: qualidade (conformidade com as especificações e capacidade de identificar e desdobrar as necessidades dos clientes), entrega (rapidez e confiabilidade), flexibilidade (volume, "*mix* de produtos", entrega e desenvolvimento de novos produtos) e custo.

As relações entre os critérios influenciam as expectativas estratégicas e o potencial de melhoria do desempenho das operações de um sistema (KRAUSE, 2001). Euske *et al.* (1993) observam que os critérios de desempenho são utilizados de forma alternada para orientar o sistema de indicadores, que altera o foco do seu conjunto de indicadores conforme a mudança do critério.

Os critérios de desempenho possuem uma "importância relativa". Segundo Hill (1984), eles podem ser classificados em qualificadores e ganhadores de pedidos. Os qualificadores credenciam a organização ou produto a participar do processo decisório. Os critérios ganhadores de pedido são aqueles que contribuem diretamente para a realização do negócio.

A volatilidade do ambiente competitivo altera a percepção dos critérios em dois sentidos. O primeiro quando ocorre um aumento das exigências para critérios qualificadores, e o segundo quando um critério, antes ganhador de pedidos, se torna qualificador (CORBETT & VAN WASSENHOVE, 1993).

A escolha entre duas opções (ambas são desejadas) que implica a redução ou o descarte da outra é uma situação de *trade-off* (SLACK, 1998). A situação de *trade-off* é caracterizada pelo aumento da diferença de desempenho que ocorre entre dois critérios quando se atua sobre um ou outro; já a compatibilidade é caracterizada pela inexistência ou pela diminuição dessa diferença (FILIPPINI *et al.* 1998).

Muito se discute sobre a existência dessa situação. De um lado, Skinner (1969) argumenta que as operações produtivas não podem ser "ótimas" em todos os seus objetivos e critérios, pois as necessidades dos clientes e restrições tecnológicas estabelecem limites que impõem escolhas que conduzem à situação de *trade-off*. Por outro lado, Schonberger (1986) não admite a existência de tal situação, pois as atuais ferramentas gerenciais estimulam uma atitude positiva nas soluções de problemas.

Para Filippini *et al.* (1998), a qualidade, na sua dimensão conformidade, com as especificações e tempo de entrega (*leadtime*) são as dimensões dos critérios competitivos que mais se apresentam em situações de compatibilidade com os demais. Esses resultados ratificam a sequência de abordagem para os critérios de desempenho sugeridos por Ferdows e De Meyer (1990): qualidade, entrega (confiabilidade e rapidez), flexibilidade e custo.

Coordenação do processo de produção

A coordenação do processo de produção vem sendo analisada por pesquisadores no contexto da dinâmica econômica como um todo, pois a sincronização de atividades entre empresa e os fornecedores tem adquirido uma dimensão que extrapola os limites da própria empresa. Por outro lado, o controle de produção tem como função básica informar ao planejamento sobre a necessidade de replanejar, em função de contingências que ocorrem durante a execução das operações.

Landesmann e Scazzieri (1996) caracterizam a estrutura interna dos processos de produção em três ambientes: redes de tarefas inter-relacionadas, modelo específico de coordenação e a sequência de transformação, em que as redes de tarefas inter-relacionadas são os caminhos pelos quais os produtos percorrem a empresa. O modelo específico de coordenação é entendido como a atividade entre as operações. A sequência de transformação é aquela pela qual o material passa ao longo do processo.

As redes de relacionamento nos ambientes industriais são desenvolvidas do ponto de vista da vizinhança de relacionamento das tarefas, materiais em processo, organização do processo produtivo e também pelas similaridades entre as tarefas, recursos de entrada e os materiais envolvidos nas diferentes etapas do processo produtivo. Podem ser coordenadas por três diferentes formas: pelas tarefas de coordenação nos processos de produção, pelos agentes de coordenação e pela coordenação dos estoques em processo.

A coordenação dos processos produtivos requer sincronização de tempo, a coordenação de diferentes fluxos e estoques em processo, as especificações das tarefas, a ordem tecnológica dos estágios de fabricação e a determinação das sequências dos estágios de fabricação. As redes podem ser baseadas nos tipos de processos que formam para a melhor utilização de diferentes capacidades para diferentes tipos, ou pelo aprendizado efetivo (descoberta de novas capacidades) sobre a taxa de produção, ou pela combinação do grande número de diferentes fluxos de materiais em processo (LANDESMANN & SCAZZIERI, 1996).

Modelo conceitual para planejar e controlar a produção

A dinâmica de planejar e programar a produção depende da hierarquia e do horizonte de planejamento, do *trade-off* de critérios competitivos e da desagregação das informações. A dinâmica de controlar a produção depende de direcionar os objetivos da organização para a produção, informar sobre a necessidade de replanejar e coordenar tarefas, agentes e materiais em processo. A desagregação de informações feita no planejamento apoia a coordenação de tarefas, agentes e materiais em processo que está também relacionado com o controle de produção.

A Figura 1.5 sintetiza a dinâmica do balanceamento entre o planejamento e o controle de produção.

Níveis hierárquicos do PCP

A divisão do processo de planejamento da capacidade e gestão de recursos pode ser feita em três níveis hierárquicos: nível macro, nível intermediário e nível micro, com o propósito de demonstrar a importância da integração desses níveis a partir dos processos de negócio envolvidos.

No nível macro os processos relacionados são os seguintes:

1. Processo de definição e ajuste das Diretrizes da empresa documentado no Plano de Negócio.
2. Processo de planificação das vendas e planejamento das operações – S&OP (*Sales and Operations Planning*).
3. Processo de planejamento da capacidade de longo prazo – RRP (*Resource Requirement Planning*).

O nível intermediário envolve o processo de planejamento da capacidade de médio e curto prazo – RCCP – *Rough Cut Capacity Planning* (se estende até o item "1" do nível micro). Os processos no nível intermediário são os seguintes:

1. Processo de gestão da demanda – MPS (*Master Production Scheduling*).
2. Processo de gestão de materiais – MRP (*Materials Requirement Planning*).
3. Processo de planejamento de capacidade de curto prazo – CRP (*Capacity Requirements Planning*).

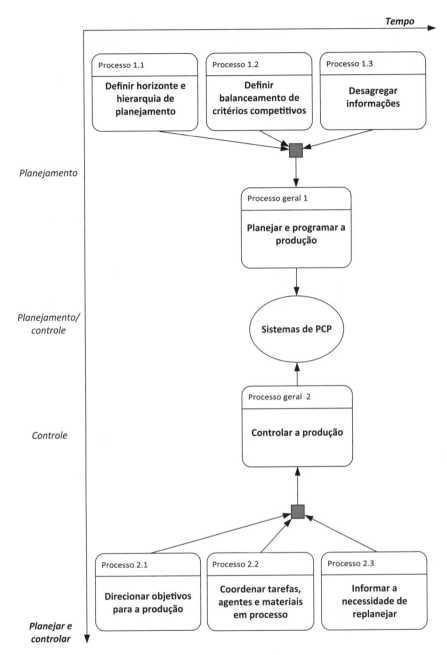

Figura 1.5: Modelo conceitual do planejamento e controle de produção.

No nível micro os processos relacionados são os seguintes:

1. Processo de sequenciamento e programação da produção – APS (*Advanced Planning Scheduling*).
2. Processo de deliberação e controle da fábrica – PIMs/MES (*Manufacturing Execution Systems*).
3. Processo de apontamento das rotinas dos processos de fabricação da fábrica – SFC (*Shop Floor Control*).

A Figura 1.6 representa a divisão do processo de planejamento da capacidade e gestão de recursos em três níveis hierárquicos.

Os três níveis básicos da hierarquia proposta para o planejamento da capacidade estão diretamente inseridos em um processo maior: planejamento, programação e controle de produção relacionado com outros processos específicos de cada nível como descrito.

A cada nível e função há a aplicação de ferramentas computacionais específicas, desde planilhas eletrônicas, passando pelo sistema integrado de gestão, até softwares especialistas em programação da produção e gerenciamento do banco de dados do processo de fabricação.

Planejamento em nível macro

O plano de negócio de qualquer organização é uma importante ferramenta organizacional que tem o propósito de apontar as diretrizes e estratégias da empresa, contendo as informações solicitadas quanto às características, condições e necessidades do negócio com o objetivo de analisar a potencialidade e viabilidade de ajustes necessários diante de novos cenários. É um importante instrumento que ajuda a enfrentar obstáculos e mudanças de rumos na economia ou no ramo em que a empresa atua.

De acordo com a Figura 1.6, o planejamento em nível macro estabelece para a manufatura, a partir do planejamento de vendas e operações (S&OP) e do plano de negócios, uma diretriz a ser seguida na elaboração do Plano de Produção e Estoques em nível agregado, tipicamente por categoria, família e/ou subfamília de produtos.

Nessa fase, com as estratégias competitivas definidas e a intenção de participação da empresa no mercado com base em projeções de venda da linha de produtos, o comitê responsável pelo processo de tomada de decisão, de acordo com as perspectivas dos cenários possíveis estabelecidos envolvendo capacidade produtiva e demanda, reconhece a carga de trabalho efetiva para a manufatura com base na disponibilidade de recursos em médio e longo prazo.

Trata-se de uma projeção macro de vendas em nível agregado, por linha de produtos (tipicamente famílias e/ou subfamílias) a serem produzidos pela manufatura em médio e longo prazo. Os números da venda esperada para o *mix* de produtos contemplados pela projeção podem ser definidos a partir de modelos de previsão de

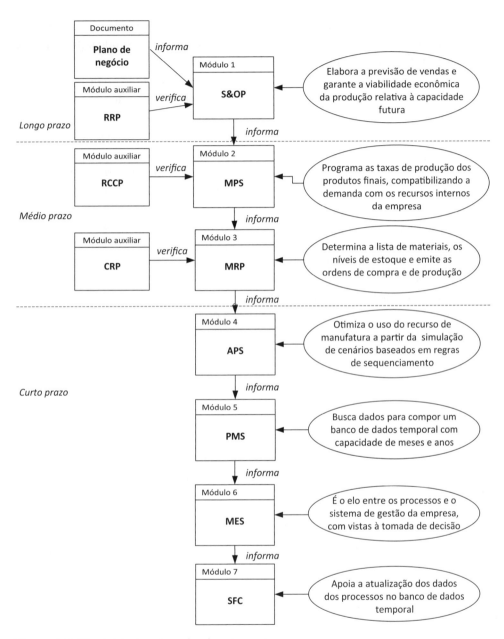

Figura 1.6: Níveis hierárquicos do planejamento.

venda, percepção do departamento comercial, retorno da rede de distribuidores e do perfil do *mix* de produtos quanto ao potencial de vendas no período. Todas essas premissas devem ser gerenciadas no período da projeção de vendas agregada em médio e em longo prazo. Os resultados apontados pelo planejamento de vendas e operações em um primeiro momento são confrontados com o planejamento de capacidade de longo prazo (RRP) a fim de delinear um cenário geral de capacidade *versus* demanda e identificar também se a estrutura de recursos de manufatura atende o potencial de vendas esperado, assim como as operações envolvidas.

Nesta etapa há o cuidado em se estimarem as perdas de tempo no fluxo de produção envolvendo movimentação de matéria-prima, componentes, estoque em processo, preparação de máquinas operatrizes, retrabalho, inspeções, liberação e separação por ordem de produção, entre outras variáveis que reduzem a produtividade da planta em um determinado período de operação.

Para mensurar as perdas é comum estabelecer um parâmetro definido como fator de carga ou fator de correção da capacidade efetiva ou líquida da fábrica, ou seja, a disponibilidade mais realista possível dos recursos de manufatura.

O fator de carga atribuído ao dimensionamento real da capacidade dos recursos de manufatura da fábrica depende, entre outros fatores, do sistema de produção adotado e consequentemente das particularidades dos produtos fabricados pelo sistema, sendo em média, de acordo com as projeções do ambiente industrial, 75% para o setor metal mecânico e 85% para o setor têxtil. As perdas de produtividade apontadas são críticas na produção "discreta", podendo ocorrer pontualmente na produção contínua e por batelada envolvendo questões preponderantes da gestão da manutenção de equipamentos e não da operação em si.

É importante ressaltar que neste nível as ferramentas computacionais aplicadas são o sistema integrado de gestão (ERP) e planilhas eletrônicas.

Fator de carga

A estimativa do fator de carga leva em consideração alguns "fatores" pertinentes ao processo de produção. Considerando como exemplo um conjunto de quatro máquinas que operam em dois turnos de 8 horas diárias de trabalho nos cinco dias úteis da semana, com disponibilidade de 320 horas semanais, estima-se uma perda de 6,25% em função da movimentação dos itens e do tempo de espera em fila ocasionada pelo WIP (*Work in Process*), reduzindo a disponibilidade de 320 horas para 300 horas semanais.

Por fatores mensurados e identificados na operação, normalmente as horas consumidas pela produção na execução das ordens corresponde a 270 horas contra os tempos definidos nos roteiros de produção de cada ordem de produção de 240 horas, com um indicador de eficiência de 88,89%.

Além da perda pela ineficiência dos recursos ou dos processos, dificilmente a manufatura garante o uso integral da disponibilidade dos recursos de manufatura. Em função de falhas no sequenciamento dos roteiros de fabricação nas diversas etapas do processo, o que resulta em lacunas de tempo de difícil eliminação ou até mesmo mensuração.

Esses fatores, dependendo do processo de programação da produção e do delineamento do fluxo de produção, resultam, como demonstrado, em um indicador de utilização de 90% para esse caso específico, ou seja, o tempo de utilização semanal de 270 horas não corresponde às 300 horas de disponibilidade.

A produtividade prevê o uso de 240 horas contra as 300 horas de disponibilidade, o que garante, a partir da alocação dos recursos, uma perda de produtividade de 20%. Em conjunto com a ineficiência, isso aumenta significativamente o uso não efetivo dos recursos do sistema produtivo.

A sobreposição das perdas mensuradas, da ineficiência e da produtividade induz um fator de carga de 75% como mensurado, o que reduz significativamente a capacidade da planta, comprometendo os custos da operação.

O dimensionamento do planejamento da capacidade de médio prazo (RCCP) é consequência do dimensionamento anterior, e ambos dependem do apontamento realizado pelo controle do chão de fábrica (SFC) o qual deve contemplar procedimentos automatizados ou não de coleta dos dados da operação, quanto ao tempo de processo de modo preciso. O controle do chão de fábrica deve realimentar constantemente o fluxo de informações ou em uma frequência compatível com as necessidades de reprogramação do sistema.

Há nesse contexto a necessidade da integração entre o nível micro do planejamento e os níveis macro e intermediário a fim de auxiliar no processo de gestão da produção e minimizar a complexidade do ambiente de manufatura, com o propósito de minimizar as perdas apontadas.

Planejamento em nível intermediário

Neste nível, com o avanço da tecnologia da informação a partir do MRP, passando pelo MRP II e posteriormente pelo ERP, o fator integração dos processos de negócio das empresas teve um progresso significativo, mas ainda com restrições quanto ao processo de gestão da produção. É importante ressaltar que o MRP II incorporou o uso de uma lógica estruturada de planejamento que prevê uma sequência hierárquica de cálculos, verificações e decisões, visando chegar a um plano de produção viável em termos de disponibilidade de materiais e de capacidade produtiva.

No nível intermediário, o horizonte de tempo de planejamento é reduzido para um intervalo de tempo de dois a quatro meses envolvendo o processo de planejamento das necessidades de materiais e do planejamento da capacidade de médio e curto prazos.

O plano mestre de produção é constituído pelos pedidos de venda, com suas respectivas quantidades, prazo de entrega, prioridades e observações relevantes ao atendimento da demanda, podendo ser para estoque ou para pedido a partir das informações geradas no nível micro.

O primeiro passo subsequente é validar os materiais necessários de acordo com a estrutura do produto e providenciar as solicitações de compra e produção quando necessário, com a definição das datas devidas.

O *link* dessa fase com o processo de elaboração dos planos de capacidade, a partir de um mapa de carga máquina, é fundamental para conciliar a disponibilidade e restrições relacionadas com o processo de fabricação com as de materiais.

A integração das informações tratadas neste nível, com dados precisos e ajustes ou modificações pertinentes ao processo, deve garantir que as intenções de atendimento à demanda da empresa a partir dos recursos disponíveis e necessários alcance os objetivos esperados, de modo que sejam realizadas efetivamente. O processo de integração deve garantir que ajustes sejam realizados em uma frequência de atualização compatível com as necessidades do nível macro, o qual representa o cliente e suas necessidades. Além disso, deve estar alinhado às diretrizes definidas no nível micro, o qual representa o processo de transformação capaz de validar ou não os planos elaborados a partir das intenções. Ferramentas computacionais utilizadas neste nível: basicamente os sistemas integrados de gestão.

Planejamento em nível micro

O planejamento em nível micro é responsável pela coordenação da "operação" do processo de transformação, ou seja, da "Gestão da Produção" envolvendo um enorme esforço na maximização do uso dos recursos nas atividades envolvidas no processo de fabricação dos itens a partir de prioridades preestabelecidas e das intenções definidas nos níveis anteriores, com aplicativos computacionais específicos que devem apoiar todo o processo.

A complexidade desse nível quanto ao processo de programação da produção é demonstrada pelo exemplo da Tabela 1.1.

O aumento do número de ordens de produção a serem programadas em recursos aumenta exponencialmente as possibilidades de soluções de otimização dos resultados operacionais da fábrica a partir do aumento do número de recursos de manufatura disponíveis de acordo com os dados apresentados.

Nesse caso torna-se inviável a elaboração de um plano de produção factível, considerando todas as possibilidades do uso dos recursos de modo otimizado, apenas a partir da *expertise* do programador da produção. O uso de uma ferramenta

Tabela 1.1: Variação exponencial das possibilidades de programação

Número de entidades (n)	Número de máquinas (m)	Cálculo	Número de soluções
5	1	[(5! = 120)] ^ 1	=120
5	3	[(5! = 120)] ^ 3]	1,7 milhões
5	5	[(5! = 120)] ^ 5]	25.000 milhões
10	10	[(10! = 3628800) ^ 10]	$3,96 * 10^{65}$

computacional especialista em programação da produção, no caso de sistemas de produção de alta complexidade, a partir de um modelo que represente todos os processos produtivos com seus recursos é de fundamental importância.

O primeiro aplicativo dedicado à "Gestão da Produção" com o propósito mencionado é o *software especialista* em programação da produção APS (*Advanced Planning Scheduling*) que tem a função de otimizar o uso do recurso de manufatura a partir da simulação de cenários criados com base em regras de sequenciamento a partir de prioridades predefinidas e do modelo computacional desenvolvido, o qual deve representar o sistema de produção real com todos os seus recursos.

O principal papel do aplicativo é estabelecer, a partir de parâmetros definidos pelo programador, possibilidades de programação em que a escolha do plano de produção a ser seguido garanta o atendimento das intenções estabelecidas anteriormente ao menor custo de operação.

Após a definição do plano de produção, outros dois aplicativos entram em cena: o PIMS e o MES. O primeiro é um sistema capaz de buscar os dados onde estiverem e inseri-los num banco de dados temporal com capacidade para meses ou anos. Já os MES se destinam a ser o elo entre os processos e o sistema de gestão da empresa, com o objetivo de agilizar a tomada de decisão por parte da gestão das empresas, fazendo com que as informações cheguem rapidamente às pessoas indicadas.

O SFC dá suporte à atualização dos dados dos processos envolvidos na fabricação do banco de dados mencionado, podendo ser atualizado várias vezes ao dia dependendo da necessidade da empresa.

Variável tempo

Basicamente, dependendo do sistema, o parâmetro referente ao dimensionamento do tempo envolvido no fluxo de produção por item é o *lead time,* o qual compreende alguns componentes.

De acordo com Correll e Herbert (2012), o *Lead Time,* dependendo do roteiro de fabricação do produto, é composto de unidade de tempo distribuída entre a liberação da ordem para a fabricação, separação da lista de materiais, espera ou permanência em fila, tempo de *setup*, operação e movimentação, havendo a repetição do conjunto: tempo de fila, tempo de *setup*, tempo de operação e tempo de movimentação por operação do roteiro. É evidente que devem ser consideradas as particularidades do processo de fabricação de cada produto, principalmente quando se trata de produção discreta; nesse caso o monitoramento dos tempos mencionados pelo SFC – controle de chão de fábrica torna-se fundamental, e sua precisão depende do nível de automação inerente ao sistema de produção dependendo da sua complexidade e de procedimentos de controle e apontamento da produção adequados.

É importante ressaltar que o Δt de cada um dos elementos que compõe o tempo de ciclo pode ser significativo ou tender a zero dependendo da configuração do *layout*, o qual é diretamente dependente do produto quanto ao volume a ser fabricado.

O processo de fabricação também influencia de acordo com o roteiro do processo de fabricação, assim como a complexidade na fabricação e montagem do produto, o que envolve as especificações técnicas e a tecnologia de processo, além da dimensão do produto.

Como exemplo, enquanto o Δt de um avião, relacionado com o tempo de movimentação, pode ser considerável para alguns componentes e em alguma etapa do processo de montagem ou fabricação do componente, o Δt do tempo de movimentação no processo de fabricação de uma embreagem de automóvel é quase insignificante, tendendo a zero, no caso do sistema de manufatura celular.

O fato de o conjunto de embreagem ter um número de componentes muito menor do que um avião, além da dimensão desses mesmos componentes também ser muito menor, resulta em um layout ou configuração da localização dos recursos produtivos também distintos de acordo com o processo de fabricação e montagem.

Questões

1. Qual é a importância da hierarquia e do horizonte de planejamento?
2. Explique o que é balanceamento entre critérios competitivos da manufatura.
3. Explique como pode ser analisado o grau de influência do cliente.
4. Explique como estão relacionadas as atividades do PCP (previsão de vendas, plano de recursos, plano mestre de produção, administração de estoques, plano de necessidades de materiais e programação de atividades) sob o ponto de vista da desagregação das informações.
5. Qual é a relação entre as atividades do PCP e os sistemas de PCP?

Exercícios

Faça um exercício de simulação e defina cada etapa do fluxo de informações para os sucos vendidos na cantina da sua universidade. Identifique como é feita a previsão de vendas, como o estoque de frutas é reposto, a periodicidade da reposição e os tipos de estoques de insumo (frutas, polpa etc.).

Conclusão

A compreensão da evolução do planejamento e controle de produção desde a origem das técnicas até os sistemas de planejamento e controle de produção evidencia a necessidade de o planejamento ocorrer dentro de um horizonte de tempo predefinido e de uma hierarquia de planejamento. O PCP necessita de informações de várias áreas diferentes e, a partir de pesquisas de mercado sobre a necessidade de um determinado produto e a sua respectiva quantidade, viabilidade financeira e técnica, determina-se o que será fabricado e o montante de recursos financeiros necessários. Entretanto, um dado de entrada diretamente relacionado com o PCP considera o tipo de sistema de produção. Isso significa que para cada tipo de produto, há uma relação específica da unidade produtiva com o cliente.

Para obterem-se as previsões de vendas que vão auxiliar na transição do nível de longo prazo para o nível de médio prazo utilizam-se diferentes métodos qualitativos e métodos quantitativos (dos quais as séries temporais apresentam-se como a principal ferramenta da análise das necessidades de produção a partir de estimativas de longo prazo ajustadas por métodos matemáticos).

A análise de médio prazo coordena e organiza os recursos necessários para a consecução do processo de fabricação do produto (físicos, financeiros e de mão de obra) especificando o produto/serviço por unidades quantitativas, sem entrar no detalhamento das características diferenciais de um produto para outro. Para o PCP, neste estágio, é importante verificar a utilização da capacidade da empresa e a forma como os recursos serão gerenciados, que caracterizam as políticas de administração de capacidade.

A transição do médio para o curto prazo é feita no PCP pelo plano de produção de itens a serem fabricados no horizonte de semanas e dias (que também se constitui um problema de administração de capacidade no médio prazo). A partir desse plano é possível verificar a necessidade de constituir e manter estoques. A administração de estoques e a programação de atividades representam o foco principal do nível operacional. A administração de estoques utiliza modelos matemáticos para determinar as quantidades necessárias e os momentos de reabastecimento de estoques por meio de pedidos de compras de materiais. A programação das atividades é, na realidade, uma combinação da determinação do nível de carregamento (a parte operacional da administração de capacidade), do sequenciamento e dos prazos de entrega que conjuntamente definem a programação de atividades. Em todos os três níveis é importante que as atividades de controle sejam exercidas. No caso do PCP, Planejamento e Controle são indissociáveis, pois ao utilizar modelos matemáticos para prever recursos e cumprir prazos (planejamento) eles próprios indicam quando o controle deve ser acionado. Por fim, é feita a expedição dos produtos e um novo ciclo de PCP se inicia.

A Figura 1.7 apresenta as atividades do PCP no contexto do processo geral de planejar e controlar a produção.

Simulação e integração de funções ligadas à produção

A abordagem experiencial (ou vivencial), segundo o ciclo proposto por David Kolb, sugere que como primeira abordagem de um tema novo, deve-se vivenciar a situação prática em que o evento ocorre, para depois refletir e interpretar os fatos

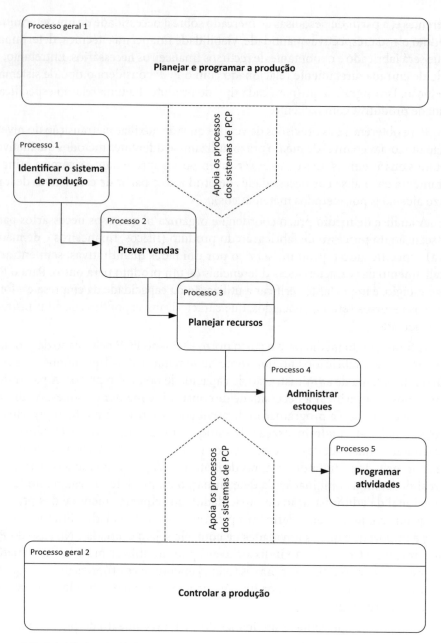

Figura 1.7: Atividades do PCP.

ocorridos. As etapas do ciclo compreendem: experimentação, na qual há uma imersão no "fazer a tarefa"; reflexão, que perfaz a revisão do que foi feito e testado; interpretação, a qual envolve a interpretação dos eventos e o entendimento das relações entre eles; e planejamento, que permite estabelecer novas compreensões que podem ser utilizadas para gerar previsões sobre o que se espera acontecer futuramente, ou que tipo de ações devem ser executadas para melhorar a maneira de realizar a tarefa.

Pede-se: A partir do conceito do ciclo de Kolb, analise a situação prática a seguir.

Situação prática

Como uma política adotada pela empresa, o fechamento do pedido é feito na presença do cliente da forma mais rápida possível. A política é fechar o pedido à medida que ele chega. Essa política é viabilizada pelo encarregado, que há vários anos trabalha no ramo, e possui experiência técnica, em processo, e gerencial, em finanças, na fabricação de produtos em madeira.

Entretanto, com o passar do tempo e com o aumento gradativo de pedidos, a empresa passou a ter vários problemas: conflitos na prioridade de utilização das máquinas, troca frequente de ferramentas e preparação de máquinas, produtos devolvidos para retrabalho e reclamações dos clientes, operários com excesso de trabalho em horas-extras e aos sábados, atraso na entrega da madeira e grande perda em madeira bruta, em função dos cortes necessários.

Individualmente, liste os pontos que, em sua opinião, precisam ser analisados e estudados. Tome como referência os seguintes itens:

1. Quais são as prováveis causas que levam à situação descrita (efeitos)?
2. Quais ações você pode sugerir para minimizar esses efeitos (problemas)?

PCP multimídia

Filme

Tempos Modernos (*Modern Times*, Estados Unidos, 1936). DIR: Charles Chaplin. O filme satiriza o efeito da divisão do trabalho sobre o ser humano. Motivo: é possível discutir os princípios fordistas na linha de montagem.

Livro

TAYLOR, F.W. *Princípios de administração científica*. São Paulo: Atlas, 2006.

Verificação de aprendizado

O que você aprendeu? Faça uma descrição de 10 a 20 linhas do seu aprendizado.

Os objetivos de aprendizado declarados no início foram atingidos? Responda em uma escala 1 a 3 (1. não; 2. parcialmente; 3. sim). Comente a sua resposta, assinalando os pontos que mais chamaram sua atenção. O que pode ser melhorado, na sua opinião?

Referências

CHECKLAND, P. B. *Systems thinking, systems practice*. Chichester: John Wiley & Sons, 1982.

CORBETT, C.; WASSENHOVE, V. A. N. L. Trade-offs? What Trade-offs? Competence and competitiveness in manufacturing strategy. *California Management Review*, v. 35, p. 107-121, 1993.

CORRELL, J. G.; HERBERT, K. *Adquirindo controle: gestão da capacidade e prioridades*. São Carlos: EESC-USP, 2012.

EUSKE, K. J.; LEBAS, M. J.; McNAIR, C. J. Performance management in an international setting. *Management Accounting Research*, v. 4, p. 275-299, 1993.

FERDOWS, K.; DE MEYER, A. Lasting improvements in manufacturing performance. *Journal of Operations Management*, v. 9, p. 167-183, 1990.

FILIPPINI, R.; FORZA, C.; VINELLI, A. Trade-off and compatibility between performance: definitions and empirical evidence. *International Journal of Production Research*, v. 36, n. 12, p. 3379-3406, 1998.

FRISCHTACK, C. *O que é política industrial?* Ildes, Fesbrasil: Anais S.N.T., 1994.

HAYES, R. H.; WHEELWRIGHT, S. C. *Restoring our competitive edge: competing through manufacturing*. Nova York: John Wiley & Sons, 1984.

HEILBRONER, R. *História do pensamento econômico*. São Paulo: Nova Cultural, 1997.

HILL, T. *Manufacturing Strategy: text and cases*. 2ª ed. Boston: Irwin, 1994, p. 31-38.

HUBERMAN, L. *História da riqueza do homem*. Rio de Janeiro: Zahar, 1969.

KATAYAMA, H.; BENNETT, D. Agility, adaptability and leanness: A comparison of concepts and study of practice. *International Journal of Production Economics*, p. 60-61, 1999, p. 43-51.

KATHURIA, R. Competitive priorities and managerial performance: a taxonomy of small manufacturers. *Journal of Operations Management*, v. 18, p. 627-641, 2000.

KRAUSE, D. R.; PAGELL, M.; CURKOVIC, S. Toward a measure of competitive priorities for purchasing. *Journal of Operations Management*, v. 19, p. 497-512, 2001.

LANDESMANN, M.; SCAZZIERI, R. Coordination of production processes, subsystem dynamics and structural change. In: Production and economic dynamics. Cambridge Press, 1996, p. 304-343,.

NEELY, A. D.; BYRNE, M. D. A simulation study of bottleneck scheduling. *International Journal of Production Economics*, v. 26, p. 187-192, 1992.

LAURINDO, F. B.; MESQUITA, M. A. Material requirements planning: 25 anos de história – uma revisão do passado e prospecção do futuro. *Gestão & Produção*, v. 7, n. 3, p. 320-337, dez. 2000.

LITLER, C. Deskilling and changing structures of control. The degradation of work?. London: Hutchinson, 1986.

PIRES, S. R. I. *Gestão da Cadeia de Suprimentos: conceitos, estratégias, práticas e casos*. São Paulo: Atlas, 2004.

PLOSSL, G. W. *Production and inventory control - principles and techniques*. 2. ed. Englewood Cliffs: Prentice-Hall, 1985.

ROLLAND, C.; NURCAN, S.; GROSZ, G. A decision making pattern for guiding the enterprise knowledge development process. *Information and Software Technology*, v. 42, p. 313-331, 2000.

ROTHENBERG, J. *The nature of modeling, Artificial intelligence, simulation & modeling*. Nova York: John Wiley & Sons, 1989.

SKINNER, W. *Manufacturing – missing link in corporate strategy*. Harvard Business Review, p. 136-145, 1969, maio/junho.

SLACK, N. Operations Strategy: will it ever realize its potential? *Gestão & Produção*, v. 12, n. 3, p. 323-332, set-dez, 2005.

SLACK, N. et al. *Administração da Produção*. São Paulo: Atlas, 1997.

VANDAELE, N.; BOECK, L. D. Advanced resource planning. *Robotics and Computer Integrated Manufacturing*, v. 19, p. 211-218, 2003.

VERNADAT, F. B. *Enterprise Modeling and Integration: principles and applications*. Nova York: Chapman & Hall, 1996.

VOLLMANN, T. E.; BERRY, W. L.; WHYBARK, C. D. *Manufacturing Planning and Control Systems*. 4ª ed. Nova York: McGraw-Hill, 1997.

WILD, R. *Concepts for operations management*. Nova York: John Wiley & Sons, 1977.

ZACARELLI, S. B. *Programação e controle de produção*. São Paulo: Pioneira, 1979.w

Capítulo 2

SISTEMAS DE PRODUÇÃO E ESTRUTURAS DE OPERAÇÕES

Fábio Müller Guerrini
Renato Vairo Belhot
Walther Azzolini Júnior

Resumo

A classificação dos sistemas de produção observa o grau de influência do cliente nas operações de fabricação. Os sistemas de produção dividem-se entre projeto do produto padronizado (MTS) e projeto do produto personalizado (MTO, ATO, ETO). A classificação pelas estruturas de operações observa, além das estruturas de fabricação (EOC, EOE, DOE, DOC), as estruturas de suprimentos (DOE, DOC) e as estruturas de transporte ou serviço (ECO, DFO, EFO).

Palavras-chave: Sistemas de produção; estruturas de operações; PCP.

Objetivos instrucionais (do professor)

❖ Explicitar a relação entre o sistema de produção e as estruturas de operações.

Objetivos de aprendizado (do aluno)

❖ Ser capaz de classificar os sistemas de produção e representá-los por meio de estruturas de operações para facilitar a sua visualização.
❖ Entender a ideia da gestão dos sistemas de produção e as decisões inerentes de cada um, segundo a classificação proposta por Wild (1980).
❖ Saber aplicar o conhecimento sobre estruturas e formas de gestão em situações reais.

Introdução

O grau de influência do cliente pode ser avaliado pelo tipo de sistema de produção ao qual o produto está submetido. O sistema de classificação da produção proposto por Wemmerlöv (1984) e complementado por Marucheck e McClelland (1986) aborda os sistemas de produção na perspectiva do cliente.

Os sistemas são classificados como: sistema de grande projeto, para sistemas que demandam uma quantidade de recursos muito grande; projeto por encomenda (*Engineering to order* – ETO), cuja especificidade do produto necessita de um projeto próprio; fabricado por encomenda (*Make to order* – MTO), parte de um projeto existente, mas necessita ser encomendado; montagem por encomenda (*Assembly to order* – ATO), em que os componentes e as submontagens já preexistem, o produto necessita de uma ordem para ser montado; fabricado para estoque (*Make to stock* – MTS), em que o produto é fabricado em larga escala. O grau de influência do cliente na fase de projeto varia de forma inversamente proporcional à sua possibilidade de interferência no projeto. Essa afirmação torna-se mais clara observando a ordem da sequência: Grande Projeto, ETO, MTO, ATO, MTS.

Wild (1980) propôs uma classificação na perspectiva de recursos combinados que, além das operações de fabricação (estruturas de operações EOC, EOE, DOE, DOC), também considera as operações de suprimento (estruturas de operações DOE, DOC), transporte e serviço (estruturas de operações ECO, DFO, EFO).

A Figura 2.1 apresenta o modelo de conceitos que será desenvolvido neste capítulo.

Compreendendo as variáveis

Sistema de produção

Nesta seção serão apresentados os sistemas de produção, grande projeto, projeto por encomenda (ETO), fabricação por encomenda (MTO), montagem por encomenda (ATO) e fabricação para estoque (MTS).

A Figura 2.2 apresenta uma parte do modelo conceitual para o sistema de operações apresentado na Figura 2.1.

Vollmann, Berry e Whibark (1997) argumentam que as atividades de gerenciamento da demanda devem combinar com a estratégia do negócio, e que cada estratégia adotada resulta em um tipo de estratégia de PCP. As estratégias de PCP estão associadas ao ponto de entrada do pedido do cliente (sistema de produção MTS). As firmas que combinam um número de operações para atender as especificações dos clientes montando sob pedido produzem ATO. Aquelas que iniciam sua produção após o pedido dos clientes, desde matéria-prima, peças e componentes, produzem MTO, e as empresas que produzem para projetos produzem ETO. O ponto fraco dessa classificação é que ela só diz respeito às operações de fabricação.

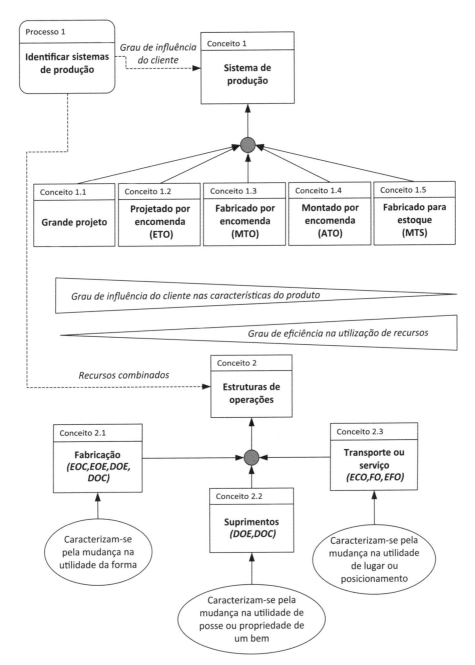

Figura 2.1: Modelo conceitual de sistemas de produção e estruturas de operações.

O grau de influência do cliente nos sistemas de produção

O estoque gera um custo grande para a empresa. Por outro lado, aumenta o critério referente à produtividade dos recursos e diminui o prazo de atendimento dos

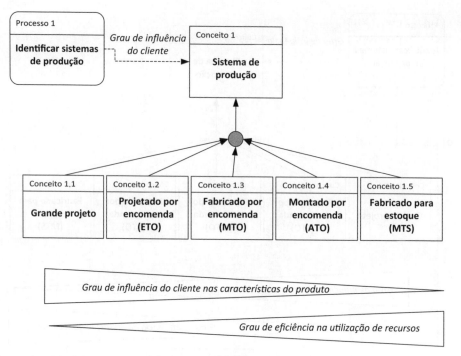

Figura 2.2: Modelo conceitual dos sistemas de produção.

pedidos. O objetivo dos sistemas de produção é equilibrar ou definir prioridades para um ou outro critério. As alternativas existentes, portanto, são as seguintes:

Produzir tudo (peças e montagem) antes de o cliente pedir. Com isso, pode sofrer influência de sazonalidade, ciclo e aleatoriedade sem possibilidade de revisão. Essa seria a situação MTS – produção para estoque. No MTS o produto está pronto para o cliente, mas a personalização (customização) do produto não pode ser feita.

Ter algumas partes já prontas. Nesta situação, o cliente vai esperar menos do que na situação anterior, mas o cliente ainda espera. Esta seria a situação MTO. No MTO, há um alto grau de personalização.

Ter todas as partes prontas. Com isso, teria o estoque das partes, mas o estoque de produto acabado não teria ATO – montagem sob encomenda. Em ATO, como a montagem parte de subprodutos que estão sendo entregues ao cliente, existe certo grau de personalização. As empresas de produtos complexos estão caminhando para os sistemas do tipo ATO. Com poucos itens em estoque, é possível produzir um grande número de produtos.

No caso de ETO, tudo é feito sob encomenda, pois os custos de cada item são muito específicos e altos. No ETO, o projeto do produto será feito para o cliente, pois os custos de cada item são altos em função da especificidade do produto. Para cada sistema de produção, o planejamento e o controle de produção são feitos de maneira diferente.

O Sistema de Grande Projeto é característico de obras de arte de construção civil (pontes, barragens, dentre outras), na qual o vulto dos recursos necessários é tão grande que é importante que várias empresas de competências complementares participem do empreendimento. Nesse caso, os recursos vão até o produto, diferentemente dos outros casos.

De forma geral, pode-se modelar dois tipos de fluxo de informações: para o projeto do produto padronizado e para o projeto do produto personalizado.

Projeto do produto padronizado

No caso do projeto do produto padronizado, ao receber o pedido do cliente (C) verifica-se a disponibilidade do produto no estoque de produtos acabados (EPA). No caso de o produto estar pronto vende-se ao cliente. Caso não haja o produto no estoque de produtos acabados, emite-se uma ordem de fabricação para que ele seja fabricado (FAB). Para que o produto seja fabricado, é necessário enviar uma requisição de materiais para o estoque de matéria-prima (EPM) e verificar se há matéria-prima disponível para a fabricação. Caso haja, inicia-se a fabricação. Caso contrário, emite-se um pedido de compra ao fornecedor (F) para a compra de materiais. A Figura 2.3 apresenta de forma esquemática o fluxo de informações da fabricação de um produto padronizado.

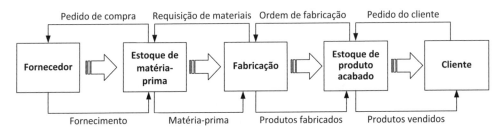

Figura 2.3: Fabricação de produto padronizado.

Caso MTS: Ford Modelo T

Um carro em que todos batem o olho e sabem o nome é o Fordinho. E quando se menciona "Fordinho", há uma família grande de automóveis que começaram a se popularizar com o Modelo T, o Ford 1929.

O "Fordinho" é assim conhecido porque há uma certa ligação emocional com ele, pois remete a um tempo que não existe mais. Mas esse tempo começou a deixar de existir justamente porque Henry Ford resolveu que todos deveriam ter condições para adquirir um Ford Modelo T. Na tentativa de popularizar o Modelo T e fixá-lo como Modelo Único, Ford queria que o material fosse de primeira qualidade, o carro tivesse um funcionamento simples, força motriz suficiente, absoluta segurança, leveza, perfeito controle e que fosse econômico no gasto de combustível. Ford declarou:

Quero construir um carro para toda a gente. Será bastante amplo para comportar uma família e tão pequeno que um indivíduo só possa guiar e zelar. Será feito do melhor material e trabalhado pelos melhores operários, segundo os mais simples desenhos criados pela técnica moderna. Mas o preço será tão reduzido que qualquer homem poderá adquiri-lo para com ele gozar, na companhia dos seus, as belezas e amenidades que Deus pôs na natureza.

Ford esforçou-se bastante para realizar o seu intento. Além de construir uma nova fábrica, começou a buscar maneiras de promover o seu produto. O Modelo C participou de uma prova de resistência na Escócia, em 1905, e venceu-a. No mesmo ano, surgiram em Londres táxis Ford e, nos anos seguintes, as vendas começaram a crescer. O agente da Ford em Brighton organizou uma corrida com dez carros Fords por dois dias seguidos por South Downs, e todos concluíram a prova. Ford escreveu: *"Em 1911, Henry Alexander, guiando um modelo T, subiu ao cimo do Ben Nevis, a 4.600 pés, e as vendas subiram a 14.600 carros."*

O que é possível perceber nesse esforço de Ford para popularizar o carro é que, além de todo o processo de fabricação e do preço final baixo do carro, era igualmente importante a necessidade de promover o produto e ter capacidade de distribuí-lo. Esse pensamento de Ford permitiu o desenvolvimento do sistema de produção em massa que visava a padronização dos produtos para atender um mercado crescente.

A padronização define um certo tipo de relacionamento entre o produto e a produção. E define também uma determinada relação com o cliente baseada no atendimento de expectativas mínimas de desempenho do produto e de uma previsão de compra desse produto. Para isso, as empresas lançam mão de modelos quantitativos e de modelos qualitativos para prever uma demanda futura e fabricar segundo essas expectativas de vendas.

Ford tinha a preocupação que o seu automóvel pudesse ser comprado pelo operário de sua fábrica, e isso impunha restrições ao projeto do Modelo T. Quando indagado se as pessoas não se desinteressariam pela cor preta, ele respondeu que bastava a pessoa pintá-lo da cor que quisesse.

Ou seja, na produção padronizada, tanto os pedidos dos clientes quanto as previsões de venda são utilizados como dados de entrada para informar o controle de estoques, que verifica se existem produtos em estoque e quantos produtos precisam ser fabricados.

Na programação para a produção faz-se a encomenda de materiais aos fornecedores e somente com o recebimento dos materiais é que o carro será produzido. Desse modo, a produção padronizada fez com que fosse criada certa distância entre a unidade produtiva e o cliente final e criou a produção destinada para estoque. Esse sistema é denominado "fabricado para estoque" (*Make to stock* – MTS).

Na época de Henry Ford, não havia fábricas que produzissem em larga escala os componentes do carro. Ou seja, Ford tinha de fabricar tudo, e por essa razão é que a Fábrica de Rouge era conhecida como Complexo Industrial de Rouge. A Ford fazia desde extração do minério de ferro até a montagem final do carro.

Ford chegou a fundar duas cidades no Norte do Brasil (Fordlândia e Belterra) para a extração do látex voltada à fabricação da borracha dos pneus, para ficar livre do cartel da borracha que existia na época. Mas a selva venceu o sonho de Ford e ele abandonou essa ideia.

Hoje é possível visitar as ruínas de um tempo que também desapareceu: a verticalização da produção cedeu lugar à especialização produtiva, e hoje não existem mais fábricas de automóveis, mas montadoras.

Produto personalizado

O produto personalizado pode ser viabilizado em duas situações: mediante a existência de um projeto básico ou mediante a necessidade de um projeto do produto único.

Na primeira situação, o produto é personalizado mediante a existência de um projeto de produto básico, como é o caso do sistema MTO (fabricado por encomenda) ou ATO (montado por encomenda). O cliente (C) solicita a fabricação do produto. A fabricação (FAB) faz a requisição de materiais para o estoque de matéria-prima (EMP) e, caso não esteja disponível, uma ordem de compra é emitida ao fornecedor (F). A Figura 2.4 representa o fluxo de informações do sistema MTO.

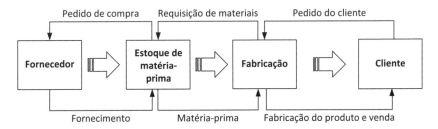

Figura 2.4: Fluxo de informações para produto personalizado conforme o sistema MTO.

Caso MTO: o suco da cantina

Em uma turma de Engenharia de Produção foi solicitado aos participantes que fizessem um trabalho prático sobre o fluxo de informações do PCP, indo a todas as cantinas do campus. Eles deveriam escolher um produto específico e detalhar as informações necessárias para identificar os princípios norteadores de um possível sistema informal de PCP. O trabalho mais interessante foi de um grupo que escolheu a cantina responsável por fazer suco. Ao terminar o trabalho, o grupo, como um todo, estava fascinado com as decisões envolvidas no processo de fazer suco, ou seja, o suco virou Engenharia.

De acordo com o depoimento de um dos participantes: "Ao chegarmos à cantina, tive de explicar que estávamos fazendo um trabalho da disciplina 'Planejamento e controle de produção'. A dona do estabelecimento ficou olhando desconfiada para gente e perguntou: 'Mas o que vocês querem ver aqui se isso não é uma fábrica, só uma loja de suco'. Expliquei que gostaríamos de saber como ela organizava a loja."

Havia um roteiro para fazer as perguntas, e a primeira foi a respeito da linha de produtos. O produto básico era o suco, mas havia diversos tipos. A dona da cantina forneceu o cardápio e vimos que havia 38 tipos de suco. Cerca de vinte sucos eram feitos com uma única fruta, e os demais, a partir de combinações de frutas. Em seguida, verificaram quais sucos tinham maior saída. Ela respondeu: "O que sai muito é o suco de acerola com laranja, o suco de mamão com laranja, melancia e abacaxi." Nisso, ela mostrou uma folha que ficava sob o balcão onde ela marcava com pauzinhos quantos sucos vendia por dia e de que fruta.

"Assim, eu tenho um controle das frutas que utilizei e o que eu preciso comprar para repor", disse ela.

Dentre as opções, algumas frutas eram difíceis de encontrar. Então a aluna perguntou: "Mas e essas frutas tais como o açaí e a mangaba, como a senhora faz para comprar?"

"Normalmente compro a polpa que já vem em saquinhos congelada, pois são sucos que saem pouco e se eu for manter essas frutas aqui, corro o risco de perdê-las. Mas as frutas mais comuns e de maior saída, faço questão de comprar, pois o suco feito com a própria fruta tem outro gosto."

Isso significava que ela não comprava todas as frutas de uma só vez.

"Mas como a senhora faz a compra de frutas?"

"Cada fruta tem mais ou menos um tempo para começar a estragar. Por exemplo, a laranja ficando na geladeira pode ser comprada semanalmente, mas no calor a saída é tão grande que tenho de comprá-la a cada três dias mais ou menos."

Tentando sistematizar o que a proprietária da loja de suco disse, em função do número de pedidos de cada tipo de suco:

Ela dimensionava a quantidade a ser mantida em estoque das frutas e de que forma esse estoque seria constituído (com polpa congelada para o caso dos sucos mais exóticos e com frutas para os sucos mais comuns). Mas cada fruta tinha um tempo de permanência no estoque predeterminado pela sua perecibilidade, o que determinava a necessidade de comprá-la em um período de tempo mais curto ou mais longo.

Portanto, o prazo para o consumo e a perecibilidade da fruta, os custos e recursos envolvidos e a quantidade feita eram os objetivos que ela tinha de equacionar no seu processo decisório. Portanto, as informações relativas a qual suco seria feito (o que), quanto, quando, onde e como eram fundamentais.

Abstraindo essa situação para o ambiente fabril, essas são as informações que também são necessárias: elas devem garantir que todas as Ordens de Produção e/ou entregas sejam cumpridas na data prevista (prazo); devem procurar minimizar o custo total envolvido (e para isso há modelos matemáticos que podem ser utilizados); devem garantir a disponibilidade de matérias-primas e peças fabricadas internamente, a disponibilidade de máquinas e ferramentas e de mão de obra; e a carga de trabalho (recursos), além de distribuí-la de forma equilibrada para conseguir uma flutuação suave no tempo.

As decisões de planejamento responderão as questões "o que" e "quanto", e as decisões sobre programação responderão as questões "quando" e "onde/como".

Caso ATO: o computador de supermercado

Atualmente é possível comprar um computador no supermercado. Mesmo assim, quem compra um computador verifica a especificação do processador, de memória, a necessidade de um gravador de DVD, caixa de som etc. O computador já possui placas prontas que são encaixadas e conectadas entre si, dentro de um projeto facilmente exequível. Basta o cliente especificar o que ele quer.

O sistema de produção desse tipo de produto recebe a denominação "Montagem sob encomenda" (*assembly to order* – ATO). O produto é configurado a partir de submontagens já prontas, a partir de um projeto predeterminado.

Nesse caso, a interferência do cliente no processo é muito grande, tanto quanto você pedir uma pizza no restaurante.

E essa é uma tendência que aos poucos está sendo incorporada em todos os produtos manufaturados. As empresas estão criando inúmeras diferenciações em uma determinada família de produtos para que o produto que o cliente quer possa ser montado e atender as suas necessidades.

No segundo caso de um projeto do produto personalizado, não há produto previamente projetado. O cliente (C) solicita a fabricação do produto. A fabricação (FAB), por sua vez, solicita a matéria-prima aos fornecedores (F). Esse é o caso do sistema ETO (projetado por encomenda) e o Sistema de Grande Projeto. A Figura 2.5 representa o fluxo de informações dos sistemas ETO e de Grande Projeto.

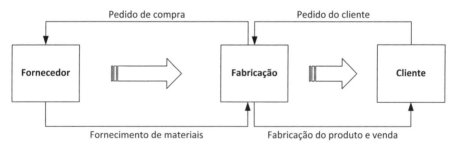

Figura 2.5: Fluxo de informações dos sistemas ETO e de Grande Projeto.

Caso ETO: viajando com o Nautilus e o LZ-129 Hindenburg

Apesar de todas as previsões futuristas de Júlio Verne terem se confirmado ao longo do século XX, os seus livros ainda impressionam pelos detalhes, tal como *Vinte mil léguas submarinas*, que descreve as aventuras do capitão Nemo a bordo do Nautilus. Como o Nautilus poderia ser considerado em relação a um sistema de produção?

O Nautilus é um produto único da mente brilhante de Júlio Verne e nunca foi fabricado, possui tantas especificidades que esse tipo de produto requer uma encomenda para que se faça um projeto específico. E de onde o autor tirou a ideia do Nautilus? Na época, o submarino ainda não existia. O Nautilus foi concebido a partir da ideia de

Leonardo Da Vinci sobre o que seria um submarino. Portanto, esse não era somente um produto específico, mas a gênese de toda a concepção do que viria a ser mais tarde o submarino. O Nautilus é um produto personalizado. O sistema de produção característico de um produto como o Nautilus é uma encomenda que depende de um projeto de engenharia específico, que, na literatura, recebe a denominação de projetado por encomenda (*ETO – Engineering to Order*).

O que é interessante notar nesse caso é que a ficção científica sempre esteve à frente ou serviu de subsídio para que as ideias que poderiam parecer impossíveis e até mesmo malucas em uma determinada época se tornassem realidade. Júlio Verne colaborou em várias invenções posteriores. A ideia de uma viagem para a Lua, realizada em 1969, originou-se a partir de seu livro *Viagem ao redor da Lua*. Outra invenção é o dirigível. Aquele colosso de ar que desliza no céu foi concebido a partir do livro *Robur, o conquistador*, também do mesmo autor.

Santos Dummont deu voltas completas na Torre Eiffel conduzindo o seu dirigível em 1901 durante trinta minutos, e o mundo se encantou com aquele balão que tinha formato de charuto. O barão Graf von Zeppelin fundou a primeira fábrica de dirigíveis do mundo na Alemanha.

O maior dirigível do mundo foi o LZ 129 "Hindenburg" que era oito vezes maior do que o maior navio da época (*Queen Mary*). O Hindenburg chegou a fazer algumas viagens para o Rio de Janeiro. Mas o infortúnio fez com que o sonho dessas embarcações aéreas fosse interrompido em 6 de maio de 1936, minutos antes de sua aterrissagem em Nova York, devido à carga estática acumulada na superfície do dirigível, que fez com que se incendiasse. A imagem do incêndio chocou o mundo.

Aos poucos, os dirigíveis voltaram a ser fabricados para fazer propaganda (a *Goodyear* foi uma das primeiras empresas a adotá-lo para esse fim), e a fábrica na Alemanha tem recebido encomendas para fabricá-los para o transporte de passageiros. Em 2017, o primeiro dirigível fabricado no Brasil teve o seu voo inaugural. Fabricado pela empresa *Airship do Brasil Projetos e Protótipos*, sediada em São Carlos no interior do Estado de São Paulo, a ideia é viabilizar diferentes usos para o dirigível, da propaganda à segurança pública.

O dirigível, apesar de não ser um produto único como o Nautilus, também é um produto personalizado. Nesse caso das encomendas recebidas pela fábrica da Alemanha, qual é o tipo de relação do produto dirigível com o sistema de produção? O projeto dos novos dirigíveis (que agora utilizam o hélio) já está definido. Na realidade, a encomenda é feita a partir dos modelos que a companhia Graff Zeppelin dispõe. Ou seja, a produção é por encomenda, mas o projeto já está definido. Esse tipo de produção é conhecido como MTO (*make to order*).

Tanto o MTO quanto o ETO caracterizam a produção por encomenda. Quando um pedido do cliente chega à fábrica, a área de planejamento e controle de produção cria um pedido de fabricação e verifica se existem projetos disponíveis (caso do dirigível) ou se não existem. Se não existem, então é feito o projeto.

ELSEVIER   CAPÍTULO 2 – SISTEMAS DE PRODUÇÃO E ESTRUTURAS DE OPERAÇÕES   47

As indústrias de bens de capital trabalham dessa forma. Se existem projetos disponíveis, então se verifica se existem planos de processamento. Caso não existam, desenvolvem-se os planos de processamento. Em existindo, passa-se para a etapa de programação do pedido. A partir daí, notifica-se o cliente sobre a entrega do pedido, faz-se a encomenda de materiais para os fornecedores e com o recebimento desses materiais, o produto é produzido e despachado para o cliente.

Caso Grande Projeto: um transatlântico navegando no deserto

Há uma cena no filme *Lawrence da Arábia*, dirigido por David Lean, quando ao final da difícil tarefa de atravessar o deserto, Lawrence se depara com um imenso navio cruzando o seu horizonte. Ao aproximar-se, percebe que o navio estava, na realidade, navegando pelo Canal de Suez. É uma imagem de grande impacto visual.

O canal foi iniciado pelos franceses em 1859, mas a ideia de unir o Mar Mediterrâneo ao Mar Vermelho é atribuída ao faraó Sesostris. Participaram 1,5 milhão de trabalhadores, com o custo de 17 milhões de libras esterlinas e aproximadamente 120.000 operários morreram de cólera. O Canal de Suez possui 163 quilômetros de extensão para a travessia de navios com até 500 metros de comprimento e 70 metros de largura. A ópera *Aida*, de Giuseppi Verdi, foi encomendada para a festa de inauguração, no dia 17 de novembro de 1869, mas Verdi terminou-a posteriormente.

O Sistema de Grande Projeto é característico de obras de grande porte de construção civil e define um produto que depende de um projeto único e envolve recursos de grande envergadura que se deslocam até o produto.

Em obras de construção civil de grande porte é necessária a constituição de um consórcio de empresas com comprovada experiência em seus respectivos ramos de atuação e disponibilidade de recursos financeiros, pois é praticamente impossível encontrar em uma única empresa todas as competências técnicas necessárias para a execução da obra em função da complexidade tecnológica e do tamanho do empreendimento.

Exemplo de aplicação

Tendo necessidade de aumentar sua capacidade de produção, uma empresa iniciou um levantamento histórico de venda de seus produtos. Foi detectado que a empresa produz poucos produtos mediante pedido (por encomenda) comparado ao número de produtos padronizados (feitos para estoque). A primeira ideia foi deixar de produzir esse tipo de produto. Investigando em detalhes esses produtos, um deles chamou a atenção. É pedido em bases irregulares de tempo e quantidade, e comprado por uma única grande empresa, um dos principais clientes. Após contato com o cliente, foi descartada a possibilidade de deixar de produzi-lo. Os dados do produto estão na Tabela 2.1.

Apesar de o tempo total de produção ser pequeno em relação aos demais produtos padronizados, seu processo de fabricação envolve um equipamento com alta carga de

Tabela 2.1: Dados do produto

Pedido (mês)	Janeiro	Março	Julho	Setembro	Novembro	Total
Quantidade (unidade)	2.000	1.000	2.200	800	1.500	7.500

trabalho. Quando é fabricado, acarreta a reprogramação da produção e gera atrasos indesejáveis.

Resolução

Para resolver esta situação, pode-se tratar esse produto como mais um produto padronizado e estocar em quantidade suficiente para atender vários pedidos. O custo adicional de manter o estoque deve ser irrelevante face aos custos associados a atrasos e a reprogramação.

Número de Pedidos por ano = 5

Tempo médio entre pedidos = 12/5 = 2,4 meses

Quantidade média por pedido = 7.500/5 = 1.500 unidades

Quantidade média por mês: 7.500/12 = 625 unidades

Se for interessante fabricar o produto 2 vezes em vez de 5, e manter estoque para 6 meses (supondo que não haja variação na quantidade vendida):

Lote de fabricação = 6. 625 = 3.750 unidades

A situação dos estoques ficará teoricamente assim (Figura 2.6):

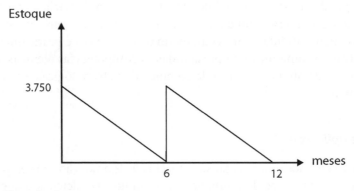

Figura 2.6: Situação dos estoques.

Questões

1. Quais as diferenças entre a produção de produtos padronizados e produtos personalizados em termos das características da Demanda e dos Estoques?
2. Cite as principais características dos diferentes tipos de sistemas de produção.
3. Explique a proposta de classificação dos sistemas de produção.

Estruturas de operações de Wild

A classificação apresentada até aqui é a mais utilizada para sistemas de produção. Entretanto, esses sistemas só permitem caracterizar as operações de fabricação. A seguir, apresenta-se uma proposta de classificação formulada por Wild (1980) de sete estruturas que permitem classificar as operações de fabricação, transporte, suprimentos e serviços. A Figura 2.7 apresenta uma parte do modelo conceitual apresentado na Figura 2.1, relativa às Estruturas de Operações.

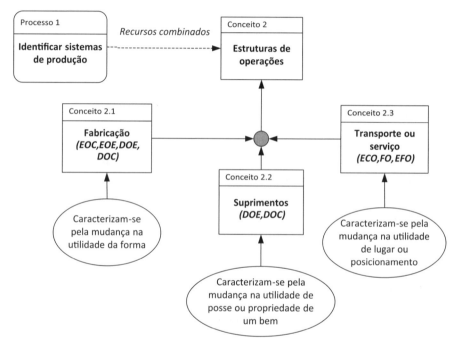

Figura 2.7: Estruturas de operações.

Conforme os objetivos de produção, e observando a discussão acerca dos sistemas de produção, o que fica claro é que são as relações do cliente com o produto e a utilização eficiente dos recursos que determinam os sistemas de produção. Mas ao falarmos somente de sistemas de produção estamos deixando de fora outras operações fundamentais, tais como serviços, transporte e suprimentos. A descrição desses casos serve para ilustrar a proposta do professor Ray Wild de sete estruturas para a classificação dos sistemas de operações como uma composição de recursos para os fins de fabricação, suprimento, transporte ou serviço. Para permitir uma representação esquemática, ele propôs uma convenção: separou as operações em quatro funções que podem ser representadas de maneiras diferentes, com a seguinte convenção de símbolos e siglas: "quadrado" é operação, "seta" é fluxo, "triângulo invertido" é estoque, "F" é fila e "C" é cliente.

Tanto no caso da loja de suco, quanto da fabricação do Hindenburg e a construção do Canal de Suez, o processo pode ser observado sob três pontos de vista: a fabricação (ou execução), caracterizado pela transformação dos insumos em bens diferentes; transporte, que depende da mudança de um lugar para o outro do cliente ou algo que pertence a ele; suprimentos, caracterizado pela mudança na posse de um bem.

Anteriormente, verificou-se que os processos relacionados com as unidades produtivas tendiam a envolver as relações fora da empresa, ou seja, consideravam as relações da unidade produtiva com os fornecedores do lado do fornecimento e clientes do lado da demanda. E esse é o conceito básico de cadeia de suprimentos. Se a cadeia de suprimentos como um todo for observada, é possível verificar que nem só de fabricação vive uma empresa, mas ela depende também de operações de transporte e suprimentos.

A operação de serviços evidencia o tratamento ou a acomodação de alguém ou algo. É o caso de um hotel, de um dentista, de um médico, hospital ou dos bombeiros.

Estruturas de fabricação

As estruturas de fabricação caracterizam-se pela mudança na utilidade da forma, ou seja, o produto (saída do sistema) consiste em bens que diferem fisicamente (quanto a forma, conteúdo etc.) dos insumos (entradas do sistema).

Voltando ao exemplo da loja de suco, pode-se abordá-lo sob o ponto de vista da unidade produtiva, que é a própria loja, onde as operações de "fabricação" do suco dependem da encomenda feita por cliente. A dona da loja contava com um estoque prévio de frutas (insumos) para fazer o suco (produto). Note que a mudança do insumo (espremer a fruta) é que gera um produto diferente (suco). Portanto, essa é uma fabricação sob encomenda com estoque de insumos, mas normalmente, o produto final não é estocado, por várias razões. Essa estrutura é denominada **EOC (fabricação sob encomenda, com estoque de insumos)**.

Nesse caso, a maioria dos recursos (de uso comum) é estocada, mas os produtos acabados só são fabricados contra pedido (por encomenda), conforme a Figura 2.8.

Figura 2.8: Estrutura EOC (fabricação sob encomenda com estoque de insumos – usando a convenção de Wild).

Os insumos são estocados por determinado tempo, pois as frutas são perecíveis.

John Steinbeck escreveu um livro chamado *A Leste do Éden* sobre um pai que criou os seus dois filhos sozinho, pois a mãe os abandonou. O pai desses rapazes fica sabendo de uma grande novidade que pode mudar o rumo da venda de produtos perecíveis: a refrigeração. E assim ele encomenda um carregamento de verduras transportado por trem em um vagão cheio de gelo. O homem havia empenhado boa parte do seu dinheiro nisso, e, ao chegar o carregamento e abrir o vagão, ele vê que as verduras apodreceram, pois com o calor, o gelo havia derretido.

Apesar de existir refrigeração adequada hoje, alguns insumos, como a cevada, não podem ser estocados por muito tempo, mas a cerveja que é o produto final, sim. A fabricação da cerveja é para estoque, mas sem estoque de insumos. O tomate também serve de exemplo. Na sua forma natural, exigiria muitos recursos para ser estocado, mas depois de processado, não.

A estrutura de fabricação adequada neste caso é a **DOE (fabricação para estoque sem estoque de insumos)**, nesta situação os insumos não são ou não podem ser estocados, mas os produtos acabados podem. É o caso de insumos deterioráveis ou sazonais (Figura 2.9).

Figura 2.9: Estrutura DOE (fabricação para estoque sem estoque de insumos).

Mas há insumos que podem ser estocados para fabricar produtos finais que podem ser estocados também. Esse é o caso do Fordinho. Quando Ford colocou em prática as suas ideias sobre a produção em série, ele concebeu exatamente esse sistema. Inclusive, para garantir o abastecimento de determinados insumos específicos, chegou a verticalizar a sua produção, produzindo os insumos necessários também. E esses insumos chegavam até a tentativa de extração da borracha no Brasil. Esse é o caso da estrutura **EOE (fabricação de estoque para estoque)**, em que todos os insumos, ou a grande maioria, são estocados, e o cliente é atendido por meio de um estoque de produtos acabados, como na Figura 2.10.

Figura 2.10: EOE (fabricação de estoque para estoque).

Mas e no caso do LZ-129 Hindenburg? A fábrica Zeppelin possui galpões de 400 metros de comprimento utilizados para a fabricação dos dirigíveis. Nesse caso, o processo de fabricação é por encomenda pura. Ou seja, somente a partir da encomenda (pedido do cliente) e durante a operação de fabricação é que os insumos serão comprados, pois a quantidade de insumos é muito grande e volumosa para ser estocada.

A estrutura adequada para essa situação é a **DOC (fabricação por encomenda pura)**. Nesse caso, não há estoque de insumos, e os produtos acabados são fabricados e entregues diretamente ao cliente mediante pedido. Após o recebimento do pedido, são providenciados os insumos específicos para a sua fabricação (Figura 2.11).

Figura 2.11: DOC (fabricação por encomenda pura).

Estruturas de suprimentos

As estruturas de suprimentos caracterizam-se pela mudança na utilidade de posse ou propriedade de um bem. Não há transformação física, o produto é igual ao insumo. A função é de transferência de posse. Exemplo: supermercado, loja, posto de gasolina.

Na obra do Canal de Suez não há estoque de insumos antes da operação de construção começar, pois isso seria um desperdício de recursos. Portanto a operação de "fabricação" também é por encomenda pura. Mas é interessante analisar um pouco mais detalhadamente as particularidades de uma obra dessa magnitude. No caso de uma obra com 163 quilômetros de extensão, é impossível imaginar que somente com as atividades de execução da obra, ela poderia ser concluída.

As operações de suprimentos no caso da obra do Canal de Suez podem ocorrer com a entrega de um insumo para constituir um estoque na obra (Figura 2.12) (como é o caso de brita, por exemplo) ou uma simples operação de entrega de concreto usinado, que, ao chegar à obra, é imediatamente utilizado.

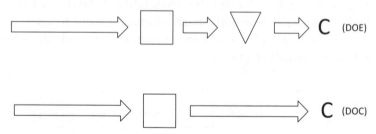

Figura 2.12: Estruturas DOE e DOC.

No caso de um posto de gasolina, a estrutura seria a correspondente à DOE, em que o estoque é necessário. O cliente chega ao posto e espera encontrar combustível disponível para ser colocado no veículo (desse modo, ocorre a troca na posse). É interessante observar que o estoque na estrutura de suprimentos fica depois da função (que no caso do posto seria comprar combustível).

Um exemplo da estrutura DOC, em que não há estoque é o de uma vendedora de produtos de cosméticos. Ela vende os produtos, entrega os pedidos à supervisora de vendas, que os encaminha à fábrica. Quando os produtos chegam, eles são imediatamente entregues (mudam de posse) a quem os pediu.

Estruturas de transporte e serviços

Já as operações de transporte e serviço não podem ser estocadas e nem feitas por antecipação. A operação de transporte evidencia uma mudança na utilidade de lugar ou posicionamento. A característica principal é que o cliente, ou algo pertencente a ele, move-se de um lugar para outro, como por exemplo, quando se toma um táxi ou se utiliza uma ambulância.

Na obra do Canal de Suez, a precedência entre uma etapa de execução e outra impede que a etapa subsequente seja iniciada antes do término da anterior. Isso significa que a equipe que prestaria o serviço seguinte estaria aguardando, mesmo que ela dispusesse dos insumos para começar. Aliás, nesse caso, a própria equipe é um insumo nessa operação de serviço.

Pense em um táxi rodando pela cidade, ou parado em um ponto de táxi. Rodando ou parado, o veículo se caracteriza por um insumo que está estocado, esperando para executar a função que é transportar alguém. O fato de estar estocado significa que está ocioso esperando o cliente, que quando chega é atendido imediatamente. Desse modo, o recurso (táxi) é estocado e o cliente é atendido na hora, isto é, o táxi existe para que o cliente não espere, ou entre na fila. A Figura 2.13 ilustra a situação.

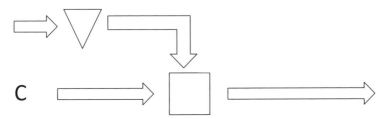

Figura 2.13: Estrutura ECO (Estoque Cliente Operação).

É oportuno lembrar que o táxi fará o melhor roteiro para atender à solicitação do cliente, no caso de um roteiro específico para atender a essa demanda. Essa situação pode ser caracterizada com a estrutura **ECO (Estoque Cliente Operação)**. Nessa estrutura os insumos (recursos) são estocados, exceto o insumo "cliente" que não está sujeito a fila (espera). Nesse caso, a fila de clientes não pode ser tolerada (é impraticável ou impossível), e os recursos devem ser suficientes para garantir o atendimento das exigências dos clientes (alguma medida de ociosidade dos recursos deve ser aceita).

No caso da função "Serviços", a estrutura ECO, na qual os recursos são estocados para que o cliente entre direto na função (o que equivale a dizer que o cliente não espera) pode ser exemplificada pelo sistema SAMU de ambulâncias. São ambulâncias que ficam aguardando chamadas, na sua grande maioria urgentes, em que o cliente é uma pessoa que sofreu algum tipo de acidente ou mal súbito, o que a coloca em uma situação de gravidade e de urgência de atendimento, daí a necessidade de recursos serem estocados.

Recordando um pouco do que foi apresentado anteriormente na obra do Canal de Suez, mais de 120.000 operários morreram durante a execução da obra. Essas ocorrências, apesar de serem em grande número, foram um fator surpresa com o qual a administração da obra teve de se deparar. E não havia algo a fazer. Somente com a ocorrência dos casos é que o serviço médico e de transporte de pacientes para os hospitais provavelmente providenciavam mais medicamentos à medida que novos pacientes chegavam. Conforme os medicamentos chegavam, já eram utilizados nos pacientes que já estavam aguardando por eles, ou seja, estavam na fila. Essa situação deve ter sido dramática e quase inviabilizou a conclusão do Canal de Suez.

A estrutura adequada para representar essa situação é a **DFO (insumo específico, fila e operação)**. Nesse caso, não há estoque de insumos, e os clientes aguardam a realização da função, que não ocorre enquanto os recursos não forem adquiridos. Tal situação aplica-se nos casos em que é necessário satisfazer plenamente demandas, exigências ou circunstâncias novas ou inesperadas. Em uma excursão, os clientes aguardam enquanto os organizadores procuram obter os recursos necessários para viabilizá-la. Exemplos: transporte (levar o homem à lua, transportar uma turbina para uma usina hidrelétrica); serviço (organizar um concerto ou excursão) (Figura 2.14).

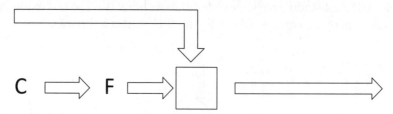

Figura 2.14: DFO (insumo específico, fila e operação).

Em uma situação normal, os hospitais teriam um estoque prévio de medicamentos para atender os pacientes que aguardam em uma fila para então serem atendidos. A estrutura **EFO (estoque, fila e operação)** cabe nessa situação. Os recursos são estocados antecipadamente, e os clientes esperam pela realização da função, ou seja, existe a necessidade de que os recursos sejam adquiridos antes da chegada do cliente no sistema (Figura 2.15).

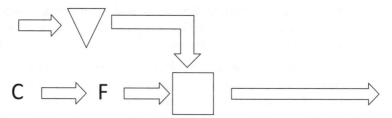

Figura 2.15: Estrutura EFO (estoque, fila e operação).

Considere uma empresa de ônibus urbano, que se caracteriza pela função "transporte". A sua estrutura é do tipo EFO, pois existem os ônibus (recursos estocados), os roteiros que são previamente definidos pela empresa, ou seja, cada conjunto de ruas, caracterizando as diversas linhas. Nesse processo, os clientes aguardam, nos pontos de ônibus, para que a função (transporte) ocorra, caracterizando a fila de clientes. Dessa forma, todas as classificações apresentadas anteriormente (produção por encomenda, para estoque, grande projeto, produção para estoque e montagem sob encomenda) podem ser representadas por meio das sete estruturas de sistema de operações propostas por Ray Wild, que permitem visualizar adequadamente cada elemento que participa de toda a operação.

Em cada estrutura fica claro o objetivo que a empresa enfatiza mais, se a produtividade de recursos (máxima utilização de recursos produtivos) ou o nível de serviço ao cliente. Por meio dos exemplos e das situações apresentadas pode-se identificar o objetivo mais valorizado. No caso da empresa de ônibus, o que se enfatiza é a melhor utilização dos ônibus (recursos produtivos), de certa forma em detrimento do nível de serviço ao cliente, já que as linhas não atendem de forma plena às necessidades do cliente, tampouco os horários de passagem dos ônibus nos pontos.

Aplicação

Exemplo de aplicação

Há 21 anos, Gérson trabalhava como vendedor de implementos agrícolas na região de São José do Rio Preto, até montar uma representação na cidade, sendo posteriormente responsável pela distribuição, quando viu a necessidade de fabricar os produtos, montando a sua própria empresa industrial. A empresa de Gérson atua no ramo de Automação Industrial e possui 13 empregados. A linha de produtos da empresa inclui sensores, inversores de frequência, ferramentas pneumáticas e assistência técnica (muito pouco).

A empresa utiliza dados de vendas do ano anterior, baseado no respectivo mês, influenciado pelo consumo das usinas. A capacidade produtiva é de R$100 mil por mês, entre produtos e assistência técnica (o proprietário não forneceu dados da capacidade em relação ao número de produtos). O planejamento é realizado pela diretoria, dependendo do cliente, sendo efetuado em até 3 horas, por serem produtos-padrão, e por isso sofrerem apenas poucas alterações.

A programação depende da quantidade, do prazo e do preço. É feita com base na experiência anterior do proprietário com o produto. A programação é a definição da data de ocorrência dos eventos ligados a fabricação e montagem dos produtos. Há exigência de cotas mínimas pelas empresas fornecedoras, sendo assim a empresa espera vários pedidos para efetuar a compra.

Processo de fabricação: As variações no uso do equipamento na produção de diferentes produtos são determinadas pelo tamanho reduzido do lote (algumas vezes unitário) e a diversidade dos produtos ofertados. Para alguns produtos a fabricação só é iniciada quando há um pedido para ser entregue, para outros é feito estoque de produtos acabados.

O lote de fabricação é a quantidade de produtos do mesmo tipo que estão sendo fabricados de uma vez (simultaneamente). Exemplo: a quantidade de alunos matriculados na disciplina é o "lote", que pode variar de ano para ano.

A empresa trabalha com estoques mínimos, sendo grande o estoque de insumos; e menor o estoque de produtos acabados. Para alguns produtos não é possível manter estoque de produtos acabados, por serem customizados. A entrega é realizada por transportadoras. A demanda é sazonal, varia muito durante o ano em função dos pedidos das usinas da região. A demanda é maior no meio do ano, e se necessário o serviço é terceirizado.

Os fornecedores de insumo são grandes empresas, que fornecem produtos com alta confiabilidade de entrega. A empresa utiliza estoques mínimos para gestão de estoques de insumos. **Pede-se:** Identifique o sistema de produção; represente a estrutura de operações e justifique; pense em uma mudança que permita alterar a estrutura de operações.

Resolução

Sistema de produção: Sistema de produção orientado para estoque (MTO) e por encomenda (ou orientada para montagem).

Estruturas de operações

A estrutura EOC foi identificada para as atividades ligadas a prestação de serviços, como manutenção, e a produtos finais feitos por encomenda (Figura 2.16).

Figura 2.16: Estrutura EOC.

A estrutura EOE foi identificada para as atividades de fabricação tendo em vista que, além do estoque de matéria-prima, há um estoque de produtos acabados (finais) (Figura 2.17).

Figura 2.17: Estrutura EOE.

Descrição da estrutura

E: estoque de matéria-prima

O: montagem de equipamentos e usinagem de peças

ELSEVIER CAPÍTULO 2 – SISTEMAS DE PRODUÇÃO E ESTRUTURAS DE OPERAÇÕES

C: envio do produto direto para o cliente após a montagem. Ou fabricação iniciada após a chegada do pedido do cliente

E: estoque de matéria-prima

E: estocagem dos produtos acabados

Mudança

Caso a empresa decida somente comercializar o produto, a estrutura poderia mudar para uma estrutura de suprimentos.

Questões

1. Explique a classificação das estruturas de operações proposta por Wild. Represente graficamente as estruturas.
2. Identifique as diferenças entre as abordagens dos sistemas de produção e das estruturas de operações.
3. Na lanchonete da sua universidade provavelmente há dois tipos de cafés: o café que está pronto e fica em uma garrafa térmica e o café expresso. Identifique:
   a. O sistema de produção de ambos os tipos.
   b. As estruturas de operações pertinentes a ambos (fabricação, transporte).
4. Explique o funcionamento de um restaurante "a *la carte*" e outro "por quilo" utilizando a classificação de sistemas de produção e as estruturas de operações de Wild.

Estudo de caso

Durante a faculdade de arquitetura (terceiro ano), o proprietário da Proarq, fábrica de esquadrias de alumínio, era estagiário da Alcoa, na área de esquadrias metálicas. Por sentir falta de disciplinas voltadas a essa área, seu trabalho de graduação teve como tema o uso de esquadrias de alumínio na arquitetura. Depois de formado, continuou a trabalhar na Alcoa, até sair e montar a Proarq, em 1990.

A empresa não trabalha com previsão de vendas, mas sim com uma meta de vendas. É necessária a venda de 3.500 kg de esquadrias por mês para se atingir o **ponto de equilíbrio**. As vendas médias da Proarq são de 5.000 kg por mês. Cerca de 60% a 70% do valor do produto é recebido antes da entrega. A título de curiosidade e de um modo simplificado, ponto de equilíbrio é a quantidade de vendas em que a receita se iguala aos custos, isto é, não há lucro nem prejuízo. Cada unidade produzida além dessa quantidade começa a dar lucro.

Todos os produtos da empresa são esquadrias de alumínio feitas sob encomenda, adequando-se ao projeto do cliente. Há opções de esquadrias desde um módulo básico até esquadrias de alto padrão (*gold*), atendendo desde casas até condomínios. A Proarq tem capacidade para produzir até 7.000 Kg de esquadrias de alumínio por mês. Como o processo produtivo é sempre o mesmo, o planejamento é executado pelo próprio proprietário e seu sócio, sofrendo pequenas alterações de acordo com cada pedido.

A programação da produção é feita de acordo com o prazo de entrega das obras, para que não exista estoque de produtos acabados. A ordem das atividades é sempre a mesma: compra de barras de alumínio, envio das barras para acabamento, recebimento do material, conformação e montagem final.

As compras são realizadas pelo proprietário, sempre após o pedido do cliente, para não formar estoques de matéria-prima. As compras são feitas em lotes para cada três ou quatro obras, a fim de poder negociar preços mais baixos com o fornecedor. O alumínio tem seu valor cotado em dólar. As entregas das barras são feitas de 20 a 30 dias após o pedido.

O processo de fabricação é intermitente: as variações no uso do equipamento são determinadas pelo tamanho reduzido do lote e a diversidade dos produtos ofertados. A fabricação só é iniciada quando há um pedido a ser entregue.

A empresa não trabalha com estoque de insumos e nem de produtos acabados. Devido principalmente à falta de espaço, os únicos materiais que ficam na fábrica são aqueles que aguardam na fila para serem processados e os produtos acabados que esperam até que o lote seja completado.

A própria empresa faz a entrega do produto, num prazo em torno de 60 dias depois de feito o pedido. Além da entrega, efetuada pelo próprio caminhão da empresa, é feita também a instalação das esquadrias, havendo um funcionário responsável pelo caminhão e dois pela instalação. Devido à natureza das operações (as atividades não necessitam alto nível de especialização), os funcionários executam várias atividades dentro da empresa. O proprietário realizou um estudo sobre a possibilidade de mudança para uma estrutura com estoque de produtos acabados, mas observou que era inviável devido à forte concorrência, além da necessidade de alto investimento inicial ($600.000,00 apenas em matéria-prima). A empresa possui fortes laços com seus empregados.

Com relação à demanda, ela é muito variável ao longo do ano, sendo muito baixa no período de janeiro a março (não atingem 3.500 Kg por mês, já que a maioria das obras começam nesse período). Em alguns meses, a demanda é muito elevada, sendo superior à capacidade. Quando isso acontece, os pedidos são divididos entre os meses posteriores. Os fornecedores de insumo são grandes empresas, que fornecem produtos com alta confiabilidade de entrega. A capacidade de produção da empresa é superior à demanda na maior parte do ano, fazendo com que não seja necessário realizar ajustes de curto prazo na capacidade do sistema. A capacidade é mais influenciada pelos funcionários da empresa do que pelos equipamentos, ou seja, são feitos investimentos maiores em funcionários do que em equipamentos. A empresa não realiza demissões em períodos de baixa demanda.

Pede-se: Identifique o sistema de produção, represente a estrutura de operações e justifique, pense em uma mudança no processo da empresa que permita alterar a estrutura de operações.

Modelagem e implementação

Gestão colaborativa no setor automobilístico

Fonte: Guerrini e Pellegrinotti (2016)

Elaborar o projeto de um sistema de produção em alguns setores demanda planejar como se dará a gestão colaborativa entre a unidade produtiva e os fornecedores. No caso específico do setor automobilístico, o fornecedor de primeira camada pode participar do projeto do produto, definindo funcionalidades e características do produto em conjunto com a montadora.

A colaboração é uma tendência de relacionamento entre empresas, baseado em benefícios mútuos e agrupamento de competências, tendendo a aumentar os benefícios competitivos das empresas que atuam neste contexto.

Em todos os casos as empresas que conseguem gerenciar os processos interorganizacionais de forma bem-sucedida demonstram que seus esforços são largamente recompensados pelos benefícios obtidos da colaboração. É imprescindível que a gestão utilizada para integrar sistemas com fornecedores e clientes se adaptem às novas formas de relacionamentos interorganizacionais, associadas às práticas de colaboração.

A seguir apresenta-se um estudo multicaso realizado no setor automobilístico brasileiro com o intuito de sistematizar o processo de gestão colaborativa.

Levantamento de dados

Nesta situação foram pesquisadas dez empresas, cinco montadoras e cinco fornecedores. As montadoras estão estabelecidas há mais de 25 anos no Brasil, localizadas no Estado de São Paulo, que representa 42,11% do total de marcas de automóveis no Brasil, e 48,65% do total de fábricas. Os fornecedores atuam na região de Piracicaba e fabricam peças e componentes fornecendo diretamente para as montadoras, participando do primeiro nível de fornecedores da cadeia de suprimentos de um veículo.

As informações coletadas focaram os elementos para a gestão colaborativa: elementos motivadores referem-se às motivações para atuar colaborativamente; os facilitadores do ambiente empresarial, que apoiam e garantem o desenvolvimento da colaboração; e os componentes da colaboração, ligados aos principais processos e atividades que podem ser realizadas conjuntamente. A análise das informações obtidas na coleta de dados verificou o alinhamento entre os elementos considerados e o que realmente é praticado nas empresas.

Processo de gestão colaborativa

A partir da identificação de uma oportunidade de negócio, define-se o escopo do projeto sobre o conceito do produto no departamento de marketing, vendas e produção. Há informações gerais sobre o produto, expectativas de desempenho, design, público-alvo, consumo anual, entre outros. O escopo é passado ao departamento de engenharia que, em conjunto com departamento de compras, detalha o conceito para o projeto do produto, gerando o caderno de obrigações e encargos. Este caderno de obrigações e encargos serve para selecionar fornecedores para desenvolvimento. Geralmente, são fornecedores de sistemas básicos do veículo (lataria, motores, câmbios, transmissões, filtro de ar, entre outros).

Na sequência é gerada a lista de fornecedores para desenvolvimento de protótipos e testes. Geralmente os testes são realizados no mínimo 5 anos antes de lançar o veículo no mercado. Em seguida, o produto é homologado, inserindo informações específicas (como, por exemplo, o preço base) e detalhes sobre o componente (como, por exemplo, o desempenho esperado, comportamento nos testes, desenho técnico e tolerâncias para as medidas).

Após a homologação do produto é realizada a seleção de fornecedores para suprimento do item. A maioria dos fornecedores que participam do desenvolvimento são selecionados para suprimento, entretanto existem exceções, frequentemente justificadas pela exigência em cumprir o custo base estipulado pela montadora. Neste processo são selecionados possíveis fornecedores para o componente e enviada a solicitação de cotação. Esta solicitação pode ser realizada via EDI (Intercâmbio Eletrônico de Dados), para a transação onde a montadora requisita do fornecedor uma análise do produto a ser fabricado, com informações sobre o preço do item, preço do ferramental e dados do fornecimento.

O fornecedor recebe e analisa a solicitação de cotação e elabora a resposta de cotação, a montadora recebe, classifica e seleciona o fornecedor ganhador, emitindo o pedido de mercadoria, utilizado para formalizar as condições comerciais de fornecimento de materiais e serviço. O pedido de mercadoria é constituído de informações sobre volume previsto anual, valores, condições de pagamento, tipo de fornecimento (produção, reposição, amostra, exportação, triangulação, ferramentas e soluções ou outros), via de transporte, local de destino, frequência de entrega, quantidade de lote mínimo, peso unitário máximo, peso unitário mínimo, cronograma de entrega/embarque (janelas de entrega, com datas e horas para recebimento), cota de participação no fornecimento, dados da embalagem e etiqueta, dados da transportadora, metas para cada quesito de desempenho, entre eles: qualidade, confiabilidade de entrega, flexibilidade, entre outros.

O pedido de mercadoria pode ser aceito e confirmado ou gerar uma solicitação de alteração. A solicitação de alteração é um documento que formaliza as alterações nas condições originalmente estabelecidas no pedido de mercadoria, as alterações mais comuns são de preço, condição de pagamento e cota de participação no fornecimento. A montadora recebe a solicitação de alteração, analisa e reescreve o pedido, identificando com a letra R (Pedido de Mercadoria Revisado), para que a formalização seja realizada. Quando há confirmação do pedido de mercadoria, é assinado o termo de confidencialidade entre a montadora e o fornecedor. Com o termo assinado, a montadora elabora e envia aos fornecedores a programação utilizada para entrega e as chamadas de kanban.

A programação de entregas é uma transação que complementa o pedido de mercadoria entre o cliente e fornecedor, explicitando os prazos para entrega/embarque da peça/material. Ela costuma disponibilizar períodos planejados diariamente, semanalmente, trimestralmente e anualmente, sendo definido um período de pedido firme, no qual os prazos/quantidades permanecem inalterados, e é realizada via EDI (Intercâmbio Eletrônico de Dados). Nesta etapa o fornecedor pode receber os dados no formato enviado ou pode utilizar os serviços de *software house* para realizar a tradução dos dados no formato que o sistema de gerenciamento interno pode entender (Processo Externo). Com isso o fornecedor libera a entrada dos dados no sistema para efetivar compras de matéria-prima e a programação de produção, gerando resposta da programação de entrega e da chamada *kanban*, confirmando as programações de entrega desejada pelo cliente. Na sequência é enviado o aviso de entrega antecipado, nesta transação o fornecedor informa o envio da peça/material e a quantidade destinada ao cliente. Estas informações são úteis para agilizar o recebimento e a gestão dos estoques, que muitas vezes são considerados como estoque em rodas.

A montadora recebe o material e confere com as informações do aviso de entrega antecipado, este processo gera diversas informações como saída, entre elas:

A transação "confirmação de recebimento", atesta o recebimento de peças/materiais no cliente, informando possíveis divergências entre as informações na transação do aviso de embarque antecipado e recebimento físico. A transação "peça/material em atraso" é utilizada pelo cliente para solicitação de entrega/embarque em regime de urgência ao fornecedor ou reposição de peça/material que não foi cumprido pelo fornecedor quanto a prazos/quantidades convencionados na programação de entregas.

A autorização de faturamento, que é emitida ao fornecedor para o processamento da fatura. Os dados dessa transação são: número de autorizações, quantidades autorizadas para faturamento, código referente ao pedido, dados do fornecedor e dados do item.

O pré-sequenciamento da produção é emitido ao fornecedor com objetivo de informar a sequência de montagem prevista, permitindo a otimização da produção do fornecedor, assegurando melhor sincronismo com as operações do cliente. As informações gerais que estruturam a confirmação de recebimento são data da nota fiscal, data da entrada dos dados no sistema, data da conferência física, data de recebimento, data do embarque, quantidade embarcada, quantidade recebida, quantidade devolvida, unidade média de estoque, quantidade para ajuste de acúmulo e número do pedido.

Os dados para avaliação de desempenho do fornecedor referem-se ao atendimento das solicitações geradas pelo cliente nos quesitos pré-estabelecidos no pedido de mercadoria. Estas informações são entradas para os processos finais e são enviadas ao fornecedor para a confirmação do recebimento e o pré-sequenciamento da linha.

Uma vez efetivado o pagamento, faz-se a solicitação de peças/materiais em atraso e, por fim, alimenta-se o banco de dados da montadora com informações sobre o desempenho do fornecedor.

O modelo do processo de gestão colaborativa sistematiza os principais processos descritos, baseado nas informações coletadas nas entrevistas e na lista de transações de dados disponibilizados no padrão RND (Rede Nacional de Dados) homologados pela ANFAVEA (Associação Nacional dos Fabricantes de Veículos Automotores – Brasil), conforme Figura 2.18.

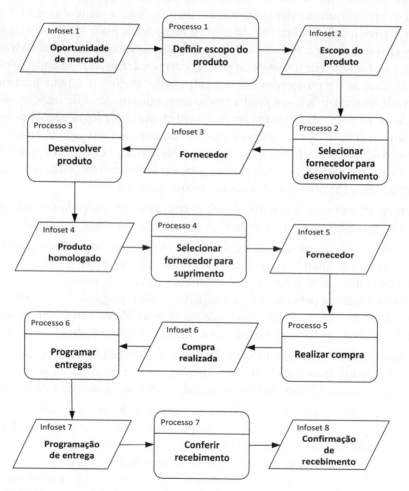

Figura 2.18: Processo de gestão colaborativa no setor automobilístico.

É possível perceber que as operações de fabricação e de suprimento estão estreitamente relacionadas. Esse fato corrobora a percepção de Ray Wild de que qualquer sistema produtivo está buscando balancear a otimização de recursos com o nível de serviços.

PCP também é cultura

Uma carta de Clyde Champion Barrow para Henry Ford

O reconhecimento da excelência do produto de Henry Ford teve um personagem inusitado: Clyde Champion Barrow, da dupla Bonnie & Clyde.

O casal de jovens se popularizou na primeira metade da década de 1930, assaltando carros e bancos, conseguindo escapar pelo interior do país da polícia durante quatro anos. A dupla atraiu a atenção da imprensa, que dava ampla cobertura aos seus crimes impossíveis, ressaltando a aura de casal apaixonado. Conforme o casal adquiriu confiança, os seus crimes foram tornando-se cada vez mais violentos. Mas como nada é para sempre, eles acabaram mortos pela polícia do estado do Texas, em uma emboscada.

Em 1967, o diretor Arthur Penn fez o filme *Bonnie & Clyde: uma rajada de balas* estrelado por Faye Dunaway e Warren Beatty, que colaborou para garantir o lugar do casal na crônica do crime americano. A narrativa do filme começa de maneira divertida e despretensiosa, mas torna-se mais dramática com a sucessão de crimes.

A carta, apresentada a seguir, foi mantida em sua versão original:

Tulsa Okla.

10th April

Mr. Henry Ford

Detroit Mich.

Dear Sir:

While I still have got breath in my lungs I will tell you what a dandy car you make. I have drove Fords exclusively when I could get away with one. For sustained speed and freedom from trouble the Ford has got every other car skinned and even if my business hasn't been strickly legal it don't hurt anything to tell you what a fine car you got in the V8 yours truly.

Clyde Champion Barrow

Conclusão

A concepção de um sistema de produção, a partir da intenção de prestar um serviço ou fabricar um produto, requer a definição das habilidades e competências da prestação do serviço, o conhecimento (*know-how*) da tecnologia de processo e de produto que a manufatura deve incorporar, além do dimensionamento do número de clientes a serem atendidos pelo serviço a ser prestado ou o volume de produtos a serem fabricados.

Tanto para um projeto de adequação quanto para um novo projeto de um sistema de produção e operações, o seu escopo deve conter as especificações técnicas de processo que a tecnologia dos produtos a serem fabricados requer a fim de responder como a transformação de matéria-prima em produtos acabados ou o processo de prestação do serviço deve ser estruturado, assim como o dimensionamento da capacidade da equipe que deve prestar o serviço ou da fábrica, de acordo com o volume que a demanda projetada requer.

O projeto e operação de sistemas de produção e de prestação de serviços deve conter os parâmetros de concepção do sistema quanto à função de coordenar as ordens de produção dos materiais a serem processados e movimentados ao longo do tempo e do espaço no ambiente de manufatura, ou seja, diz respeito ao fluxo de materiais, e sua concepção é parte do escopo do Projeto de Sistema de Produção que envolve as áreas de Projeto da Fábrica (tecnologia de processo) e Projeto do Produto (tecnologia do produto). A função "processo" define a estrutura que a fábrica deve ter para realizar a transformação das matérias-primas e dos insumos em produtos acabados do modo mais eficaz e eficiente possível, de acordo com os padrões de competitividade que o mercado estabelece para o segmento de atuação da empresa.

Não é suficiente fornecer produtos inovadores que se destacam em funcionalidade, qualidade e tecnologia se o custo operacional para a sua fabricação não atende às boas práticas do mercado. O resultado da operação quanto ao custo operacional é dependente da racionalidade pela qual o processo de transformação foi concebido e como esse processo responde às necessidades de demanda quanto aos produtos a serem fabricados no prazo e no custo desejado.

O resultado esperado somente será possível dependendo da forma como requisitos do projeto são definidos de acordo com os fatores descritos: localização industrial, projeto de processos de produção, novas tecnologias, tecnologia atual, se for o caso de readequação, instalações industriais, configuração ou reconfiguração do layout, se for o caso de readequação, dimensionamento ou redimensionamento da capacidade com margem para crescimento futuro, integração vertical, integração horizontal, Pesquisa & Desenvolvimento.

O projeto do sistema de produção caracteriza a fábrica a partir do momento em que o primeiro esboço para a sua concepção torna-se um plano descritivo do processo de transformação de matérias-primas em produtos acabados com maior visibilidade da estrutura de manufatura que deve ser dimensionada, com o propósito de exercer a função processo de modo eficaz e eficiente.

A definição das especificações técnicas do projeto com o propósito de obter os produtos acabados com o menor custo operacional é resultado da racionalidade do fluxo de produção que deve ser pensada, descrita e detalhada no escopo do projeto do sistema a partir dos fundamentos, princípios e conceitos da logística de produção, entre eles produzir o maior volume de produtos no menor tempo possível.

Essa concepção é dependente do projeto do produto e do seu roteiro de fabricação, para que os responsáveis pela fase de concepção do projeto do sistema possam definir o(s) processo(s) de fabricação de que o sistema deve ser constituído, que, por sua vez, define o fluxo de materiais e de produção, de acordo com a tecnologia de processo a ser aplicada na fabricação do *mix* de produtos relacionados.

Diretamente relacionada com a função "processo" encontra-se a função "operação", responsável pelo controle e acompanhamento dos sujeitos do trabalho (homens, máquinas, equipamentos etc.) ao longo do tempo e do espaço no uso do sistema. Envolve a infraestrutura necessária para a coordenação e o controle do que está sendo transformado e dos agentes transformadores (função processo). Seu escopo é o Controle das Operações de Produção, que compreende a gestão de pessoas, qualidade, manutenção, fornecedores, organizacional e sistemas de planejamento.

O dimensionamento da capacidade de transformação da matéria-prima em produtos acabados com o uso da estrutura requer informações a respeito da demanda a ser atendida para garantir que a coordenação de todo esse processo pela infraestrutura tenha condições de apoiar a estratégia de atendimento à demanda que a direção da empresa, em consenso com vendas, financeiro, marketing e produção, definiu.

O controle do lote no processo requer uma visão mais ampla do que realmente ocorre ao longo do processo de fabricação.

O propósito do Projeto e Operação dos Sistemas de Produção é garantir que o atendimento à demanda, de acordo com a estratégia que atenda o *trade-off* desejado pela empresa, seja realizado da melhor forma, o que somente será possível se a sua concepção foi baseada nas quatro funções básicas na elaboração de qualquer tipo de projeto: planejar, organizar, controlar e coordenar. No caso dos sistemas produtivos essas funções devem persistir nos dois momentos: concepção e execução.

Simulação e integração das funções ligadas à produção

No desenrolar das atividades didáticas, nem sempre é possível levar os participantes a terem contato prático com a realidade, de cada tópico coberto pela disciplina. É para isso que a abordagem experiencial, por meio da simulação e dos jogos de empresa, pode ser útil para trazer parte dessa realidade para dentro do ambiente de aprendizagem, permitindo que os estudantes participem de um processo conhecido como aprendizagem ativa. É com essa expectativa que é apresentada uma atividade prática, envolvendo a integração das funções ligadas à produção.

A abordagem experiencial (ou vivencial), segundo a visão de David Kolb, pode ser explicada como primeira aproximação a um assunto novo, vivenciar a situação prática em que o evento ocorre, para depois refletir e interpretar os fatos ocorridos.

Nessa situação, uma empresa fictícia é apresentada aos estudantes para que tomem decisões referentes à produção, ou seja, fabricação dos pedidos feitos pelos clientes. Apesar de ocorrer em condições controladas, a situação criada reflete o ambiente empresarial e torna possível entender a natureza da gestão da produção, seus impactos e consequências na gestão da empresa como um todo.

Situação

A empresa Artesanato em Madeira Ltda. é uma marcenaria de pequeno porte, com seis funcionários, sendo um administrativo. A empresa fabrica os mais diversos produtos em madeira, todos mediante encomenda, isto é, de acordo com a necessidade do cliente. Como uma política adotada pela empresa, o fechamento do pedido é feito na presença do cliente e o mais rápido possível. Essa política torna-se possível porque o encarregado, o sr. Tupia, trabalha há muitos anos no ramo, e tem experiência nos aspectos técnicos (processos) e gerenciais (financeiros) envolvidos na fabricação de produtos em madeira.

Para produzir os itens solicitados, a empresa possui três máquinas, identificadas genericamente por A, B e C, que, devido às suas características, executam uma enorme variedade de operações, dependendo da necessidade.

O cliente chega à empresa, dirige-se ao balcão e pede informações. Rapidamente, a funcionária que executa as funções administrativas chama o encarregado da fabricação para atender ao cliente. **Pede-se:** Faça uma lista dos pontos mínimos que precisam ser acertados durante a conversa:

a) Quais informações o encarregado precisa saber do cliente?

b) Quais respostas o cliente está esperando?

c) Que informações o encarregado precisa ter para dar essas respostas ao cliente?

PCP multimídia

Série de televisão

Megaconstruções. Discovery Channel. *Motivo*: permite compreender a necessidade da visão sistêmica e como os sistemas de grande projeto possuem necessidades específicas de planejamento e controle de produção.

Verificação de aprendizado

O que você aprendeu? Faça uma descrição de 10 a 20 linhas do seu aprendizado.

Os objetivos de aprendizado declarados no início foram atingidos? Responda em uma escala 1 a 3 (1. não; 2. parcialmente; 3. sim). Comente a sua resposta.

O que pode ser melhorado em sua opinião?

Referências

CORRELL, J. G.; EDSON, N. W. *Gaining Control – Capacity Management and Scheduling*. 3ª ed. Nova York: Norris W. Edson, 2007.

FERNANDES, F. C.; GODINHO, M. *Planejamento e Controle da Produção*. São Paulo: Atlas, 2010.

FORD, H. *Os princípios da prosperidade*. Rio de Janeiro: Brand, 1954.

GEORGE, Jr., C. S. *The History of Management Thought*. Englewood Cliffs: Prentice-Hall, 1972.

GUERRINI, F.M.; PELEGRINOTTI, C. Reference model for collaborative management in automotive sector, *International Journal of Production planning and control*, v. 27, n. 3, p. 183-197, 2016.

GUERRINI, F.M.; ESCRIVÃO FILHO, E.; ROSIM, D. Administração para engenheiros. Rio de Janeiro, Elsevier-Campus, 2016.

MARUCHECK, A. S.; McCLELLAND, M. K. Strategic issues in make to order manufacturing. *Production planning and inventory control*, v. 27, n. 2, p. 82-96, 1986.

WEMMERLÖV, U. Assemble-to-order manufacturing: Implications for materials management. *Journal of operations management*, v. 4, Issue 4, p. 347-368, August 1984.

WILD, R. *Operations Management: a policy framework*. Oxford, England: Pergamon Press, 1980.

Capítulo 3
PREVISÃO DE VENDAS

Fábio Müller Guerrini
Renato Vairo Belhot
Walther Azzolini Júnior

Resumo

A previsão de vendas é o primeiro processo do PCP que define a quantidade do que será produzido. Para a obtenção da quantidade a ser produzida, há métodos de predição e métodos de previsão de vendas. Os métodos de predição são de natureza qualitativa e são adequados para situações nas quais não há dados históricos de vendas. Os métodos de previsão de vendas são de natureza quantitativa e baseiam-se em dados históricos para prever as vendas futuras. Neste capítulo, o foco será direcionado para os métodos de previsão com a utilização de séries temporais para a determinação de previsões futuras.

Palavras-chave: Previsão de vendas; séries temporais; PCP.

Objetivos instrucionais (do professor)

❖ Apresentar os conceitos para a utilização de métodos quantitativos e qualitativos para elaborar previsões de vendas e suas implicações para a criação do Planejamento e Controle de Produção.

Objetivos de aprendizado (do aluno)

❖ Saber identificar padrões de comportamento de dados históricos.
❖ Saber distinguir o que pode ser previsível; o que é quantitativo e o que é qualitativo segundo critérios estabelecidos.
❖ Identificar a técnica que melhor se adapta ao conjunto de dados, segundo os critérios estabelecidos.
❖ Saber aplicar as técnicas de previsão e analisar os resultados para comparar e escolher a melhor técnica.

Introdução

A previsão de vendas ocupa-se de obter resultados para um planejamento futuro. Cabe observar que é comum encontrar-se o termo "previsão de demanda" como sinônimo do termo "previsão de vendas", talvez pela cultura da economia, mas quando se fala em demanda, o foco direciona-se para a quantidade que pode ser absorvida pelo mercado, como um todo. A previsão de vendas é feita utilizando-se as predições e as previsões.

Predição é uma abordagem qualitativa utilizada quando há pouca ou nenhuma informação sobre uma determinada situação. Os métodos de predição mais usuais são: Delphi, pesquisa de mercado, analogia histórica, análise da força de vendas, júri de opinião executiva e método de cenário.

A previsão dispõe de dados quantitativos e os utiliza para prever uma determinada situação futura. Ela apoia-se em métodos econométricos, modelos de relações causais e séries temporais. No âmbito da previsão de vendas para o planejamento e controle de produção as séries temporais são mais utilizadas.

As séries temporais podem ser analisadas considerando-se a tendência, sazonalidade, ciclo e a aleatoriedade. Quanto maior a precisão necessária, mais fatores o método deverá incorporar, maior será o seu custo e mais complexa será a sua aplicação. No âmbito dos métodos mais simples, são abordadas as séries não estacionárias (utilizando-se a regressão linear) e as séries estacionárias (utilizando-se os métodos de média móvel, média móvel ponderada, média móvel ponderada exponencialmente).

A Figura 3.1 apresenta o modelo de conceitos que será desenvolvido neste capítulo.

Caso

Hipóteses para a previsão aplicada a uma república de estudantes

Na previsão, é necessário que haja dados históricos ou que, na ausência deles, se possa inferir dados a respeito de um determinado produto ou evento a partir de algum método. Ou seja, para prever as ações no futuro é importante verificar as informações passadas para que, a partir de hipóteses e de um método de geração utilizado no presente, seja possível prever informações futuras para compor o plano de negócios.

As hipóteses para a previsão podem ser resumidas em três. Na hipótese 1, o futuro é continuação do passado, ou seja, as mesmas leis e propriedades que atuaram no passado continuarão a agir no futuro. Na hipótese 2, o futuro não é continuação do passado por razões sob controle do tomador de decisão. Na hipótese 3, o futuro não é continuação do passado por razões fora do controle do tomador de decisão.

Pode-se utilizar esse raciocínio para as contas da uma "república" de estudantes. Supondo que os gastos da sua "república" sejam conforme os dados da Tabela 3.1.

ELSEVIER — CAPÍTULO 3 – PREVISÃO DE VENDAS

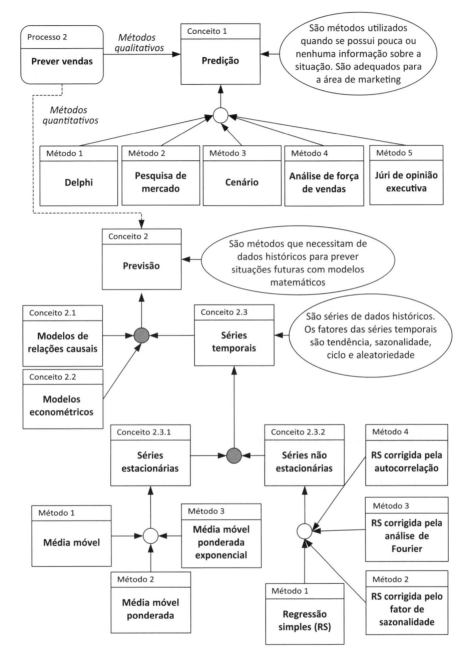

Figura 3.1: Modelo conceitual de previsão de vendas.

Tabela 3.1: Gastos da "república"

Mês	janeiro	fevereiro	março	abril	maio	junho
Despesa $	1.000	950	1.100	1.000	1.050	1.000

Em uma primeira análise dos dados históricos dos primeiros seis meses de existência da república, observa-se que as despesas giram em torno de $1.000. Ou seja, assumindo-se que o futuro é continuação do passado com as mesmas leis e propriedades (hipótese 1), em julho, provavelmente a despesa será por volta de $1.000.

Mas as necessidades de conforto na "república" podem mudar, e depois de uma reunião entre os membros, decide-se contratar uma faxineira para arrumar a casa. A despesa mensal com a faxineira será de $350,00. Ou seja, aqui o futuro não é continuação do passado por razões sob o controle dos decisores (hipótese 2), pois além dos $1.000 que a "república" gasta, agora haverá o acréscimo de $350, totalizando $1.350 que já incidirá em julho.

Mas quando se reúnem para fazer as contas no final de julho, verificam que os gastos não ficaram em torno dos $1.350 como o planejado, pois houve um aumento de 20% na tarifa de energia elétrica e um aumento de 25% na tarifa de água. Portanto, nesse caso, o futuro não é continuação do passado por razões fora do controle do decisor (hipótese 3). E aí, o jeito é telefonar para o "banco" que oferece empréstimo a fundo perdido e é garantido: o pai.

Com o passar dos anos, os estudantes ficam mais exigentes, compram um carro, assinam a TV a cabo, arrumam um(a) namorado(a) e precisam levá-lo(a) para jantar e, como já não voltam toda semana para casa, precisam fazer um churrasco no final de semana. Para os estudantes da "república", esse crescimento "natural" dos custos recai sobre a hipótese 2. Mas para os seus respectivos pais essas despesas recaem sobre a hipótese 3.

Compreendendo as variáveis

O início do fluxo de informações do planejamento e controle de produção é o planejamento estratégico. O objetivo básico do planejamento estratégico é elaborar estudos que permitam a empresa vislumbrar a sua estratégia a longo prazo.

Parte desses estudos diz respeito à previsão de vendas que utiliza métodos de predição e previsão para analisar as condições futuras de mercado. Entretanto, a única certeza que se tem após a sua elaboração é que ela vai falhar, e serão necessárias ações de controle para identificar os erros e permitir revisões contínuas.

Entretanto, no caso de pequenas e médias empresas, grande parte desconhece ou pouco utiliza os métodos de previsão. Normalmente, toma-se como referência as vendas do ano anterior. Mas quais seriam as informações necessárias para prever as vendas? As informações necessárias para a previsão de vendas podem ser baseadas em dados passados, que permitem a previsão estatística por meio da extrapolação; ou em eventos futuros, que dependem da ação humana.

De forma geral, identifica-se a hipótese (o presente) adequada para tratar o problema, considerando-se as informações existentes. Com a hipótese e as informações existentes, seleciona-se o método de geração das informações no futuro que irão compor o plano de negócios (Figura 3.2).

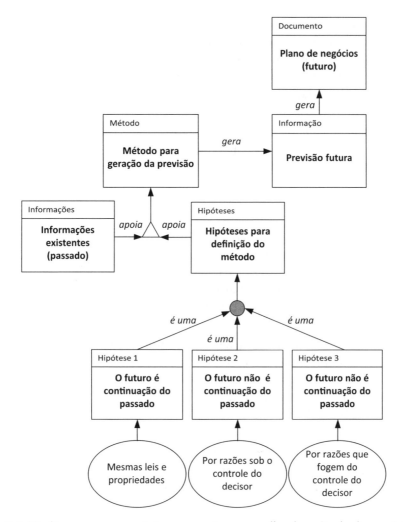

Figura 3.2: Hipóteses para a previsão que apoiam a escolha do método de previsão.

O enquadramento correto da hipótese à situação sob estudo é de fundamental importância na escolha da técnica de previsão/predição adequada e, por conseguinte, na qualidade e confiabilidade do resultado obtido. Não é muito incomum na elaboração da previsão de vendas dar-se maior ênfase à técnica e pouca importância a uma análise visual (gráfica) dos dados históricos. Esses dados podem ser uma fonte preciosa para a análise do comportamento dos dados no tempo, que sempre deve anteceder a aplicação do método/técnica.

Considerando-se o horizonte de tempo, a previsão de vendas possui diferentes utilizações.

No curto prazo, as previsões de vendas estão relacionadas com as atividades de programação da produção e controle de estoque. No médio prazo (seis meses a dois anos), o Plano de Recursos e o Plano de Produção de Itens utilizam informações da previsão de vendas. No longo prazo (cinco anos ou mais), orientam as decisões sobre aumento da capacidade instalada, alterações na linha de produtos e desenvolvimento de novos produtos. Apesar de genericamente dizer-se "previsão de vendas", uma distinção precisa ser feita. As determinações dos acontecimentos futuros em certo horizonte de tempo relacionados com a função produção podem ser classificadas como projeções, prognósticos ou predições.

A única diferença entre projeção e previsão é a hipótese em que se enquadram. A projeção é um exemplo típico da hipótese 1, e a previsão é o caso da hipótese 2.

Métodos qualitativos

Quando as considerações são feitas para produtos que serão lançados no mercado, mais genericamente, envolvem situações novas e desconhecidas, das quais não se dispõe de dados anteriores. As informações também passam a ser relacionadas com a área de marketing, que procurará fazer um estudo de mercado para identificar as necessidades relativas ao produto, como, onde e para quem ele deve ser vendido, estipulando-se seu preço.

Entretanto, todas essas informações são de natureza subjetiva e trazem incertezas associadas no transcorrer do tempo. Nesse caso, utilizam-se métodos qualitativos e o termo "predições" (como se fosse quase adivinhar o futuro). Os métodos mais comuns são: Delphi, pesquisa de mercado, analogia histórica e análise do ciclo de vendas, cenários e júri de opinião executiva.

Delphi: Baseia-se na seleção de um grupo de especialistas que recebem questionários acerca do lançamento de um determinado produto isoladamente. A cada devolução das respostas, o questionário é reformulado e reenviado de forma iterativa até o momento no qual as respostas dos especialistas sejam convergentes.

Pesquisa de mercado: Estudos de mercados (do comportamento de consumidores) por meio de questionários, painéis de consumidores, relatórios e estimativas de vendedores, testes com produtos lançados provisoriamente etc. Exemplo: pesquisa sobre aceitação de um determinado produto.

Análise da força de vendas: Uma compilação de estimativas de vendas esperadas para compradores em seu território, ajustada para tendências previstas e mudanças. Exemplo: empresas que possuem armazéns regionais devem estimar as vendas para fazer um plano de distribuição quantitativa de produtos.

Júri de opinião executiva: O consenso de um grupo de "especialistas". Muitas vezes de uma variedade de áreas funcionais internas à empresa. Exemplo: programa de TV durante a Copa do mundo do tipo "mesa redonda" para prever o resultado dos jogos em função do comportamento dos jogadores e os resultados pregressos.

Métodos de cenário: Narrativas suavemente desdobradas que descrevem um possível futuro expresso por meio de uma sequência de tempo conjuntural.

Exemplo: Utilizado para a colocação de produtos vislumbrando-se fatores, tais como conjuntura econômica no período.

Analogia histórica: Baseada na análise de dados históricos de vendas e do ciclo de vendas de produtos semelhantes. Exemplo: TV em preto e branco foi tomada como base para prever o comportamento de vendas da TV em cores (foi um erro muito grosseiro, pois vendeu mais do que o esperado).

As projeções e previsões, por outro lado, partem do pressuposto de que as informações relativas a vendas em períodos históricos anteriores servem de base para as informações do futuro. Os dados históricos de vendas de um determinado produto são utilizados para fazer uma estimativa do comportamento das vendas em períodos subsequentes, por meio de uma abordagem estatística baseada em modelos matemáticos.

Os métodos de projeção são baseados em modelos de relações causais e séries temporais (só será utilizado o termo "previsão" para facilidade de leitura).

Métodos quantitativos

As situações de previsão apresentam grande variação quanto ao horizonte de planejamento, fatores determinantes de resultados reais, tipos de padrão de dados e outros tantos aspectos. Para lidar com tal diversidade de aplicações, muitas técnicas foram desenvolvidas, as quais se enquadram em duas principais categorias: métodos quantitativos e métodos qualitativos ou tecnológicos. Métodos quantitativos podem ser divididos em métodos causais e séries temporais; e os métodos qualitativos ou tecnológicos podem ser divididos em métodos exploratórios e métodos normativos.

A previsão quantitativa pode ser aplicada quando três condições existem:

- A informação sobre o passado está disponível.
- Essa informação pode ser quantificada na forma de dados numéricos.
- Pode-se assumir que alguns aspectos do padrão ocorrido no passado irão continuar no futuro.

Essa última condição é conhecida como hipótese de continuidade; é uma premissa que está presente em todos os métodos de previsão quantitativos, e na maioria dos tecnológicos, não importando quão sofisticado ela possa ser.

As técnicas de previsão quantitativas variam consideravelmente, tendo sido desenvolvidas por diversos cursos, para diferentes propósitos. Cada um tem suas propriedades específicas, precisão e custos que devem ser considerados na escolha de um determinado método.

Métodos primitivos e métodos baseados em princípios estatísticos

Os procedimentos quantitativos de previsões se localizam entre dois extremos: métodos primitivos (naturais) ou intuitivos; e métodos quantitativos formais baseados em princípios estatísticos.

Os métodos primitivos (naturais) ou intuitivos utilizam a extrapolação horizontal, sazonal ou de tendência, e são baseados na experiência empírica que varia largamente de empresa para empresa, de produto para produto e de pessoa para pessoa. Eles são simples e fáceis de usar, mas não são tão precisos quanto os métodos quantitativos formais. Muitas empresas ainda usam esses métodos porque não têm conhecimento de métodos formais simples ou porque preferem abordagens subjetivas em vez de abordagens objetivas.

Os métodos estatísticos formais também podem fazer uso de extrapolação, mas feito de um modo-padrão usando uma abordagem sistemática cujo objetivo é minimizar os erros de previsão. Existem vários métodos formais, frequentemente com limitadas medidas estatísticas, os quais são baratos e fáceis de usar. Esses métodos são úteis quando previsões são requeridas para um grande número de itens e quando os erros de previsão de um único item não são extremamente custosos.

As pessoas não familiarizadas com métodos de previsão quantitativos costumam pensar que o passado não pode descrever com precisão o futuro porque todas as coisas estão constantemente mudando. Depois de alguma familiaridade com dados e técnicas de previsão, contudo, torna-se claro que, embora nada permaneça o mesmo, a história se repete em determinado senso. A aplicação do método certo pode com frequência identificar a relação entre o fator a ser previsto e o tempo em si (ou vários outros fatores), fazendo as melhores previsões possíveis.

Modelos causais e séries temporais

Uma dimensão adicional para classificar métodos de previsão quantitativos é considerar os elementos implícitos (básicos) do modelo envolvido. Há dois tipos principais de modelos de previsão: modelos (causais) de regressão e séries temporais.

Modelos causais

Nos modelos causais assume-se que o fator a ser previsto revela uma relação de causa-efeito com uma ou mais variáveis independentes. Por exemplo, vendas e sua relação com insumos, preços, propaganda, competição. O propósito do método causal é descobrir a forma desse relacionamento e usá-lo para prever valores futuros da variável dependente.

Os métodos de previsão baseados em relações causais são a análise de regressão e os métodos econométricos.

A análise de regressão faz a previsão do comportamento futuro de um certo fator (por exemplo, vendas de um produto) por meio do relacionamento algébrico desse comportamento com outros fatores de natureza econômica, tecnológica ou sociopolítica (os fatores causais) que possuam influência significativa no comportamento do primeiro fator (isto é, controlam ou causam esse comportamento), inclusive o tempo. Esse relacionamento algébrico é feito por meio do método dos mínimos quadrados;

a previsão é determinada com base na identificação (ou estimativa) do provável comportamento dos fatores causais no futuro para o qual se deseja fazer a previsão.

Os modelos econométricos são baseados em um sistema de equações de regressão independentes, que representam uma extensão da autorregressão para situações em que fortes interdependências são identificadas entre os fatores causais. Normalmente, são retirados do meio econômico. A previsão final é uma composição das previsões dos fatores que compõem a expressão, geralmente exponencial, por exemplo, $P = A^a \cdot B^b \cdot C^d$ onde cada um dos fatores A, B e C explica, em parte, o valor da previsão.

Séries temporais

Nas séries temporais, a previsão do futuro é baseada em valores passados (históricos) de uma variável e/ou erros do passado. O objetivo de tais métodos de séries temporais é descobrir um padrão na série de dados históricos e extrapolar esse padrão para o futuro.

Ambos os métodos, séries temporais e métodos causais, têm vantagens em certas situações. Modelos de séries temporais podem frequentemente ser usados para prever, enquanto modelos causais podem ser usados com maior sucesso em definição de políticas e para tomada de decisão. Sempre que os dados necessários estiverem disponíveis, uma relação de previsão hipotética pode ser estabelecida e testada como função do tempo ou como uma função de variáveis independentes. Um passo importante na seleção do método adequado de séries temporais é considerar os tipos de padrão de dados, de modo que os métodos que melhor se ajustem a esses padrões possam ser testados. Quatro tipos de padrões de dados podem ser destacados: horizontal (ou estacionário), sazonal, cíclico e tendência.

Os métodos de previsão baseados em séries temporais fazem a previsão do comportamento futuro de um certo fator (por exemplo, vendas de um produto) por meio do relacionamento algébrico desse comportamento com o fator tempo. Isto é, as variáveis independentes, em vez de serem caracterizadas por fatores (fenômenos) causais (por exemplo, PIB e nível de renda), são caracterizadas pelo fator tempo.

As séries temporais trabalham com dados históricos sobre as vendas de um determinado produto a fim de fazer a previsão de vendas para os períodos seguintes. O objetivo das séries temporais depende da existência de um relacionamento histórico entre as observações (dados históricos), que possam ser utilizados para previsões. Podem estabelecer previsões para o valor diário de uma determinada ação na Bolsa, índice de produção industrial mensal, valor de vendas mensais de uma empresa, entre tantas outras aplicações.

Os Métodos de Previsão Qualitativos ou Tecnológicos não requerem dados do mesmo modo que os métodos de previsão quantitativos. Os dados de entrada requeridos dependem de forma específica do método em uso e são principalmente o resultado de pensamento intuitivo, julgamento e conhecimento acumulado. Abordagens tecnológicas costumam requerer dados de entrada (*inputs*) de um número de pessoas especialmente treinadas. Métodos tecnológicos enquadram-se nas duas subdivisões dos métodos exploratórios e métodos normativos. Métodos Exploratórios (tais como Delphi, Analogia Histórica, Método dos Cenários e Pesquisa de Mercado) começam com o passado e o presente como ponto de partida e se movem em direção ao futuro de uma maneira heurística, sempre olhando para todas as possibilidades disponíveis. Métodos Normativos (tais como Matrizes de Decisão, Árvores de Relevância, *System Dynamics*) começam com o futuro determinando metas e objetivos futuros, e então retrocedem no tempo (voltam para o presente) para verificar se eles podem ser atingidos, considerando restrições, recursos e tecnologias disponíveis.

É difícil medir a utilidade das previsões tecnológicas. Elas são usadas principalmente para fornecer sínteses, auxiliar o planejador e complementar uma previsão quantitativa, em vez de fornecer uma previsão numérica específica.

Por causa de sua natureza e custo, elas são usadas quase exclusivamente para situações de médio e longo prazo, tais como formulação de estratégias, desenvolvimento de novos produtos e tecnologias e desenvolvimento de planos de longo prazo.

Previsões explanatórias versus séries temporais

Duas abordagens principais para previsão foram identificadas: explanatória (ou causal) e séries temporais. Essas abordagens são complementares e são orientadas para diferentes tipos de aplicações. Elas também estão estabelecidas (apoiadas) sobre diferentes premissas filosóficas.

As previsões explanatórias assumem um relacionamento de causa e efeito entre os dados de entrada do sistema e seus dados de saída. Como uma relação existente em uma caixa branca (ou caixa aberta), conforme a Figura 3.3.

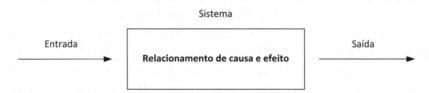

Figura 3.3: Relacionamento causal ou explanatório.

O sistema pode ser qualquer coisa: a economia de um país, o marketing de uma empresa ou uma família. De acordo com a previsão explanatória, qualquer alteração nos dados de entrada afetará a saída do sistema de um modo previsível, assumindo que o relacionamento de causa e efeito é constante. A primeira tarefa da previsão é encontrar a relação de causa e efeito observando a saída do sistema (através do tempo ou estudando uma variável de um sistema similar) e relacionando-a com os correspondentes dados de entrada.

Por exemplo, pode-se procurar determinar as relações de causa e efeito em um sistema para predizer saídas sobre PIB, vendas de uma empresa ou despesas de uma família. Tal processo, se realizado corretamente, permitirá fazer a estimativa do tipo e da extensão do relacionamento entre entradas e saídas. Esse relacionamento pode então ser usado para prever estados futuros do sistema, desde que os dados de entrada sejam conhecidos para esses estados futuros.

Diferentemente das previsões explanatórias, a previsão por séries temporais tratam o sistema como uma caixa preta (ou caixa fechada) e não faz nenhuma tentativa para descobrir os fatores que afetam seu comportamento. Como demonstra a Figura 3.4 o sistema é simplesmente visto como um processo de geração desconhecido.

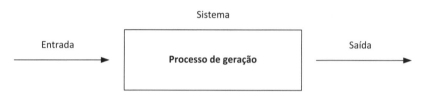

Figura 3.4: Relacionamento de séries temporais.

Há duas razões principais para querer tratar um sistema como uma caixa preta. Primeira, o sistema pode não ser entendido, e mesmo se o for, pode ser extremamente difícil medir os relacionamentos assumidos como determinantes de seu comportamento. Segunda, a principal questão pode ser unicamente prever o que irá acontecer e não saber por que acontece.

Muito frequentemente é possível prever usando tanto a abordagem causal quanto a de séries temporais. A atividade econômica, por exemplo, pode ter a previsão feita descobrindo e medindo o relacionamento do PIB (Produto Interno Bruto). Há vários fatores que o influenciam, tais como políticas fiscais e monetárias, inflação, gastos de capital, importação e exportação. Isso irá requerer que a forma e os parâmetros do relacionamento sejam especificados:

$$\text{PIB} = f(\text{políticas fiscais, inflação, gastos do capital, importação, exportação}) \quad (a)$$

Neste momento deve ser enfatizado que, de acordo com a expressão apresentada anteriormente, o PIB depende ou é determinado pelos fatores que estão do lado direito da equação. Conforme esses fatores mudam, o PIB variará segundo a equação.

Se o único propósito for prever valores futuros do PIB sem preocupação de saber por que certo nível do PIB será conseguido, uma abordagem via séries temporais seria apropriada. É sabido que a magnitude do PIB não muda drasticamente de um mês para outro, ou mesmo de um ano para outro. Assim, o PIB do mês seguinte dependerá do valor do PIB do mês anterior, e este provavelmente dos meses anteriores. Com base nessa observação, o PIB pode ser expresso como segue:

$$\text{PIB}_{t+1} = f(\text{PIB}_t + \text{PIB}_{t-1} + \text{PIB}_{t-2} + \text{PIB}_{t-3} + ...) \quad (b)$$

onde t é o mês atual, t + 1 é o mês seguinte, t - 1 é o mês anterior, t - 2 é dois meses atrás, e assim por diante.

A equação (b) é similar à equação (a), exceto que os fatores do lado direito da equação são valores prévios do termo do lado esquerdo da equação. Isso torna o trabalho de previsão mais fácil, uma vez que a equação (b) é conhecida, e que ela não requer dados de entrada especiais (*inputs*), como requer a equação (a). Entretanto, um problema maior de ambas as equações é que o relacionamento entre os lados esquerdo e direito das equações precisa ser descoberto e medido.

É oportuno mencionar que o relacionamento do PIB expresso pelas equações (a) e (b) nunca será exato. Sempre haverá mudanças no PIB que não serão capturadas pelo lado direito das equações (a) e (b), e daí uma parte das mudanças do PIB permanecerá imprevisível. Desse modo, para ficar completo, as Figuras 3.3 e 3.4 devem ser modificadas para incluir causas aleatórias que afetam o PIB, conforme as Figuras 3.5 e 3.6.

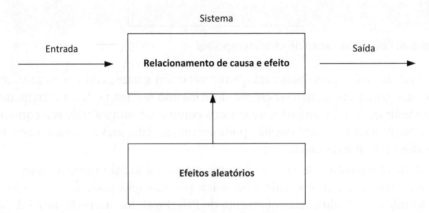

Figura 3.5: Relacionamento causal ou explanatório com ruído aleatório.

Figura 3.6: Relacionamento de séries temporais com ruído aleatório.

ELSEVIER CAPÍTULO 3 – PREVISÃO DE VENDAS

As Equações (a) e (b) devem ser modificadas para incluir também o termo aleatório, usualmente denotado por ε, responsável pela parte do comportamento do sistema que não pode ser explicado pelas relações causais ou séries temporais.

$$PIB_f = (\text{políticas fiscais, inflação, gastos do capital, importação, exportação}, \varepsilon) \quad \text{(a)}$$

$$PIB_{t+1} = f(PIB_t + PIB_{t-1} + PIB_{t-2} + PIB_{t-3} + ...\varepsilon) \quad \text{(b)}$$

O que é observado como a saída (resultado) do sistema é dependente de duas coisas: o relacionamento funcional que governa o sistema (ou o padrão, como é comumente chamado) e a aleatoriedade (ou erro). Isto é:

$$Dado = Padrão + Erro$$

A tarefa crítica na previsão é separar o padrão da componente do erro, de modo que o primeiro (padrão) possa ser usado para fazer a previsão.

Análise de séries temporais

Para a determinação da previsão de vendas, é necessário considerar quatro componentes básicas que definem o seu comportamento: tendência (T_t), sazonalidade (S_t), ciclos (C_t) e aleatoriedade (E_t).

A tendência é o comportamento mais importante e previsível, baseada em um padrão estabelecido pelos dados históricos. A sazonalidade observa mudanças previsíveis no padrão de consumo devido a um período específico (por exemplo, vende-se pouco cobertor no verão). Os ciclos apresentam certa regularidade e são bastante característicos das previsões feitas para a agricultura (normalmente são de longo prazo). A aleatoriedade ocorre de forma fortuita, fugindo do controle estrito do planejamento, e é influenciada pela mudança de política monetária do Banco Central ou uma crise financeira mundial, por exemplo. Os dados das séries temporais devem ser coletados a partir de períodos anteriores (dados históricos). Quanto maior o número de dados históricos disponíveis, melhor será o refinamento da série em relação ao método. A análise de séries temporais visa identificar essas variáveis componentes. Os métodos de decomposição partem do pressuposto de que a identificação dos componentes de tendência, sazonalidade, ciclo e aleatoriedade pode ser utilizada para realizar a extrapolação para o futuro. Os componentes da série podem estar representados da seguinte forma:

$$x_t = f(T_t, S_t, C_t, E_t)$$

onde tendência (T_t), sazonalidade (S_t), ciclos (C_t) e aleatoriedade (E_t).

Para identificar o padrão de comportamento da série temporal (crescente, decrescente, estacionário, sazonal) deve-se fazer uma representação gráfica dos dados disponíveis. Na série estacionária os dados flutuam ao redor de uma média constante. A série é estacionária na sua média. Um produto cuja venda não cresça e nem decresça ao longo do tempo é um exemplo deste tipo. As vendas dos meses permanecem no mesmo padrão (dados estacionários).

A Figura 3.7 apresenta um exemplo de padrão estacionário. A oscilação em torno do valor médio de vendas fica por conta da aleatoriedade.

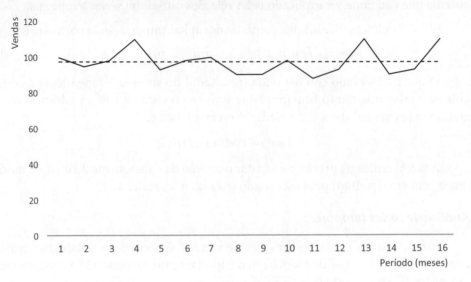

Figura 3.7: Exemplo de padrão de dados estacionário.

A componente da tendência existe quando há um aumento ou diminuição nos valores dos dados. As vendas de muitas empresas, o PIB e muitos outros indicadores de negócios da economia seguem um padrão de tendência em seu movimento no tempo. A Figura 3.8 apresenta um exemplo de padrão com tendência.

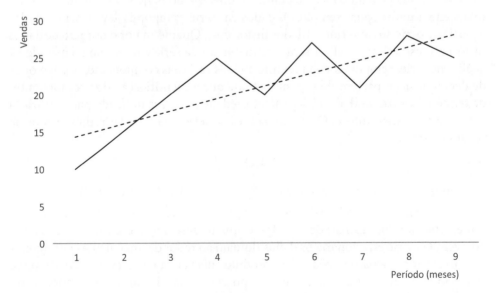

Figura 3.8: Padrão de dados com tendência.

"S" representa a reta que melhor se ajusta ao conjunto de dados históricos, representada pela equação S = a + bt, onde (a) corresponde ao ponto de encontro da reta S com o eixo (y) das vendas. O fator (b) corresponde à angulação da reta S.

A componente sazonal existe quando uma série é influenciada por fatores sazonais (por exemplo, estação do ano, o mês ou dia da semana), vendas de produtos como sorvetes, safras, ovos de Páscoa, panetones exibem esse padrão. Na Figura 3.9, a sazonalidade é de quatro períodos (os processos se repetem a cada quatro meses).

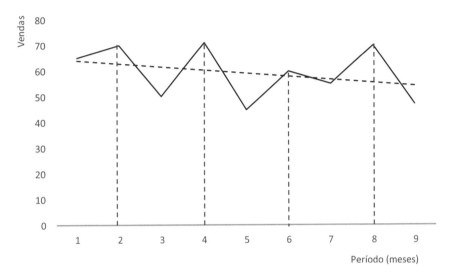

Figura 3.9: Padrão de dados sazonal.

A componente cíclica ocorre quando os dados são influenciados por flutuações econômicas de longo prazo, como as associadas com o ciclo de negócio; venda de produtos como automóveis, aço e os principais eletrodomésticos exibem esse tipo de padrão. A Figura 3.10 apresenta um exemplo de padrão cíclico.

A principal diferença entre o padrão sazonal e o cíclico é que o primeiro tem comprimento constante e ocorre em bases periódicas, enquanto o cíclico varia em comprimento (extensão) e magnitude.

Modelos de previsão para séries não estacionárias

Os modelos de previsão variam de acordo com a sofisticação necessária relacionada com diminuição do erro associado. Podem ser classificados dentro de duas categorias básicas, modelos simples de previsão e modelos sofisticados de previsão (Quadro 3.1).

Este texto fará referência aos métodos simples. Os modelos simples de previsão em grande parte consideram somente a tendência (T_t) e a sazonalidade (S_t) como variá-

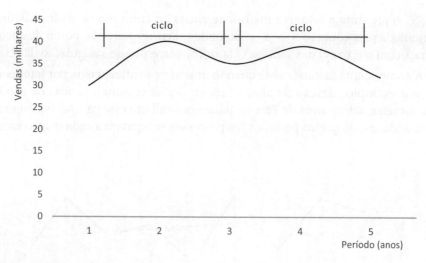

Figura 3.10: Padrão de dados cíclico.

Quadro 3.1: Modelos matemáticos de previsão de vendas

Modelos simples	Modelos sofisticados
Regressão linear simples	Autorregressivo integrado de médias móveis (ARIMA)
Média móvel	Filtros de Kalman e AEP
Média móvel ponderada exponencialmente	Modelos ARARMA de Parzen
Método Holt	Modelos ARMA multivariáveis
Método Holt-Winters	Modelo de Box e Jenkins

veis. Trabalham com dados de vendas de períodos anteriores e procuram identificar a relação temporal entre os dados. Os componentes da série limitam-se, portanto, a seguinte representação da função: $x_t = f(T_c + S_t)$.

Os modelos sofisticados de previsão consideram todas as variáveis e, por dependerem muitas vezes de programas de computador caros, são inviáveis economicamente para empresas de um determinado porte.

Os modelos simples serão abordados neste capítulo, pois permitem uma aplicação mais imediata a partir de dados históricos sobre vendas. Os modelos mais sofisticados serão apenas citados, pois podem constituir, por si só, uma disciplina à parte.

Tendência

A tendência é o elemento mais importante em uma série temporal, podendo ser linear ou exponencial. A tendência é linear quando há um crescimento ou decres-

ELSEVIER CAPÍTULO 3 – PREVISÃO DE VENDAS 85

cimento regular a cada período de tempo, como, por exemplo, a venda de um produto que já está estabelecido no mercado. A tendência é exponencial quando possui um aumento porcentual constante a cada período de tempo, como por exemplo o aumento da população ou a incidência de taxa de juros sobre um empréstimo a longo prazo. Caso seja aplicado o logaritmo à função exponencial, as observações serão apresentadas sob a forma de uma tendência linear.

A regressão é uma técnica para trabalhar com a tendência linear, realizando-se o ajuste sazonal concomitantemente. Parte-se do pressuposto de que a tendência é linear; caso não seja, pode-se utilizar as técnicas para as estatísticas não paramétricas. Os métodos mais utilizados são: mínimos quadrados, sentimento (isto é, intuição), médias móveis e semimédias. Como os dados distribuem-se de forma linear, o que deve ser feito é encontrar uma reta que melhor se ajuste à massa de pontos, aplicando uma Regressão Linear.

$S = P_{t+1} = a + bt$ onde P_{t+1} é a previsão para o período $t + 1$

Questões

1. Identifique a componente da série temporal que deve ser considerada para a previsão de vendas: a demanda de sorvetes; o consumo de água em casa; as compras de supermercado.

2. Muitas empresas de pequeno porte não utilizam modelos de previsão formais. Se você chegasse a uma pequena empresa que fabricava 5 unidades de sofás por dia nos primeiros meses de existência e passou a fabricar 35 unidades por dia no final do ano, quais seriam os componentes a serem considerados para sugerir um modelo de previsão de vendas para a empresa?

3. Identifique uma situação adequada para cada uma das técnicas de previsão a seguir: regressão simples, média ponderada exponencialmente, regressão simples corrigida pelo fator de sazonalidade.

4. Em um sistema de produção por encomenda faz sentido falar em previsão? Por quê?

5. Qual das três hipóteses de previsão deveria ser aplicada na previsão do valor/comportamento do valor de dólar?

Aplicação

Exemplo de aplicação

Supondo o seguinte conjunto de dados (Tabela 3.2).

Tabela 3.2: Vendas em um semestre

Mês	janeiro	fevereiro	março	abril	maio	junho
Vendas	75	80	71	92	86	84

Fazendo uma representação gráfica e traçando a curva média dos pontos, obtida pela regressão linear (que será explicada a seguir), obtém-se a projeção de vendas para o mês de julho (S = 72,93 + 24t) (Figura 3.11).

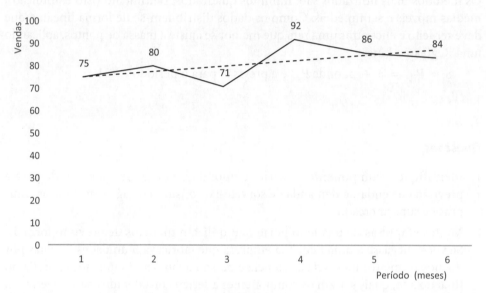

Figura 3.11: Projeção de vendas para o mês de julho.

Regressão linear simples

O modelo de previsão que permite a determinação de previsões futuras em séries com tendência é a regressão linear simples, baseada no Método dos Mínimos Quadrados. A regressão simples procura ajustar um certo número de parâmetros utilizando equação da reta do tipo: Y = a + bx (que é equivalente à notação S = a + bt. Os parâmetros (a) e (b) podem ser determinados a partir do Método dos Mínimos Quadrados:

$$a = \frac{\sum x^2 \cdot \sum y - \sum x \cdot \sum x \cdot y}{n \cdot \sum x^2 - (\sum x)^2}$$

$$b = \frac{n \cdot \sum x \cdot y - \sum x \cdot \sum y}{n \cdot \sum x^2 - (\sum x)^2}$$

onde:

x = valores de variáveis independentes (por exemplo: tempo)

y = valores de variáveis dependentes (por exemplo: vendas)

n = número de observações

a = intercepto do eixo vertical

b = inclinação da linha de regressão

Y = valores de y que se situam na linha de tendência Y = a + bx

X = valores de x que se situam na linha de tendência

Para se avaliar o relacionamento entre duas medidas/variáveis, por exemplo peso e altura, e saber se esse relacionamento é positivo (quando uma aumenta a outra também aumenta) ou negativo (quando uma variável cresce, a outra decresce), utiliza-se o coeficiente de correlação representado pela letra minúscula (r). O coeficiente de correlação deve ser utilizado quando houver interesse em examinar a extensão do relacionamento entre duas medidas. Convém observar que a variação de (r) está entre $-1 \leq r \leq 1$. Valores positivos de r indicam correlação positiva, e valores negativos de r, correlação negativa.

$$r = \frac{n \cdot \sum x \cdot y - \sum x \cdot \sum y}{\sqrt{\left[n \cdot \sum x^2 - \left(\sum x \right)^2 \right] \cdot \left[n \cdot \sum y^2 - \left(\sum y \right)^2 \right]}}$$

O coeficiente de determinação (r^2) pode representar a proporção da variância em Y (independente), que pode ser explicada pelas variáveis que compõem a regressão.

Exemplo de aplicação

Um comerciante de computadores precisa estimar suas vendas para o próximo ano. Os seis últimos anos de dados de venda correspondentes à venda de uma determinada linha de computadores está na Tabela 3.3:

Tabela 3.3: Receita de vendas

Ano	Receitas de vendas	Ano	Receitas de vendas
1	3	4	28
2	6	5	36
3	16	6	38

Supondo que esses dados de vendas sejam representativos das vendas esperadas para o próximo ano, use a regressão simples para prever as receitas de vendas para o próximo ano (ano 7).

Resolução

Observe que, neste caso, as vendas são variáveis dependentes e o tempo (anos), variáveis independentes. As vendas variam em função do tempo.

1. Determine o coeficiente a e b.
   a. **Passo 1:** Fazer alguns cálculos preliminares dos coeficientes a e b (Tabela 3.4).

Tabela 3.4: Cálculos preliminares

x	x^2	y	y^2	xy
1	1	3	9	3
2	4	6	36	12
3	9	16	256	48
4	16	28	784	112
5	25	36	1296	180
6	36	38	1444	228
Σ	21	91	127	3825	583

b. **Passo 2:** Substituindo nas equações respectivas, temos:

$$a = \frac{\sum x^2 \cdot \sum y - \sum x \cdot \sum x \cdot y}{n \cdot \sum x^2 - (\sum x)^2} = \frac{91.127 - 21.583}{6.91 - 21^2} = \frac{-686}{105} = -6,53$$

$$b = \frac{n \cdot \sum x \cdot y - \sum x \cdot \sum y}{n \cdot \sum x^2 - (\sum x)^2} = \frac{6.583 - 21.127}{6.91 - 21^2} = \frac{831}{105} = 7,91$$

2. Determine a equação de regressão.
3. Previsão de vendas para o ano 7.
4. Coeficiente de correlação.

$$r = \frac{n \cdot \sum x \cdot y - \sum x \cdot \sum y}{\sqrt{\left[n \cdot \sum x^2 - (\sum x)^2\right] \cdot \left[n \cdot \sum y^2 - (\sum y)^2\right]}} = \frac{6.583 - 21.127}{\sqrt{\left[6.91 - 21^2\right] \cdot \left[6.3825 - 127^2\right]}}$$

$$r = \frac{831}{846,28} = 0,982$$

Portanto, a reta se aproxima bem dos pontos em questão, pois o valor do coeficiente de correlação está bem próximo de 1; pode-se afirmar que há alta correlação positiva entre as variáveis. Se o tempo for dado nominalmente, como janeiro, fevereiro, março, abril e assim por diante, substitua por números em ordem crescente, que serão

ELSEVIER CAPÍTULO 3 – PREVISÃO DE VENDAS

as variáveis independentes, os valores de X. Dessa forma, janeiro (1), fevereiro (2), março (3), abril (4) etc.

Treine

Refaça o exercício usando a regressão na forma V = a + bt, onde (V) é a venda no período de tempo (t).

Sazonalidade

A sazonalidade pode ocorrer devido a um feriado nacional ou à produção estar vinculada a períodos do ano, como no caso da indústria de refrigerantes, que tem uma alta produção durante o verão e uma produção inferior durante o resto do ano. Se somente a tendência fosse considerada por meio de regressão linear das vendas sobre o tempo, o resultado seria tendencioso. Para evitá-lo, o modelo de regressão deve conter tanto a tendência quanto a sazonalidade, para que os seus efeitos sejam estimados separadamente.

Supondo que em um período de um ano a cada trimestre ocorra uma variação de vendas, os trimestres dois, três e quatro podem ser tratados por três variáveis mudas acrescentadas na equação, além da tendência. Para o primeiro trimestre não é necessária uma variável muda Q_1, porque Q_2, Q_3, Q_4, medem os deslocamentos em relação ao primeiro trimestre (base). Os fatores que consideram a sazonalidade nesse caso poderiam ser representados por:

$$S_t = \alpha + \beta_1 T + (\beta_4 Q_4 + \beta_3 Q_3 + \beta_2 Q_2) + \varepsilon$$

onde ε é o erro residual e α e β_i são constantes.

A previsão, neste caso, considera a sazonalidade (F_{t+1}) e a tendência (S_{t+1}) dada pela reta da regressão linear:

$$P_{t+1} = S_{t+1} \cdot F_{t+1}$$

onde:

S_{t+1} = Previsão de Vendas para o período t + 1 (dado pela reta)

F_{t+1} = Fator de Sazonalidade para o período t + 1

O Fator de Sazonalidade representa quanto o valor real está afastado do valor previsto, e é determinado pela razão entre o dado real e o dado previsto pela reta:

$$F_t = \frac{D_t}{S_t}$$

onde:

F_t = Fator de Sazonalidade para o período t

D_t = venda ocorrida no período t

S_t = Previsão de Vendas para o período t (dado pela reta)

Essa razão mostra a variação da venda real em relação à venda prevista pela reta. O resultado será um fator (F_t) com valores entre 0 e 1. Acima de 0,5 ele indica que o valor dado pela reta deve ser aumentado. Os elementos podem ser visualizados na Figura 3.12.

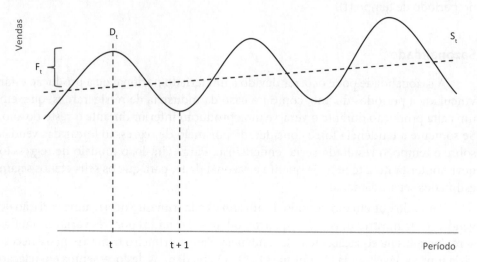

Figura 3.12: Elementos da sazonalidade.

Exemplo de aplicação

Considere as vendas de um artigo de inverno, conforme a Tabela 3.5.

Tabela 3.5: Vendas de um artigo de inverno

Ano	Trimestre			
	I	II	III	IV
1	11	20	51	22
2	13	31	60	28
3	12	39	62	40
4	23	25	88	45

Resolução

Passo 1: Construir um modelo gráfico (Figura 3.13)

Note-se a sazonalidade (picos no terceiro trimestre de cada ano, baixas no primeiro trimestre de cada ano) e a tendência ao crescimento.

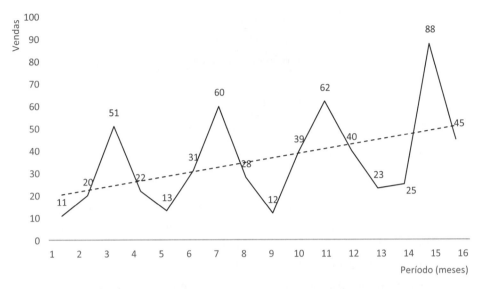

Figura 3.13: Modelo gráfico apresentando o comportamento dos dados históricos.

Passo 2: Encontrar a equação da reta. Para tal finalidade, elaborou-se a Tabela 3.6.

Tabela 3.6: Dados para a determinação dos coeficientes a e b

	x	y	x^2	y^2	x.y
	1	11	1	121	11
	2	20	4	400	40
	3	51	9	2601	153
	4	22	16	484	88
	5	13	25	169	65
	6	31	36	961	186
	7	60	49	3600	420
	8	28	64	784	224
	9	12	81	144	108
	10	39	100	1521	390
	11	62	121	3844	682
	12	40	144	1600	480
	13	23	169	529	299
	14	25	196	625	350
	15	88	225	7744	1320
	16	45	256	2025	720
TOTAL	136	570	1496	27152	5536

$$a = \frac{(1496.570 - 136.5536)}{(16.1496 - 136^2)} = 18,35$$

$$b = \frac{(16.5536 - 136.570)}{(16.1496 - 136^2)} = 2,03$$

$$r = \frac{(16.5536 - 136.570)}{\sqrt{\left[16.1496 - 136^2\right] \cdot \left[16.27152 - 570^2\right]}} = 0,4488$$

A equação da reta, portanto, fica da seguinte forma:

$$S_t = 18,3 + 2,03 \cdot T, T = 1,2,3,.16$$

Observações: T = 1 corresponde ao ano 1, e assim por diante. O valor r = 0,449 demonstra que somente a aproximação dos dados por uma reta não é suficiente. É necessário considerar o Fator de Sazonalidade.

Passo 3: Calcular o fator de sazonalidade

Note que é necessário calcular S_t. A previsão de venda para cada valor histórico do tempo (t). Substitua os valores de T na equação (Tabela 3.7).

Tabela 3.7: Estimando os valores

t	1	2	3	4	5	6	7	8	9	10	11
Dt	11	20	51	22	13	31	60	28	12	39	62
St	20,38	22,45	24,44	26,48	28,51	30,54	32,57	34,61	36,64	38,67	40,7
Ft	0,54	0,89	2,08	0,83	0,45	1,01	1,84	0,8	0,32	1	1,52
t	12	13	14	15	16						
Dt	40	23	25	88	45						
St	42,73	44,69	46,79	47,82	50,83						
Ft	0,93	0,51	0,53	1,84	0,90						

Arrumando os valores calculados para F_t por trimestre na Tabela 3.8:

Tabela 3.8: Valores para F_t

Ano	Trimestre			
	F_I	F_{II}	F_{iii}	F_{IV}
1	0.54	0,89	2,08	0,83
2	0.45	1,01	1,84	0,80
3	0.32	1,00	1,52	0,93
4	0.51	0,53	1,84	0,90

A primeira questão que surge é: temos quatro valores para o primeiro trimestre, quais desses valores devemos usar? Qualquer critério pode ser aplicado, mas o valor

ELSEVIER CAPÍTULO 3 – PREVISÃO DE VENDAS

mais recente pode ser o mais significativo. Vamos usá-lo, pois temos essa informação adicional dada pelo departamento de vendas.

$$P_{I/05} = F_I \cdot S_{I/05}; \text{ onde } F_I = 0,51$$

$$S_{I/05} = S_{17} = 18,3 + 2,03(17) = 52,8$$

$$P_{I/05} = 0,51 \cdot 52,8 = 26,9$$

Treine

Calcule a previsão para o segundo trimestre do ano 5, usando o valor de F_{II} igual ao valor do trimestre I do ano 1, F_{II} = 0,55 O cálculo de $F_{I/05}$ poderia ser feito com base em outro critério? Se não há informação adicional qual você usaria? Refaça a projeção $F_{I/05}$.

Ciclos

A decomposição de uma série em componentes cíclicas é chamada de análise de Fourier, rotineiramente restrita às séries residuais, após a eliminação das componentes de tendência e sazonalidade. Em outras palavras, além de decompor uma série temporal em suas três componentes, uma das quais é o resíduo, deve-se decompor a série residual em suas subcomponentes cíclicas. Uma série temporal de comprimento n pode ser decomposta em dois ciclos menores.

Como exemplo, pode-se considerar a invenção de um novo produto em um ciclo de substituição. Quando o computador PC foi inventado, as suas vendas foram altas no início, seguido por um crescimento de vendas ao longo dos anos. Mas os primeiros modelos de PC foram tornando-se obsoletos, e o crescimento normal foi substituído por um novo período de vendas altas, para a substituição dos computadores antigos. Esses ciclos se renovam a cada novo processador e sistema operacional que acaba por substituir os computadores anteriores por obsolescência.

Caminho aleatório (autocorrelação)

Removidas por meio de regressão, as componentes de tendência e sazonalidade da série, resta ainda o resíduo a ser analisado, que consiste em relacionar cada valor ε_t, com o seu antecedente ε_{t-1}, adicionando a perturbação v_t, onde ρ é a força de influência aleatória.

$$\varepsilon_t = \rho \cdot \varepsilon_{t-1} + V_t$$

Métodos de previsão para séries estacionárias

As séries estacionárias caracterizam-se por ter dados que flutuam em torno de um valor (médio), caracterizando um processo estacionário (uma reta horizontal), sem tendência crescente ou decrescente. Nesta situação, serão abordados os métodos da média móvel, média móvel ponderada simples e média móvel ponderada exponencialmente.

Média móvel

O método da média móvel é aplicável somente a séries estacionárias. A previsão para o período futuro corresponde à média das observações passadas recentes. A média móvel para o período de tempo *t* é definida por:

$$P_t = \frac{X_{t-1} + X_{t-2} + \ldots + X_{t-n}}{n}$$

onde *n* é o número de observações incluídas na média M_t que origina a previsão P_t.

O termo "média móvel" é utilizado porque, conforme a próxima observação se torna disponível, a média das observações é recalculada, incluindo essa observação no conjunto de observações e desprezando a observação mais antiga. O método é de fácil aplicação, o valor de (n) que representa o número de observações a serem consideradas pode variar, por exemplo, n = 3, 4, 5... e assim por diante. O melhor (n) é aquele que der o melhor resultado. Mas o que é o melhor resultado? Vamos trabalhar essa questão.

Exemplo de aplicação

Considere o histórico de vendas de impressoras em uma loja (Tabela 3.9):

Tabela 3.9: Vendas de impressoras

Mês	jan	fev	mar	abr	mai	jun	jul	ago	set	out
Vendas	272	443	313	245	410	313	288	465	320	270

Resolução

A primeira verificação a ser feita é se o processo é estacionário ou não, pois a média móvel só se aplica a processos estacionários. Para a visualização do comportamento dos dados, elaborou-se um gráfico (Figura 3.14).

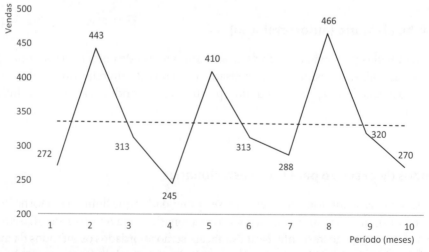

Figura 3.14: Histórico de vendas de impressoras.

Conforme se observa no gráfico, trata-se de uma série estacionária. Portanto, o método da média móvel é aplicável. A oscilação é normal. A Tabela 3.10 apresenta o cálculo da média móvel com n = 3. Da forma como está apresentado, para estimar as vendas em abril, considera-se a média aritmética dos meses de janeiro, fevereiro e março. Pode-se reparar que o valor estimado difere bastante do valor real. Entretanto, a estimativa obtida é uma estimativa possível, o que significa dizer que outros métodos podem ser empregados para se obterem estimativas melhores. Para a estimativa das vendas do mês de maio, consideram-se as vendas dos meses de fevereiro, março e abril e assim sucessivamente. Observe que estão sendo projetados valores para dados conhecidos, esse processo é feito para calibrar o modelo usado.

Tabela 3.10: Histórico de vendas e resolução

Mês	Vendas	Média móvel com n = 3	Previsão
Janeiro	272		
Fevereiro	443		
Março	313		
Abril	245	(272+ 443 + 313) /3	343
Maio	410	(443 + 313+ 245) / 3	334
Junho	313	(313 + 245 + 410) / 3	323
Julho	288	(245 + 410 + 313) / 3	323
Agosto	465	(410 + 313 + 288) / 3	337
Setembro	320	(313 + 288 + 465) / 3	355
Outubro	270	(288 + 465 + 320) / 3	358
Novembro		(465 + 320 + 270) / 3	352

Treine

Refaça o exercício para n= 4, e a previsão para o mês de novembro. Qual valor de n (3 ou 4) considerando as previsões obtidas até novembro? Por quê?

Média móvel ponderada

Neste caso, continuam sendo utilizados os (n) dados mais recentes e significativos, para prever o próximo período futuro. O decisor escolhe o valor de (n), para (n) ≥ 1, e os pesos (p) a atribuir a cada período, em função de algum conhecimento disponível.

$$P_{t+1} = p_1 \cdot D_t + p_2 \cdot D_{t-1} + ... + p_k \cdot D_{t-n+1}$$

onde: P_{t+1} é a previsão para o período t + 1 e D_t é a demanda real do período t e p_1 é o peso dado a essa demanda.

Exemplo de aplicação

No exemplo anterior, ao adotar-se n= 3 e pesos 0,7, 0,2 e 0,1 tem-se (Tabela 3.11).

Tabela 3.11: Dados de vendas

Mês	janeiro	fevereiro	março
Vendas	272	443	313

Resolução

$$P_{abril} = 0,7.272 + 0,2.443 + 0,1.313 = 310,3$$

Treine

Complete os cálculos para os demais meses usando os mesmos pesos, na mesma ordem cronológica. Refaça o exercício, utilizando os pesos 0,1; 0,2 e 0,7 para os meses de janeiro, fevereiro e março, respectivamente. Verifique a mudança do valor da previsão para o mês de abril e a importância da escolha dos pesos.

Média móvel ponderada exponencialmente

O método da média móvel ponderada exponencialmente é parecido com o método da Média Móvel por obter das observações da série temporal o comportamento aleatório pelo alisamento dos dados históricos, mas, além disso, por atribuir pesos diferentes a cada observação, dando um peso maior aos valores mais recentes da série. É utilizado para séries nas quais a média se mantém estável para um período de tempo, e depois sofre um salto para mais ou para menos e permanece estável nesse novo patamar. O método da média móvel ponderada exponencialmente é apresentado por:

$$P_{t+1} = P_t + \alpha \cdot (E_t)$$

onde $E_t = D_t - P_t$

P_{t+1} representa a previsão no tempo $t + 1$ e

α é o peso atribuído à observação D_t, $0 \leq \alpha \leq 1$.

D_t é a demanda ocorrida no período t

P_t é a previsão usada para o período t

Os seguintes pontos devem ser considerados: todos os dados disponíveis são considerados para gerar a previsão; dados mais recentes recebem um peso maior; a cada novo período, a previsão é corrigida por uma fração do erro ocorrido no período anterior. Mas, o que acontece se $\alpha = 0$ e $\alpha = 1$. Há duas equações decorrentes da equação anterior:

$$P_{t+1} = P_t + \alpha \cdot (D_t - P_t) \qquad \text{(Equação 1)}$$

Desenvolvendo a Equação 1, tem-se que:

$$P_{t+1} = P_t + \alpha\, D_t - \alpha P_t$$

Que leva à Equação 2:

$$P_{t+1} = \alpha D_t + (1 - \alpha) P_t \qquad \text{(Equação 2)}$$

Pergunta: Como confirmar as situações 1, 2 e 3?

Situação 1: Todos os dados disponíveis são considerados

$$P_{t+1} = \alpha D_t + (1 - \mu) P_t \rightarrow P_t = \alpha D_{t-1} + (1 - \alpha) P_{t-1}$$
$$P_{t+1} = \alpha D_t + (1 - \alpha)\left[\alpha D_{t-1} + (1 - \alpha) P_{t-1}\right]$$
$$P_{t+1} = \alpha D_t + \alpha(1 - \alpha) D_{t-1} + (1 - \alpha)^2 P_{t-1} \qquad \text{(Equação 3)}$$
$$P_{t+1} = \alpha D_t + \alpha(1 - \alpha) D_{t-1} + (1 - \alpha)^2\left[\alpha D_{t-2} + (1 - \alpha) P_{t-2}\right]$$
$$P_{t+1} = \alpha D_t + \alpha(1 - \alpha) D_{t-1} + \alpha(1 - \alpha)^2 D_{t-2} + (1 - \alpha)^3 P_{t-2}$$

Até agora se consideraram dois períodos passados. Continuando, podemos ver que todos os dados passados seriam considerados.

Situação 2: Peso decresce para períodos mais antigos

$$P_{t+1} = \alpha D_t + \alpha(1 - \alpha) D_{t-1} + \alpha(1 - \alpha)^2 D_{t-2} + (1 - \alpha)^3 P_{t-2} \qquad \text{(Equação 3)}$$

Suponha que $\alpha = 0,1$. Vejamos como ficam os pesos na equação

$$P_{t+1} = 0,1 D_t + 0,09 D_{t-1} + 0,081 D_{t-2} + 0,0729 P_{t-2}$$

Observação: Todos os dados antigos, reunidos em P_{t-2}, recebem o peso 0,0729.

Situação 3: Uma fração do erro é incorporada a cada novo período

$$P_{t+1} = \alpha D_t + \alpha(1 - \alpha) D_{t-1} + \alpha(1 - \alpha)^2 D_{t-2} + (1 - \alpha)^3 P_{t-2} \qquad \text{(Equação 3)}$$

Se $\alpha = 0 \rightarrow P_{t+1} = P_{t-2}$ (não incorporou nenhuma parcela do erro, continua com o mesmo valor para a previsão adotado no período t-2)

Se $\alpha = 0,10$ (incorporou todo o erro, pois a nova previsão é o valor ocorrido no período t).

Graficamente, tem-se a Figura 3.15.

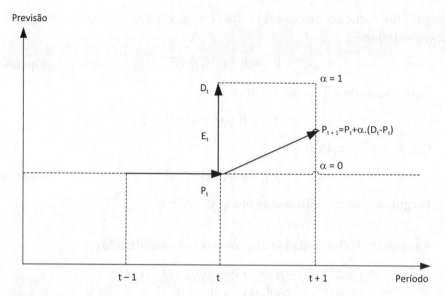

Figura 3.15: Incorporação do erro.

Qual deve ser o valor de α? Que parcela do erro incorporar na próxima previsão? Empiricamente, estabeleceram-se os limites para α : 0,01 ≤ α ≤ 0,40. As aplicações práticas sugerem α = 0,10 como um bom valor inicial. Pelo critério heurístico tem-se:

$$\alpha = \frac{2}{N+1}$$

onde

N = número de dados disponíveis.

Exemplo de aplicação

Com base nos dados da Tabela 3.12, faça uma previsão para a semana 21.

Tabela 3.12: Itens vendidos por semana

Semana	1	2	3	4	5	6	7	8	9	10
Quantidade	15	18	10	12	20	17	22	16	14	20
Semana	11	12	13	14	15	16	17	18	19	20
Quantidade	15	12	16	20	22	17	15	10	16	20

Resolução

O método necessita de um valor S_o para iniciar. Esse valor pode ser obtido de qualquer técnica heurística. Mas é claro que ele tem influência na previsão futura. Vamos utilizar a média (aritmética) corrida de todos os 19 pontos para obter uma estimativa (previsão) para o período 20 e começar o método.

ELSEVIER CAPÍTULO 3 – PREVISÃO DE VENDAS

$S_o = P_{20}$ = Média aritmética de 19 dados históricos = 307/ 19 = 16,15

Depois, faça a previsão para a semana 21, incorporando uma parcela do erro ocorrido na semana 20.

$$\alpha = \frac{2}{N+1} = \frac{2}{21} = 0,095$$
$$P_{21} = P_{20} + \alpha \cdot (D_{20} - P_{20}) = 16,15 + 0,095(20 - 16,15) = 16,51$$

Observação: Não é necessário começar na semana 20. O método poderia iniciar com o S_o válido para P_{11}, por exemplo, a partir de P_{12} vai se aplicando o método sucessivamente até se obter a previsão para o período 21. Como prática, calcule a média corrida para os primeiros 15 valores de vendas e faça igual a S_o. Aplique o método sucessivamente, até obter a previsão para o período 21 (P_{21}).

Treine

Adote $\alpha = 0,2$ e calcule a previsão para a semana 21. Avalie se a mudança é significativa em relação ao valor obtido da previsão. Qual diferença ocorre no valor da previsão? Ao que você atribui essa variação?

Exemplo de aplicação

A melhor maneira de compreendermos esses métodos é compará-los entre si. Com essa finalidade, considere que as horas de estudo de um determinado aluno por semana correspondem a Tabela 3.13. **Pede-se:** Determine a previsão para a semana 11.

Tabela 3.13: Suas horas de estudo por semana

Semana	1	2	3	4	5	6	7	8	9	10	11
Horas de estudo	15	18	12	12	20	14	18	17	14	20	?

Resolução

Esse conjunto de dados pode ser chamado de uma "série temporal", pois apresenta o histórico de horas de estudo, semana a semana, até a semana 10. A semana 11 que está por vir é uma situação futura que pode ser estimada a partir dos dados das semanas anteriores. Para tanto, pode-se seguir estes passos para obter a previsão de horas de estudo da semana 11.

Passo 1: Construir um modelo gráfico (Figura 3.16).

Passo 2: Analisar o modelo gráfico e identificar um padrão dos dados. Pela análise desse gráfico pode-se notar que trata-se de um processo estacionário, e pode-se

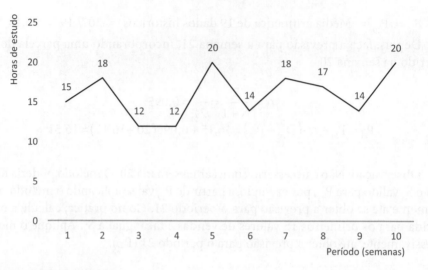

Figura 3.16: Modelo gráfico.

assumir a Hipótese 1 (o futuro é continuação do passado, com as mesmas leis e propriedades).

Passo 3: Escolher a técnica de previsão: para identificar a técnica de previsão mais adequada. Serão analisados os seguintes métodos: média corrida, média móvel e média móvel ponderada.

Média corrida

A previsão para o próximo período futuro é a média aritmética de todos os (n) dados disponíveis.

M_{10} = a média aritmética dos valores das 10 semanas

Pelo método da média corrida, a previsão será:

$$P_{10+1} = P_{11} = M_{10} = \frac{160}{10} = 16 \text{ horas de estudo}$$

Portanto, o gráfico fica da seguinte forma (Figura 3.17):

Média móvel

Nem todos os dados podem ser significativos. Neste caso, podem ser utilizados os (n) dados mais recentes e significativos, para prever o próximo período futuro. É o decisor que escolhe o valor de (n), para (n) ≥ 1.

$$P_t = \frac{X_{t-1} + X_{t-2} + \ldots + X_{t-n}}{n}$$

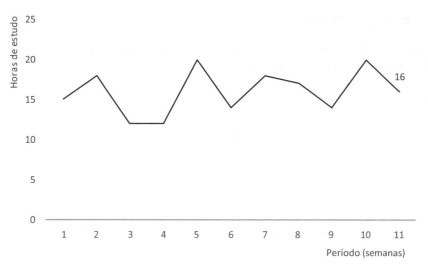

Figura 3.17: Modelo gráfico com a previsão pela média corrida.

No exemplo, a previsão para a semana 11, adotando n = 3, é:

$$P_t = \frac{X_{10} + X_9 + X_8}{3} = \frac{20 + 14 + 17}{3} = 17$$

A previsão pela média móvel fica representada no gráfico (Figura 3.18):

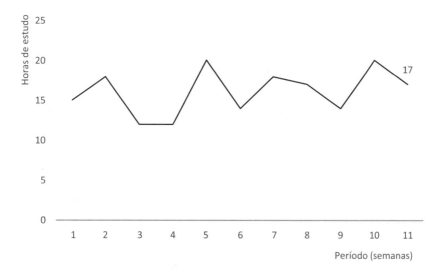

Figura 3.18: Modelo gráfico com a previsão pela média móvel com n = 3.

Média móvel ponderada

Neste caso, continuam sendo utilizados os (n) dados mais recentes e significativos, para prever o próximo período futuro. O decisor escolhe o valor de (n), para (n) ≥ 1, e os pesos (p) a atribuir a cada período, em função de algum conhecimento disponível.

$$P_{t+1} = p_1 \cdot D_t + p_2 \cdot D_{t-1} + ... + p_k \cdot D_{t-N+1}$$

No exemplo, a previsão para a semana 11, adotando n = 3 e como pesos: 0,7; 0,2; 0,1, do valor mais recente para o mais antigo.

$$P_{10+1} = 0,7 \cdot D_{10} + 0,2 \cdot D9 + 0,1 \cdot D_8 = 0,7 \cdot 20 + 0,2 \cdot 14 + 0,1 \cdot 17 = 18,5$$

A partir desse dado o gráfico será apresentado na Figura 3.19.

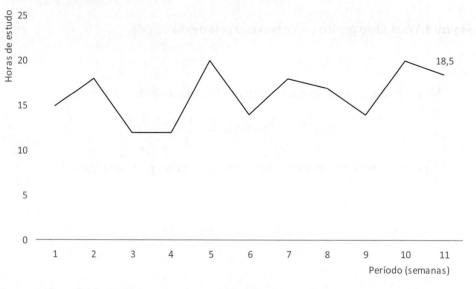

Figura 3.19: Modelo gráfico com a previsão pela média ponderada.

Na previsão pela média móvel ponderada obtivemos o valor de 18,5 horas de estudo para a 11ª semana.

Média móvel ponderada exponencialmente

No caso da média móvel ponderada exponencialmente, tem-se que

$$P_{11} = P_{10} + \alpha \cdot (D_{10} - P_{10})$$

$$\alpha = \frac{2}{N+1} = \frac{2}{10+1} = 0,18$$

Usando a heurística para escolher o valor de α.

Utilizando a média corrida para calcular P_{10}, tem-se que

$$P_{10} = \frac{15+18+12+12+20+14+18+17+14}{9} = 15,6$$

A partir desse dado, o gráfico será como o da Figura 3.20.

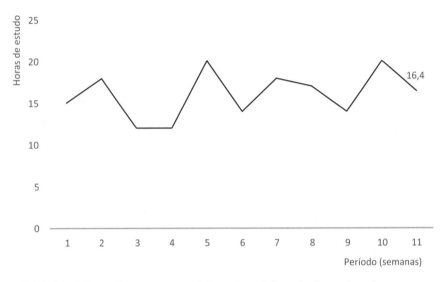

Figura 3.20: Modelo gráfico com a previsão pela média móvel ponderada exponencialmente.

Qual é a melhor técnica de previsão? Por quê?

A pergunta é pertinente, uma vez que cada uma das técnicas de previsão utilizada deu um valor diferente.

Qual valor adotar?

A resposta a essa pergunta pode ser obtida determinando-se qual é o menor erro de previsão gerado por cada método.

Erro de previsão

O erro de previsão pode ser determinado fazendo-se a diferença entre o dado real e o valor previsto (sempre nessa ordem). Para o instante (t), tem-se:

$$E_t = D_t - P_t$$

As medidas de erro de previsão são as seguintes: erro acumulado de previsão, erro quadrático médio e desvio absoluto médio, entre outras.

O Erro Acumulado de Previsão (EAP) é útil para medir tendência de previsão, pois representa a somatória de todos os erros ocorridos para cada um dos valores reais disponíveis. Mas o negativo compensa o valor positivo e pode induzir a falsas interpretações.

$$EAP = \sum_{t=1}^{n} E_t$$

Para contornar esse aspecto, pode ser calculado o Erro Acumulado de Previsão Absoluto. O erro para cada período é somado no valor absoluto.

$$|EAP| = \sum_{t=1}^{n} |E_t|$$

O Erro Quadrático Médio (EQM) mede a dispersão dos dados e evita a compensação dos erros positivos com erros negativos. É outra maneira de evitar essa compensação.

$$EQM = \sum_{t=1}^{n} \frac{(E_t)^2}{N}$$

O desvio absoluto médio (DAM) mede a dispersão de dados, e é a medida de erro preferida por ser de fácil entendimento, pois indica uma medida de erro médio por período. E pelo fato de ser valor absoluto, não há o efeito de compensação entre os erros positivos e negativos.

$$DAM = \sum_{t=1}^{n} \frac{|E_t|}{N}$$

Retomando o exemplo de aplicação

Retomando o caso das horas de estudo, pode-se comparar os diferentes erros para diferentes métodos. Comparando os métodos da média móvel com $N = 3$ e a média móvel ponderada com os fatores 0,7; 0,2 e 0,1 do valor mais recente para o mais antigo, temos (Tabela 3.14).

A Tabela 3.15 apresenta o resumo da análise de erro.

Portanto, o melhor método entre os três é a média móvel com $n = 3$, pois todas as medidas de erro possuem valores inferiores à média móvel ponderada e à média móvel ponderada exponencialmente. Os sete valores para os quais foi calculada a previsão (da semana 4 a semana 10) são dados já existentes. A previsão é feita para calcular o erro do modelo adotado nos dados históricos.

Esse procedimento é chamado de "calibração" do modelo. A Figura 3.21 apresenta a notação utilizada na previsão com séries históricas. No caso de dados observados adotou-se indistintamente a notação, que no caso apresentado das médias móveis é identificado como D.

Tabela 3.14 Análise do erro

Semana	Horas	Média móvel com n = 3				Média móvel ponderada com 0,7; 0,2; 0,1				Média móvel ponderada exponencialmente			
		Previsão	E	|E|	E^2	Previsão	E	|E|	E^2	Previsão	E	|E|	E^2
1	**15**												
2	**18**												
3	**12**									16			
4	**12**	15	-3	3	9	13,5	-1,5	1,5	2,25	15,3	-3,3	3,3	10,76
5	**20**	14	6	6	36	12,6	7,4	7,4	54,76	14,7	5,3	5,3	28,2
6	**14**	14,7	-0,7	0,7	0,49	17,6	-3,6	3,6	12,96	15,6	-1,6	1,6	2,71
7	**18**	15	2,7	2,7	7,29	15	3	3	9	15,3	2,7	2,7	7,03
8	**17**	3	-0,3	0,3	0,09	17,4	-0,4	0,4	0,16	15,8	1,2	1,2	1,38
9	**14**	17,3	-2,3	2,3	5,29	16,9	-2,9	2,9	8,41	16,0	-2,0	2,0	4,15
10	**20**	16,3	3,7	3,7	13,69	15	5	5	25	15,7	4,3	4,3	18,74
Σ			**6,1**	18,7	71,85		**7**	23,8	112,54		**6,5**	20,4	
Σ/N				**2,7**	**10,3**			**3,4**	**16,1**			**2,9**	**10,4**
Erro			EAP	DAM	EQM		EAP	DAM	EQM		EAP	DAM	EQM

Tabela 3.15: Resumo dos resultados obtidos na análise do erro

	Média móvel com n = 3	Média móvel ponderada	Média móvel ponderada exp/te
EAP	6,1	7	6,5
DAM	2,7	3,4	2,9
EQM	10,3	16,1	10,4

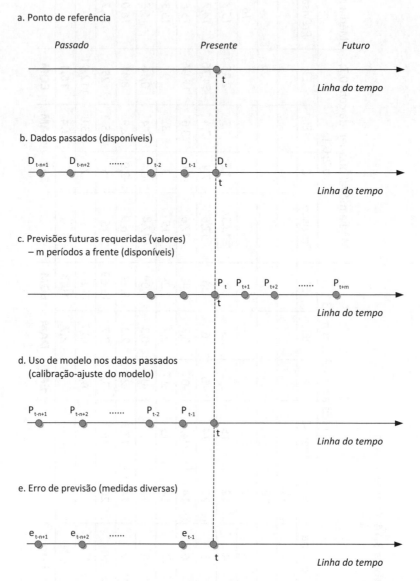

Figura 3.21: Notação utilizada na previsão quantitativa.

ELSEVIER CAPÍTULO 3 – PREVISÃO DE VENDAS

Exercícios

1. A Companhia Seligue de telefones presta serviços de instalação de novas linhas telefônicas. O seu gerente de instalações está interessado em fazer uma previsão de vendas de novas instalações para a semana 11 de modo que ele possa fazer um bom planejamento para atender essas necessidades em relação à logística (Tabela 3.16).

Tabela 3.16: Número de instalações

Semana	1	2	3	4	5	6	7	8
N° instalações	25	28	22	37	29	30	36	39

2. Uma empresa vende e presta serviços de manutenção em máquinas de fotocópia. O gerente de estratégia da empresa necessita ter em mãos os dados das chamadas para serviços de reparos, o que ele tem feito pessoalmente vasculhando as ordens de serviço. A previsão para a semana 1 foi de 23 chamadas. O gerente usou amortecimento exponencial (média móvel ponderada exponencialmente) com um $\alpha=0,3$. **Pede-se**: Prever o número de chamadas para a semana 6, que é a próxima semana depois dos dados tabulados (Tabela 3.17).

Tabela 3.17: Total de chamadas

Mês	1	2	3	4	5	6
Semana	28	33	36	35	41	?

3. A VISIO CAM comercializa tudo relacionado com câmeras e acessórios fotográficos. Para manter um bom atendimento aos clientes, a gerente precisa prever a demanda para os itens que ela vende. Ultimamente, os lançamentos de máquinas automáticas mais simples têm se tornado muito populares (Tabela 3.18).

Tabela 3.18: Demanda dos últimos meses

Mês	1	2	3	4	5	6
Número de câmeras	12	16	15	21	19	23

4. Pede-se:
   a. Fazer a previsão de vendas destas câmeras para o período 7 com os dados dos meses de 4 a 6 usando o método da média móvel ponderada (n = 3). Os pesos a serem utilizados são 0,5, 0,3 e 0,2; onde 0,5 é aplicado ao dado da venda mais recente.

b. Refazer o item (a) usando o método da média móvel ponderada exponencial-mente com $\alpha=0,2$. Assumir que a previsão para o mês 2 foi de 15 câmeras.

c. Considerando a previsão obtida para o mês 7 usando esses dois métodos constantes dos itens (a) e (b) e baseado nesses dados limitados, qual método (na sua opinião) se mostra mais confiável? Justifique sua análise.

5. A EescAuto aluga automóveis para representantes comerciais e turistas em toda a região de Ribeirão Preto. A chave do seu bom atendimento ao cliente é manter sempre carros em quantidade suficiente para atender a demanda. Os meses de verão apresentam uma demanda maior devido ao grande número de pessoas. A seguir, tem-se o resultado das locações dos últimos dois anos na Tabela 3.19.

Tabela 3.19: Locações dos últimos dois anos

Mês	J	F	M	A	M	J	J	A	S	O	N	D
Ano 1	144	120	98	47	75	25	29	35	60	49	41	30
Ano 2	153	142	104	55	79	28	33	41	62	54	47	36

6. **Pede-se:** Prever o número de carros necessários para cada mês do Ano 3, sendo que o total de carros não deve ultrapassar 915. 1) Não se prenda aos métodos apresentados, aplique um critério razoável de previsão. 2) Aplique um dos métodos apresentados.

7. A demanda de trocas de óleo no Posto do ZéKa está na Tabela 3.20.

Tabela 3.20: demandas de trocas de óleo

Mês	M	J	J	A	S	O	N	D	J
Trocas	21	26	37	32	39	31	40	42	?

a. Usar o método de regressão linear para prever a demanda do mês de janeiro. Nesta aplicação a variável dependente (Y) é a demanda mensal e a variável independente (X) é o mês. Para maio, considerar $t = 1$, para junho considerar $t = 2$, e assim por diante.

b. Usar o mesmo método para prever a demanda dos meses de fevereiro e março.

c. Faça as mesmas previsões utilizando o Excel® e verifique os métodos disponíveis.

Pesquisa na internet: softwares de previsão de vendas

O avanço da Tecnologia de Informação nos últimos anos vem permitindo às empresas executarem operações que antes eram inimagináveis. Atualmente, existem

ELSEVIER CAPÍTULO 3 – PREVISÃO DE VENDAS

vários exemplos de empresas que utilizam a Tecnologia de Informação para obter reduções de custo e/ou gerar vantagem competitiva. A previsão de vendas é a atividade mais difícil de uma empresa. Se não for feita corretamente, o erro pode custar caro. Uma demanda superestimada acarreta em gastos com excesso de oferta. Já demanda subestimada significa perda de receita. A seguir são apresentados alguns softwares disponíveis no mercado para a previsão de vendas: Minitab, Extrapolador de Tendências, Alyuda NeuroIntelligence, Alyuda Forecaster XL e Alyuda Forecaster.

Minitab (Área: Estatística; Ambiente: Windows, Visual Basic for Applications). Este software possui um módulo em previsões e séries temporais que inclui os modelos: regressão linear, média móvel, método ARIMA, exponencial móvel.

Extrapolador de Tendências (Área: Previsão; Ambiente: Windows. Excel, Visual Basic for Applications). Este software enquadra-se na categoria dos softwares de Gestão da Demanda. A partir da série histórica (vendas, custos, consumo, produção etc.), projeta para os períodos seguintes os valores para a grandeza em questão, escolhendo entre 15 modelos de séries temporais determinísticas (sazonais, médias móveis, autorregressivos etc.) aquele de melhor aderência à série. As técnicas mais recentes e aceitas de planejamento sugerem o emprego de uma metodologia mista que valorize simultaneamente a percepção e a experiência dos profissionais envolvidos com as grandezas estudadas e as projeções estatísticas baseadas nas tendências das séries históricas. O Extrapolador de Tendências foi tecnicamente desenvolvido para ajustar diferentes modelos de séries temporais determinísticas a séries históricas de dados.

Alyuda NeuroIntelligence (Área: Funções matemáticas; Ambiente: Rede Neural). Este software foi projetado para ser utilizado em uma plataforma inteligente. Ele resolve problemas de previsão do mundo real e também problemas que incluem funções de aproximação. Usa a Inteligência Artificial para pré-processar conjuntos de dados, com algoritmos eficientes. As empresas podem criar e testar as suas previsões de um modo rápido, aumentando sua produtividade e melhorando seus resultados.

Alyuda Forecaster XL (Área: Previsão; Ambiente: Windows, Excel). Este software pode aplicar a capacidade de redes neurais para dados do Excel, mantendo todos os dados formatados. Ele oferece um modo simples para melhorar as previsões de empresas, de uso diário, para fazer previsões e analisar dados.

Alyuda Forecaster (Área: Previsão; Ambiente: Windows). Este software utiliza redes neurais para a previsão, análise e classificação de dados dentro do Windows, para melhorar as previsões das empresas. Foi projetado por gerentes de empresas e engenheiros para resolver problemas de estimativas e previsões. Sua interface é inteligente, tendo automação na seleção de parâmetros e na análise de dados.

A partir dessas informações iniciais:

1. Faça uma busca na internet desses softwares e elabore um relatório com exemplos de aplicação tirados dos sites das empresas.
2. Os softwares apresentados são privados. Faça uma busca na internet de softwares livres e elabore um relatório com exemplos de aplicação tirados dos sites.

Projeto de aplicação

Faça a parte relativa à previsão de vendas do projeto de aplicação do Apêndice. A previsão de vendas para os meses de janeiro e fevereiro do ano 4, dos produtos (1), (2) e (3). O valor real das vendas será fornecido posteriormente, para o cálculo dos estoques existentes.

Modelagem e implementação

Execução do módulo do plano de vendas e operações (S&OP)

Fonte: Rosa (2014)

O processo de previsão de vendas nos sistemas ERP é executado pelo módulo de Planejamento de Vendas e Operações (S&OP). O S&OP viabiliza a integração do plano de negócios a partir das informações coletadas nas áreas de marketing e finanças com o intuito de equilibrar a oferta e a demanda, e proporcionar a interação entre o plano de negócio da empresa com os planos operacionais.

Há diversas maneiras de conduzir a execução do S&OP nas empresas. A modelagem a seguir baseou-se em um estudo de caso de uma empresa multinacional de linha branca. Mesmo compreendendo que as especificidades da empresa não podem ser generalizadas, o importante é apresentar uma situação real e concreta para garantir a compreensão do processo em si.

Nesse contexto, no caso em questão, a execução do S&OP é realizada em três estágios.

No primeiro estágio, promove-se o alinhamento dos objetivos estratégicos da empresa. Os objetivos estratégicos são decompostos em metas que combinam *marketshare* EBIT. O *marketshare* EBIT é apoiado por um mapa de vendas que fornece as informações de entrada para a análise de capacidade e demanda (Módulo de Engenharia). O primeiro estágio fornece informações de longo prazo sobre as necessidades de investimento para ampliar a capacidade instalada nas unidades produtivas da empresa.

No segundo estágio de execução do S&OP, há execução mensal do planejamento (Módulo de PCP, relativo ao médio prazo). A expectativa de produção mensal, expressa em volume, considera o mapa anual de vendas e a capacidade de produção definida no processo anterior. O objetivo da execução da programação mensal é implementar a estratégia. Esse processo pode ser subdividido em cinco subprocessos que serão detalhados em item específico.

A saída da execução da programação mensal é a programação mensal de produção em si. A partir dessa informação, inicia-se o terceiro e último estágio do S&OP com as programações semanais e diárias de produção (Módulo de PCP, relativo ao curto prazo). Adota-se o conceito de ATP (*Available to Promisse*) nas unidades produtivas, e são definidas de 3 a 7 horas de produção. O ATP auxilia no planejamento de suprimentos, dando certa margem para os fornecedores mobilizarem seus capitais na manufatura de materiais que serão negociados como matérias-primas para fabricação de produtos da linha branca. Há a oportunidade de aumentar esse tempo de produção firmado, para garantir uma segurança maior e planejamento para o processo produtivo, aumentar também a confiança e consequentemente a colaboração dentro das relações de negócio. Emite-se um relatório da produção semanalmente à matriz da empresa, que fornece informações a produção de curto prazo, apoiada pela oportunidade de mensuração do planejamento.

A Figura 3.22 apresenta o modelo de processos de execução em três fases do S&OP.

Decomposição do processo de execução do planejamento mensal

O processo de execução da programação mensal é composto por 5 sub-processos. O primeiro refere-se ao processamento dos relatórios de previsão das quantidades a serem produzidas para o mês subsequente. Essa fase de processamento somente se inicia após o fechamento do faturamento do mês anterior e dentro de tal processamento compara-se o desempenho do mês anterior (m-1) com o do mesmo período nos últimos dois anos. Pode haver uma tendência sazonal de vendas. Nesse caso, é importante realizar uma medição do desempenho mensal, para consolidar o planejamento e apontar o acumulado da produção alinhado com a estratégia.

Em seguida, há o planejamento da demanda de produtos. Com base no planejamento do volume por família de produtos, realiza-se o dimensionamento de peças até o nível de SKUs, com vistas à coordenação das previsões de demanda (MTS) com os pedidos (MTO). Em função do processo produtivo, a empresa não faz a distinção entre as partes da produção destinadas para estoque e para os pedidos, pois estima-se o percentual da quantia produzida para MTS comprometido com os pedidos postados dentro do sistema MTO. Após o planejamento da demanda, as informações são novamente agrupadas em famílias de produtos e apresentadas no pré-S&OP. No pré-S&OP, avaliam-se diferentes cenários possíveis. Outras restrições, que não relativas ao maquinário produtivo, podem se mostrar atuantes (por exemplo, mão de obra e capacidades gerais de abastecimento).

Como saída do pré-S&OP, identificam-se os cenários possíveis e as decisões críticas a serem tomadas no âmbito do *Executive* S&OP. O *Executive* S&OP deve ser finalizado até o final da primeira quinzena do mês vigente. Para isso, reúnem-se todos os dirigentes dos níveis gerenciais da empresa, para tomarem decisões de produção para o mês seguinte. As decisões de investimento podem ser tomadas nessa fase, porém a grande parte das diretrizes de investimento são tomadas após o alinhamento dos objetivos estratégicos da empresa. Considera-se neste processo, a separação de um percentual de investimento a longo-prazo.

Para finalizar o processo de execução da programação mensal, elabora-se o plano do suprimento a partir dos volumes documentados em Ata de reunião. Embora parte

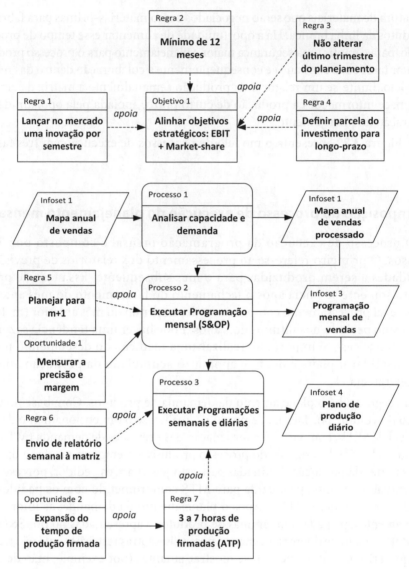

Figura 3.22: Processo de execução do S&OP.

das análises ligadas a suprimentos já tenha se iniciado no pré-S&OP, o planejamento completo segue como última parte do processo mensal. Nessa fase, informam-se as necessidades aos colaboradores e fornecedores para alinhar o fornecimento de materiais ao longo do mês objeto de planejamento (m + 1). As oportunidades de mensurar a precisão do planejamento mensal e de margem atingida com as vendas permeiam a execução da programação mensal.

A Figura 3.23 mostra o submodelo de processos de negócio relativo ao detalhamento da execução da programação mensal do S&OP.

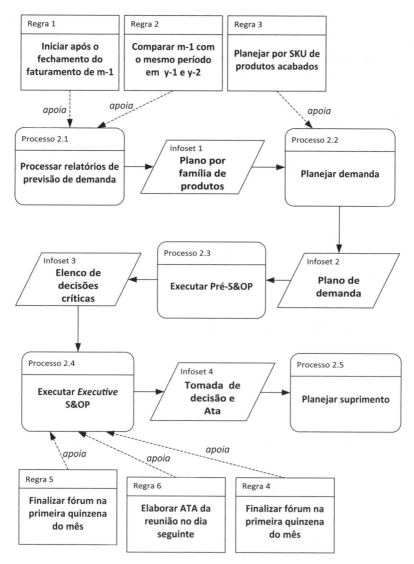

Figura 3.23: Detalhamento da execução da programação mensal do S&OP.

PCP também é cultura

O oráculo de Delfos

A necessidade de prever acontecimentos futuros vem da antiguidade grega. Vários templos foram construídos para homenagear o deus do Sol, Hélios. Um dos templos religiosos ficou conhecido como Oráculo de Delfos, no qual virgens chamadas pitonisas atendiam a pessoas que chegavam querendo saber o futuro. O sacerdote era o oráculo, para o qual as pitonisas diziam coisas sem sentido, por estarem sob efeito de bebida. A tradução feita pelo oráculo era sempre conveniente aos seus interesses. Ou seja, as informações não eram confiáveis.

Inspirado pelo mito do Oráculo de Delfos surgiu o método Delphi (ou Delfos). Após a Segunda Guerra Mundial, um grupo de pesquisadores norte-americanos da Rand Corporation desenvolveu um método para possibilitar a prospecção de cenários futuros em áreas estratégicas, como avanços científicos, controle de população, automação, progresso espacial, prevenção de guerras e armamentos.

Os princípios gerais foram publicados entre 1959 e o início da década de 1960. O fundamento do método era substituir as reuniões de especialistas que eram longas, pois dependiam que todos chegassem a um consenso. Em 1962, Dalkey e Helmer definiram o conceito de oráculo que envolve quem consulta, o oráculo e o assunto sobre o qual desejam-se informações. Há uma entidade que leva a consulta ao oráculo e ocorre a ação de previsão.

O processo se inicia pela entidade interessada. Forma-se um grupo para coordenar a aplicação do método e verificar os resultados. Há a seleção de um grupo de especialistas sobre o assunto, para o qual são enviados questionários individualmente. Quando esses questionários voltam, faz-se uma análise dos resultados, verificando as respostas convergentes. A partir daí, elabora-se um novo questionário com novas perguntas sobre os temas que não foram convergentes e assim sucessivamente até que o resultado final aponte a conclusão do estudo.

Conclusão

A previsão de vendas como atividade do PCP é o primeiro passo para a definição da quantidade a ser produzida para períodos futuros.

Os conceitos para a utilização de métodos qualitativos baseiam-se na indisponibilidade prévia de dados históricos no que tange a produtos novos e, com relação a isso, pode-se considerar a similaridade de produtos (analogia histórica, pesquisa de opinião) e a consulta com especialistas (método Delphi, júri de opinião executiva).

Neste capítulo, enfatizaram-se os métodos quantitativos baseados em séries temporais.

Os conceitos para a utilização de métodos quantitativos a fim de elaborar previsões de vendas e suas implicações para a elaboração do Planejamento e Controle de Produção estão relacionados com identificar padrões de comportamento de dados históricos (estacionário ou não estacionário), identificar os componentes presentes na série em questão (tendência, sazonalidade, ciclo e aleatoriedade) para definir o método mais adequado a ser utilizado.

A identificação da técnica que melhor se adapta ao conjunto de dados, segundo os critérios estabelecidos, está relacionada com o tipo de série. A série não estacionária apresenta uma tendência crescente ou decrescente que pode incorporar fatores sazonais. Nesse caso, utiliza-se a regressão linear, adequada para situações em que o coeficiente de correlação apresenta-se próximo de 1. No caso de haver a componente sazonal, multiplica-se o resultado obtido a partir da regressão linear pelo fator de sazonalidade. Caso a série seja estacionária, isso significa que os pontos oscilam em torno de uma média e; aplicam-se as técnicas de previsão baseada nas médias móveis (simples, ponderada, ponderada exponencialmente). A análise dos resultados apoia-se na determinação do erro de previsão que permite comparar e escolher a melhor técnica.

Há métodos para a previsão de vendas que consideram, além das componentes de tendência e sazonalidade, as componentes de ciclo e aleatoriedade. Esses métodos dependem da utilização de softwares de previsão cujo custo aumenta conforme o nível de precisão necessário. Para a familiarização com alguns desses softwares, há uma prática prevista no roteiro de atividades.

PCP multimídia

Filme

De volta para o futuro. (*Back to the future*, 1985). DIR: Robert Zemicks. Um rapaz descobre como voltar no tempo e passa por vários eventos que mudam a direção da história. *Motivo:* o filme discute os objetivos de uma ação e como essa ação tem desdobramentos diversos em função de cada situação nova que se apresenta.

Verificação de aprendizado

O que você aprendeu? Faça uma descrição de 10 a 20 linhas do seu aprendizado.

Os objetivos de aprendizado declarados no início foram atingidos? Responda em uma escala 1 a 3 (1. não; 2. parcialmente; 3. sim). Comente a sua resposta. Na sua opinião, o que pode ser melhorado?

Referências

HAMILTON, J. D. *Time series analysis*. New Jersey: Princeton University Press, 1994.

MAKRIDAKIS, S.; WHEELWRIGHT, S. C.; McGEE, V. E. *Forecasting: methods and aplications*. Nova York: John Wiley & Sons, 1978.

ROSA, M.J. *Modelo de referência para formação e operação de redes dinâmicas voltadas a execução do planejamento de vendas e operações em um ambiente com diversidade de sistema de produção*. Dissertação (Mestrado em Engenharia de Produção) – Universidade de São Paulo, 2014.

Capítulo 4

PLANO DE RECURSOS

Fábio Müller Guerrini
Renato Vairo Belhot
Walther Azzolini Júnior

Resumo

A elaboração do plano de recursos parte dos dados obtidos com o plano de vendas para definir as quantidades globais e os recursos necessários, e a política de capacidade mais adequada à situação. A definição de quantidades globais e os recursos necessários pode basear-se em métodos otimizantes, como o método de quadros. As políticas de capacidades podem ser de acompanhamento de demanda, gestão de demanda e capacidade constante.

Palavras-chave: Plano de recursos; plano agregado de produção; PCP.

Objetivos instrucionais (do professor)

- ❖ Ilustrar a participação da previsão de vendas e da administração de capacidade na dinâmica do planejamento de recursos produtivos.
- ❖ Apresentar modelos lineares aplicáveis na produção.
- ❖ Analisar a estrutura de um plano de recursos.

Objetivos de aprendizado (do aluno)

- ❖ Entender o papel da previsão na elaboração de planos de recursos, ser capaz de agregar informações para viabilizar o plano de recursos.
- ❖ Saber calcular e medir a capacidade de produção.
- ❖ Compreender a relevância da capacidade para a execução de um plano de produção e sua ligação com a geração de estoques.
- ❖ Saber elaborar um plano de produção (recursos) de forma heurística e otimizante, construir os respectivos modelos.
- ❖ Saber como aplicar um plano de produção.

Introdução

O objetivo do plano de recursos é permitir a tomada de decisões conjuntas em termos de produção, mão de obra e estoques. As decisões são tomadas a partir de modelos, e a solução é obtida por meio da aplicação de algum método otimizante (ou não), baseado em gráficos, quadros, modelos matemáticos e hierárquicos. As técnicas gráficas tratam poucas variáveis de uma só vez, numa base de tentativa e erro. Os quadros das necessidades de produção e as projeções cumulativas de carga de trabalho trazem um entendimento inicial ao problema de planejamento de recursos.

Para planejar os recursos é necessário definir as quantidades globais, os recursos necessários e a política de administração de capacidade. Para definir as quantidades globais, a modelagem matemática considera os custos de fabricar o produto, de estoque, horas-máquina e horas-homem; e as restrições (máquinas, mão de obra, materiais e outros fatores que sejam relevantes para a situação sob análise, tais como o uso de horas extras, custo de falta de produto, estoque mínimo). Os métodos a serem abordados serão: método gráfico ou por quadros, método canto noroeste e método dos custos lineares.

A definição dos recursos necessários apoia-se na modelagem matemática, e as estruturas de operações de Ray Wild podem ser utilizadas como representação para antecipação de demanda (EOE), capacidade fixa (EOC), capacidade relativamente fixa e subutilizada (ECO, EFO), utilização de recursos quando estiverem disponíveis (DOE), obtenção de recursos após receber o pedido dos clientes sem exigir previsão do número de pedidos (DOC e DFO).

Em função das características do produto e da necessidade de atendimento ao cliente, define-se a política de capacidade. As políticas de administração de capacidade são as seguintes: capacidade constante, acompanhar demanda e gestão de demanda.

A Figura 4.1 apresenta o modelo de conceitos para planejar recursos que será utilizado neste capítulo.

Caso

A necessidade de planejar recursos

Planejar recursos é uma atividade inerente a qualquer tipo de operação (fabricação, suprimentos, transporte ou serviço).

A preocupação com o deslocamento de recursos militares de um lado do Atlântico para o outro originou a programação linear e os métodos otimizantes que, posteriormente, foram adotados pelas empresas de manufatura.

O surgimento da Pesquisa Operacional

Com o advento da Segunda Guerra Mundial, as Forças Armadas americanas precisavam de métodos matemáticos que alocassem recursos militares (tropas,

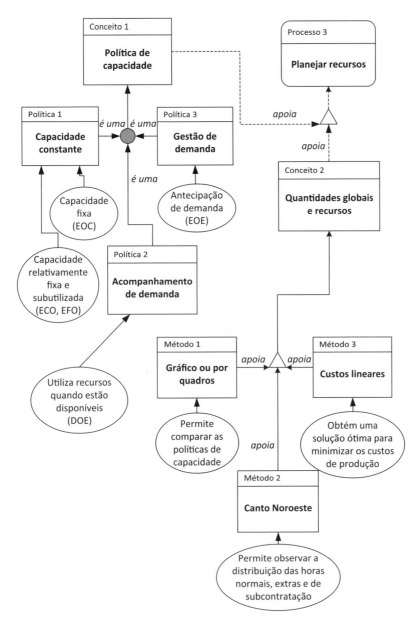

Figura 4.1: Modelo conceitual para planejar recursos.

navios e armamentos). Foram criados grupos multidisciplinares de pesquisadores das melhores universidades que aplicaram o método científico para a simulação de possíveis resultados de ações militares.

Em 1939, o físico Patrick Blackett liderou uma equipe para resolver o problema de planejamento estratégico geral e de guerra antissubmarina. Em maio de 1940, os franceses fizeram um pedido de envio de aviões para tentar deter o avanço dos alemães em seu território. A partir do estudo realizado pela equipe, Winston Churchill decidiu não enviar avião algum e mandou que os aviões que se encontravam em batalha na França voltassem para as suas bases. Os franceses ficaram à mercê dos alemães, que tomaram Paris sem dificuldades, mas esses pilotos ingleses que foram poupados viriam a ser fundamentais em uma outra etapa da guerra.

De 1941 a 1946, George Dantzig pertenceu à Força Aérea Americana como líder da Sucursal de Análise de Combate, no Quartel-general de Controle Estatístico. Em 1947, Dantzig propôs o Método Simplex de Otimização para elaborar planos ou programações de treinamento e logística de suprimentos. Ele propôs mecanizar o processo de planejamento da "programação em uma estrutura linear, por meio de um algoritmo que sistematiza o processo de obtenção da solução ótima para qualquer número de variáveis e equações de restrição".

Assim como ocorrera com Dantzig, com o término da guerra, os físicos, matemáticos e engenheiros que desenvolveram tais métodos foram absorvidos pelas empresas, e essa forma de abordagem de problemas teve os seus desdobramentos em várias áreas de conhecimento. Essa foi a origem da Pesquisa Operacional, que mais tarde foi incorporada pelas empresas, para programar e controlar as atividades do chão de fábrica.

Na fábrica, os elementos do problema podem ser expressos numericamente. As teorias de probabilidade e estatística podem ser aplicadas, e as soluções podem ser obtidas por meio da avaliação de alternativas. Alguns resultados foram produzidos, como o controle de estoques e a programação matemática. A Pesquisa Operacional gerou uma abordagem mais racional do controle de produção e de estoques.

Uma visita a uma fábrica de refrigerantes

Em uma visita com os alunos a uma fábrica de refrigerantes, o gerente industrial informou que ela operava no verão em sua capacidade máxima, quando ocorrem picos de vendas. Nos outros períodos do ano a produção caía a 30% da produção de verão. A política da empresa para esse longo período era fazer um rodízio de funcionários entre a linha de produção e cursos de capacitação para a melhoria contínua dos processos.

Durante a visita, o gerente explicou que a linha de envasamento de vidro no piso inferior estava em processo de desativação. Em substituição, a linha de envasamento com garrafas pet estava sendo montada. O objetivo era treinar os funcionários para operar a nova linha de produção e, paulatinamente, desativar a outra linha.

Essa decisão estratégica da empresa envolvia uma mudança nos processos de produção, mas a premissa era não afetar a capacidade produtiva, e os demais períodos além do verão eram propícios. A previsão de substituição total da linha de envasamento de vidro era de dois anos.

Para a elaboração do plano de recursos da empresa de refrigerantes é necessário conhecer o comportamento das vendas ao longo do ano e basear-se na previsão de vendas de todos os seus produtos. A quantidade total de produtos a serem fabricados é o primeiro dado que será utilizado para verificar a capacidade de produção da empresa e então elaborar o plano de recursos.

Percebe-se que o planejamento estratégico (executado pelo módulo S&OP (*Sales Operations Planning* – processo de planificação de vendas e de planejamento das operações) e o plano de recursos (executado pelo módulo de capacidade RRP (*Resource Requirement Planning* – processo de planejamento de capacidade de longo prazo) possuem uma estreita ligação no balanceamento de recursos. Essa ligação envolve diversos departamentos, pois a previsão de vendas é apenas uma parte do plano de negócios da empresa.

Compreendendo as variáveis

Políticas de capacidade

O planejamento de recursos envolve a definição de políticas de capacidade para contemplar as variações de demanda.

As opções para lidar com as variações de demanda são as seguintes: ignorar as flutuações e manter os níveis de atividades constantes (política de capacidade constante); ajustar a capacidade para refletir as flutuações da demanda (política de acompanhamento da demanda); tentar mudar a demanda para ajustá-la à disponibilidade de capacidade (gestão de demanda).

Uma política de capacidade constante é estabelecida em um nível de produção estável durante todo o período de planejamento, sem considerar as flutuações da previsão de demanda. Ou seja, o mesmo número de pessoas opera os mesmos processos e por isso deveriam ser capazes de produzir o mesmo volume agregado de produção (S&OP e RRP) em cada período. As vantagens dessa opção estão em poder atingir os objetivos de padrões de emprego estáveis, há a utilização intensiva do processo e grande produtividade com baixos custos unitários. A desvantagem está na possível criação de estoques que envolve decisões quanto ao que produzir para armazenar em estoque. No entanto, se a capacidade for menor que a demanda, haverá falta de produtos e menor receita.

A política de acompanhamento de demanda procura ajustar a capacidade bem próxima dos níveis variáveis de demanda prevista. Os métodos para ajustar a capacidade são: horas extras e tempo ocioso; variar o tamanho da força de trabalho; usar pessoal em tempo parcial; subcontratação, férias.

O objetivo da gestão de demanda é transferir a demanda dos períodos de pico para períodos de baixa demanda (vales). A gestão da demanda pode alterar a demanda ou introduzir produtos e serviços alternativos com demanda invertida (alta nos vales). Os mecanismos para alterar a demanda são o preço, a qualidade e a propaganda, entre outros.

Os produtos e serviços alternativos são baseados em novos produtos, cujo princípio é ocupar as máquinas quando estão ociosas. Para isso, é preciso que a demanda por esses produtos ocorra nos períodos de baixa demanda dos demais produtos já existentes (demanda invertida); caso contrário, irão prejudicar ainda mais a utilização da capacidade produtiva.

A administração de capacidade busca dois objetivos: fazer ajustes eficientes na capacidade para atender a demanda, seja em períodos de alta como de baixa demanda, como cancelar férias, trabalho temporário, subcontratação, horas extras; eliminar a necessidade de ajustes da capacidade, alterando a força produtiva por meio de decisões para longo prazo (expandir a fábrica, comprar novas máquinas, lançar novos produtos).

Decisões da administração da capacidade

As decisões ligadas à administração da capacidade, particularmente, a decisão de empregar a estratégia de minimizar a necessidade de ajustes da capacidade, trazem, frequentemente, implicações para a estrutura. Dada a viabilidade dos estoques, o seu uso dependerá de considerações de planejamento de capacidade, visto que o uso dos estoques é uma das abordagens principais para lidar com flutuações de demanda. A Figura 4.2 apresenta a administração de capacidade sob o enfoque das estruturas de operações de Wild. Note que as estruturas contemplam, além da função de fabricação, as funções de transporte, suprimentos e serviços.

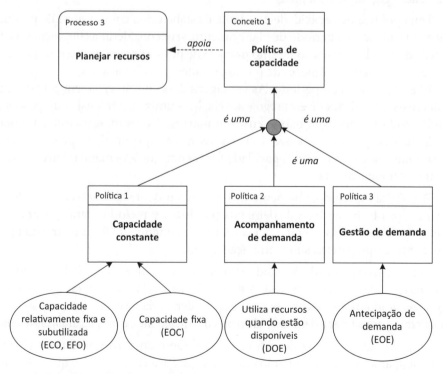

Figura 4.2: Administração da capacidade.

Inicialmente consideram-se as estruturas em que os estoques assumem um papel preponderante, principalmente na função "fabricação". A estrutura EOE, com função em antecipação à demanda, permite acomodar as flutuações da demanda por meio do uso de estoques. Os níveis de estoques utilizados, com frequência, irão refletir a variabilidade da demanda e o nível de serviço a ser fornecido, isto é, o nível aceitável de probabilidade de falta de estoque, com consequente risco de perda de venda ou espera por parte do cliente (Figura 4.3).

Figura 4.3: Estrutura EOE.

Os sistemas na estrutura EOC terão, em muitos casos, capacidade fixa, e durante os períodos de demanda alta terão espera de clientes ou perda de vendas. A utilização da capacidade é baixa, especialmente quanto à demanda, e variável (Figura 4.4). A capacidade produtiva é determinada pela quantidade de recursos de produção disponíveis (localizados antes da função "processo") e dos pedidos dos clientes.

Figura 4.4: Estrutura EOC.

As estruturas ECO e EFO não permitem que a função seja executada em antecipação a demanda, e a capacidade será relativamente fixa e subutilizada. O tamanho da fila dependerá dos níveis e da variabilidade relativa da demanda e da capacidade da função. Em alguns casos, com o uso de sistemas de programação, a fila pode ser planejada (Figura 4.5). Note que o cliente está localizado antes da função "operação" representada, o que significa que ele precisa chegar ao sistema para que seja acionado, além de ser também um dos insumos (entradas) do sistema.

Na função "transporte", o cliente aguarda até que o recurso (ônibus, trem etc.) chegue para realizar a função (estrutura EFO). Para a função de serviços valem as mesmas observações. O atendimento médico nos Centros de Especialidades (Posto de Saúde) tem uma capacidade limitada, que é administrada por meio de agendamentos (fila de clientes). Os recursos são limitados e, por essa razão, geram fila (espera do cliente). Essa mesma restrição faz com que os clientes aguardem no ponto de ônibus (a capacidade de transporte é fixa).

Na estrutura DOE, a demanda será prevista e as matérias-primas obtidas na medida do necessário, uma vez que a produção intermitente para estoque pode ser suficiente para satisfazer as necessidades do cliente.

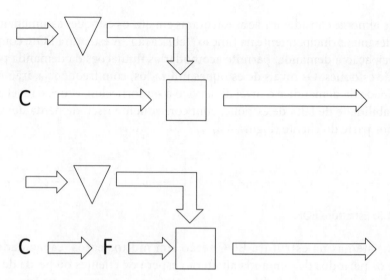

Figura 4.5: Estrutura ECO e EFO.

A estrutura DOE, provavelmente, utilizará os recursos quando eles se tornarem disponíveis (Figura 4.6). Existem situações em que é muito caro ou mesmo inviável estocar os insumos, mas é possível e economicamente viável estabelecer estoque de produtos acabados, por exemplo, tomate e extrato de tomate. Para estocar o tomate *in natura* são necessárias condições especiais cuja relação custo-benefício aponta para estocar o tomate processado. É o caso da administração de capacidade da função "suprimentos".

Figura 4.6: Estrutura DOE.

As estruturas DOC e DFO normalmente obtêm os recursos necessários após o recebimento do pedido do cliente e não exigem uma previsão do número de pedidos que serão recebidos, mesmo que a demanda possa ser medida (Figura 4.7).

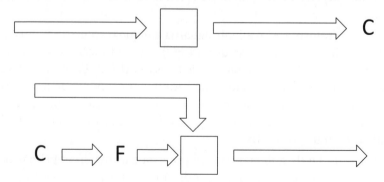

Figura 4.7: Estrutura DOC e DFO.

As estruturas DOC e DFO caracterizam as situações por encomenda, em que se aguarda o pedido do cliente chegar, ou o cliente aguarda (em fila) a realização do serviço até que os recursos sejam obtidos.

Planejamento e controle da capacidade

Uma vez que os problemas de controle da capacidade derivam da necessidade de adequar-se a flutuações, aumento ou diminuição da demanda, a natureza desse problema será determinada pela estratégia adotada, isto é, a importância relativa da necessidade de ajustar a capacidade e a de evitar ou minimizar a necessidade de realizar tais ajustes.

Em particular, a programação das atividades será normalmente mais complexa e mais importante, se a estratégia adotada enfatizar a necessidade de se obterem ajustes eficientes dos níveis de capacidade. A estratégia baseada mais fortemente no amortecimento dos níveis de flutuação da demanda enfatizará a gestão de estoques e a programação das atividades.

A Figura 4.8 representa as particularidades do controle de capacidade.

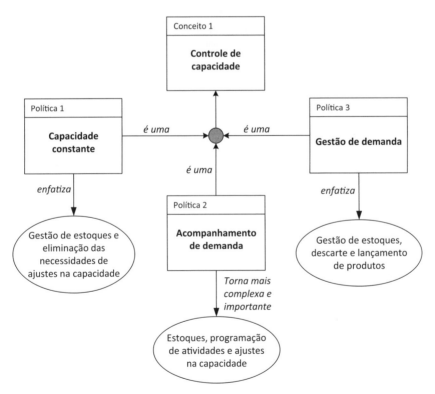

Figura 4.8: Particularidades do controle de capacidade.

É em relação ao planejamento e controle da capacidade que a proposta de Wild supera a abordagem das decisões hierarquizadas. Esta última trata muito superficialmente a questão da capacidade, apesar de reconhecer a sua importância para administrar a produção. A abordagem contingencial explora os aspectos e as estratégias ligados à administração da capacidade, destacando-a como a mais importante entre as três áreas-problema (gestão de estoques, programação de atividades e administração de capacidade).

O planejamento da capacidade envolve: a determinação da capacidade exigida pelo sistema, o desenvolvimento e a implementação de estratégias de uso dos recursos do sistema, para absorver as flutuações da demanda.

O controle da capacidade, por sua vez, compreende a manipulação e o emprego de determinados recursos do sistema. O controle é alcançado diretamente por meio da programação das atividades e, indiretamente, por meio da gestão dos estoques. A Figura 4.9 representa os fatores que influenciam o planejamento e o controle da capacidade.

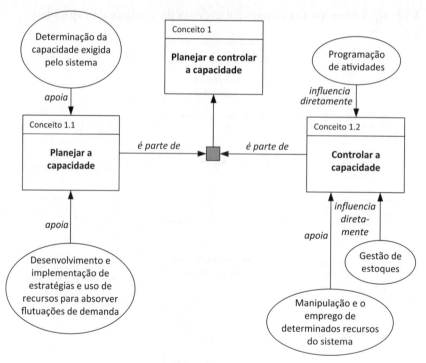

Figura 4.9: Planejamento e controle de capacidade.

A determinação da capacidade de produção necessária é feita normalmente por meio da medida ou estimativa da demanda, que é imposta sobre o sistema. A estimativa ou previsão de vendas futura será necessária nas estruturas que operam com estoque de insumos e de produtos acabados, isto é, EOE, DOE, EOC, ECO,

EFO. Em outras situações, como nas estruturas DOC e DFO, pelo fato de não existirem estoques de insumos e de produtos acabados, não é necessário estimar a demanda, tornando o problema do planejamento da capacidade consideravelmente mais simples. Contudo, a programação das atividades fica bem mais complexa que nas estruturas anteriores.

Por exemplo, onde não existe tendência na demanda esperada, a capacidade planejada pode ser igual à demanda média esperada. Ou ainda, uma estratégia de fornecer capacidade em excesso pode ser adotada. Mesmo no caso de haver uma tendência de crescimento ou de diminuição na demanda esperada, as duas estratégias anteriores também podem ser utilizadas. A determinação da capacidade do sistema requer a consideração de uma estratégia para absorver as flutuações da demanda (quando existirem). Além dos cuidados necessários na previsão de vendas, é preciso considerar que, em muitos casos, a demanda é função do tempo, como bem explica a curva do ciclo de vida do produto.

Outro fator que deve ser relacionado na determinação da capacidade é a "Improdutividade e a Deterioração dos Recursos". Na determinação da quantidade de recursos necessários para atender à demanda, é preciso lembrar que a confiabilidade dos recursos muda ao longo do tempo, ou seja, máquinas quebram, recursos humanos faltam, entram em férias, matérias-primas deterioram, são perdidas, estragam, perdem a validade, quebram e sofrem outros tipos de problemas. A capacidade total pode ser expressa em termos das seguintes unidades: toneladas, m^3, horas-homem, horas-máquina, número de atendimentos etc.

Para finalizar, é oportuno salientar que os ajustes são empregados em situações temporárias de falta ou excesso de capacidade, em função da flutuação do nível da demanda. A Figura 4.10 representa as variáveis da determinação de capacidade.

Se o nível de demanda apresentar uma tendência ao crescimento, é preciso levantar alternativas de aumento da capacidade produtiva. É bom lembrar que, o aumento da capacidade é uma decisão de médio ou longo prazo, pois pode envolver a aquisição de equipamentos, ampliação da planta ou mesmo a construção de uma nova fábrica, que envolvem investimentos vultosos. Normalmente, não são essas as condições encontradas nas empresas industriais, e as informações sobre capacidade acabam por se tornar parâmetros de comparação, principalmente no caso de empresas que operam com produção do tipo intermitente repetitiva (produção de muitos produtos diferentes em lotes). Desse modo, o mesmo produto é fabricado mais de uma vez dentro do mesmo período.

A capacidade produtiva pode ser trabalhada em três níveis diferentes:

1. **A capacidade máxima teórica**, obtida em termos das condições ideais de operação representa 100% de utilização dos recursos produtivos.

2. **A capacidade máxima prática** incorpora as paradas e os tempos perdidos em decorrência dessas paradas (quebra de máquina, manutenção, preparação da máquina, ausência do operador, falta de materiais, envolve

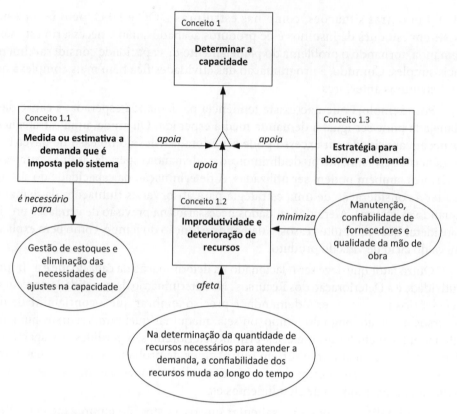

Figura 4.10: Variáveis na determinação da capacidade.

os aspectos previsíveis). Representa de 70% a 80% da capacidade máxima teórica.

3. **A capacidade normal**, que reflete o que realmente tem sido utilizado da capacidade, ao longo de vários períodos, e representa o poder de transformação real da empresa de insumos em produtos acabados, aspectos imprevisíveis associados à improdutividade dos recursos. A determinação dos níveis (2) e (3) para a empresa é feita pela unidade de PCP.

A Figura 4.11 representa os conceitos para a definição da capacidade produtiva.

Como pode ser observada, a determinação da capacidade é um fator essencial para que se possa fazer o planejamento de recursos compatível e que atenda à demanda. Após essas colocações preliminares, mas essenciais, podemos partir para a ação, conhecer as técnicas de elaboração desse tipo de planejamento e as restrições normalmente presentes. As formas de elaboração do planejamento de recursos são: método gráfico ou por quadros – tentativa e erro e métodos matemáticos – método canto noroeste e métodos dos custos lineares.

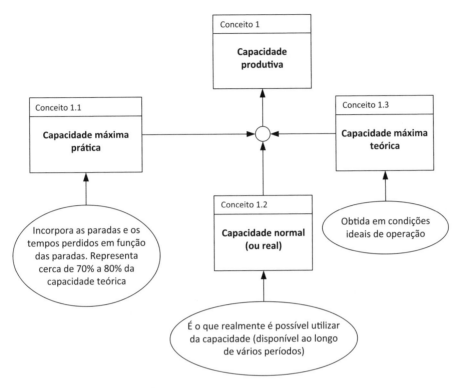

Figura 4.11: Capacidade produtiva.

Questões

1. Quais são os fatores que estão sob controle do planejamento a serem considerados para a elaboração do plano de recursos?
2. Qual é a relação entre a qualidade dos modelos de previsão de vendas com a elaboração do plano de recursos?
3. Identifique pelo menos uma situação na qual você aplicaria as diferentes políticas de capacidade: demanda média, acompanhamento de demanda e gestão de demanda.
4. Ao chegar a uma padaria às 18h30min ao pedir 8 pãezinhos, a pessoa é informada que acabou, mas que está para sair uma nova fornada. Como você utilizaria os conceitos de planejamento de vendas e de produção para resolver este problema?
5. O plano de recursos pode ser elaborado para um horizonte de tempo que varia de meses a ano. Enumere as variáveis que você consideraria para determinar o período a ser considerado.
6. A qualidade da previsão de vendas pode interferir na capacidade de produção? Se sim, de que maneira?
7. De que maneiras podem ser feitos ajustes na capacidade de produção. Liste algumas.

Aplicação

Método gráfico ou por quadros

O método gráfico ou por quadros permite identificar como é o comportamento das diferentes políticas de capacidade que podem ser adotadas para a elaboração do plano de recursos (também conhecido como plano agregado de produção). Nesse caso, é possível analisar as implicações de uma política de acompanhamento de demanda e de uma política de capacidade constante.

A seguir, apresenta-se um exemplo de aplicação que considera doze meses de um ano, período adequado para avaliar o efeito da sazonalidade no comportamento dos dados.

Exemplo de aplicação

Fonte: Adaptado de Monks (1987) p. 231-233.

Sejam os dados de uma demanda para o próximo ano, conforme a Tabela 4.1. **Pede-se:** Verifique a política de acompanhamento de demanda e a política de capacidade constante.

Tabela 4.1: Demanda prevista e dias de produção (unidade: produtos acabados)

Mês	j	f	m	a	m	j	j	a	s	o	n	d	Total
Demanda prevista	210	105	220	414	588	770	360	210	220	110	105	280	3592
Dias de produção	21	21	22	23	21	22	20	21	22	22	21	20	256

Resolução

Passo 1: Determine a demanda/dia, demanda média/dia e os dias acumulados de produção (Tabela 4.2). A demanda/dia é obtida dividindo-se a demanda prevista pelos dias de produção. A demanda média por dia é obtida a partir da média aritmética da coluna da demanda/dia.

Passo 2: Elabore um histograma com demanda/dia (ordenada) e os meses (abscissa) e determine o nível médio de demanda/dia e indique no histograma. A partir da demanda/dia, obtém-se o seguinte gráfico (Figura 4.12).

Imagine que a decisão seja produzir a demanda/dia, isto é, 14 produtos/dia. Observa-se na **Figura 4.12** que em alguns meses se produzirá acima da necessidade diária (janeiro, fevereiro, março, agosto, setembro, outubro, novembro e dezembro), consequentemente formando estoques. Esses estoques serão usados para atender os períodos em que a produção/dia é maior que a média. O que se pode garantir, quando

Tabela 4.2: Plano de recursos

MÊS	Demanda prevista	Dias de produção	Demanda/dia	Dias acumulados de produção
jan	210	21	10	21
fev	105	21	5	42
mar	220	22	10	64
abr	414	23	18	87
mai	588	21	28	108
jun	770	22	35	130
jul	360	20	18	150
ago	210	21	10	171
set	220	22	10	183
out	110	22	5	205
nov	105	21	5	226
dez	280	20	14(14)	256

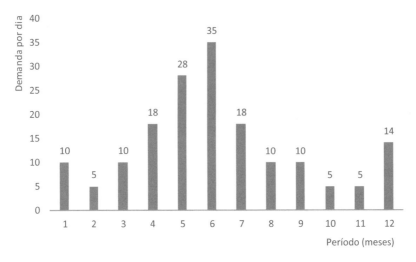

Figura 4.12: Distribuição da demanda/dia ao longo dos meses.

se produz pela média é que no mês de dezembro terão sido produzidas as 3.592 unidades de produto necessárias, mas não se pode garantir que em determinados meses não haverá falta de produto.

Passo 3: Determine a demanda acumulada. Para isso, analisa-se a demanda prevista sob o ponto de vista acumulado e observa-se o seu comportamento durante o ano, considerando os dias acumulados de produção (Tabela 4.3).

Tabela 4.3: Análise da demanda prevista

MÊS	Demanda prevista	Dias de produção	Demanda/dia	Dias acumulados de produção	Demanda prevista acumulada
jan	210	21	10	21	210
fev	105	21	5	42	315
mar	220	22	10	64	535
abr	414	23	18	87	949
mai	588	21	28	108	1537
jun	770	22	35	130	2307
jul	360	20	18	150	2667
ago	210	21	10	171	2877
set	220	22	10	183	3097
out	110	22	5	205	3207
nov	105	21	5	226	3312
dez	280	20	14	256	3592

Passo 4: Trace a curva de demanda prevista acumulada. A curva da demanda está representada na Figura 4.13.

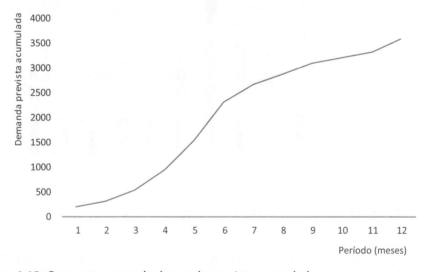

Figura 4.13: Comportamento da demanda prevista acumulada.

Passo 5: Determine o estoque gerado (produção − demanda prevista).

Como se trabalha com uma capacidade de produção fixa e constante igual a aproximadamente 14 unidades por dia (demanda média), para obter a produção do mês, basta utilizar o número de dias úteis de trabalho desse mês e multiplicar por 14 unidades. A diferença entre o que será produzido e a demanda prevista, se for positiva, gera estoque (produto acabado, fabricado e não vendido). Se for negativa, significa que houve falta de produto para entrega.

Na última coluna, estoque gerado a cada mês, os valores são obtidos:

$$E_{final} = \text{Produção} - \text{Demanda}$$

Fazendo-se os cálculos para o mês de fevereiro:

$$\text{Produção}_{fevereiro} = 21.14 = 294$$

$$E_{fevereiro} = \text{Produção}_{fevereiro} - \text{Demanda}_{fevereiro} = 294 - 105 = 189$$

Assim, em fevereiro, serão produzidas 315 unidades, das quais 189 serão estocadas (Tabela 4.4).

Tabela 4.4: Estoque gerado

MÊS	Demanda prevista	Dias de produção	Demanda/dia	Dias acumulados de produção	Demanda prevista acumulada	Produção dias úteis x 14 un/dia	Estoque gerado
jan	210	21	10	21	210	294	84
fev	105	21	5	42	315	294	189
mar	220	22	10	64	535	308	88
abr	414	23	18	87	949	322	-92
mai	588	21	28	108	1537	294	-294
jun	770	22	35	130	2307	308	-462
jul	360	20	18	150	2667	280	-80
ago	210	21	10	171	2877	294	84
set	220	22	10	193	3097	308	88
out	110	22	5	215	3207	308	198
nov	105	21	5	236	3312	294	189
dez	280	20	14	256	3592	280	0

Passo 6: Determine o saldo de estoque, fazendo a acumulação do estoque gerado. Para calcular o Saldo de Estoque, utilize a Equação de Balanço de estoque:

$$E_{final} = E_{inicial} + \text{Produção} - \text{Demanda}$$

Para o mês de fevereiro tem-se:

$$E_{fevereiro} = E_{janeiro} + Produção_{fevereiro} - Demanda\ prevista_{fevereiro}$$

$$E_{fevereiro} = 84 + 294 - 105 = 273$$

Para o mês de março o cálculo é:

$$E_{março} = E_{fevereiro} + Produção_{março} - Demanda\ prevista_{março}$$

$E_{março} = 273 + 308 - 220 = 361$, ou simplesmente some o estoque gerado (porque é parte da equação).

A Tabela 4.5 apresenta o saldo do estoque.

Tabela 4.5: Saldo do estoque

MÊS	Demanda prevista	Dias de produção	Demanda/dia	Dias acumulados de produção	Demanda prevista acumulada	Produção dias úteis x 14 un/dia	Estoque gerado	Saldo
jan	210	21	10	21	210	294	84	84
fev	105	21	5	42	315	294	189	273
mar	220	22	10	64	535	308	88	361
abr	414	23	18	87	949	322	-92	269
mai	588	21	28	108	1537	294	-294	-25
jun	770	22	35	130	2307	308	-462	-487
jul	360	20	18	150	2667	280	-80	-567
ago	210	21	10	171	2877	294	84	-483
set	220	22	10	193	3097	308	88	-395
out	110	22	5	215	3207	308	198	-197
nov	105	21	5	236	3312	294	189	-8
dez	280	20	14	256	3592	280	0	-8

Observação: Veja que nos meses de abril, maio, junho e julho a produção foi menor que a demanda prevista, gerando falta de produtos acabados. Nessa situação poderia ser utilizada a capacidade extra para minimizar essa falta de produtos. Consequentemente, o saldo de estoque começa a diminuir.

Passo 7: Avalie o que está acontecendo nesse caso. Como pode ser solucionado o problema de flutuação de demanda? Estabeleça Planos de Produção.

Vamos examinar dois planos: no plano 1, mantendo-se a capacidade fixa; e no plano 2, variando a capacidade.

ELSEVIER

No plano 1 (baseado na demanda média), se a demanda diminuir há um acúmulo de estoques, aumento dos custos de capital, da falta de estoques, custos de armazenagem, seguros e risco de obsolescência. Se a demanda aumentar, pode haver falta de estoques e atrasos. O plano 1 pode absorver a flutuação de demanda, pelos estoques.

No plano 2 a produção acompanha a necessidade, sem falta do produto (atendendo a demanda). Se houver um aumento de demanda, haverá custos crescentes de recrutamento, seleção e treinamento. Além disso, haverá pressão e urgência, ocorrerão custos intangíveis tais como insatisfação, insegurança pessoal e imagem da empresa. Caso haja diminuição da demanda, ocorrerão custos crescentes, ociosidade de mão de obra e ociosidade de equipamento. O plano 2 pode absorver a flutuação de demanda, variando a mão de obra, e contando com a rápida (prazo) obtenção de recursos (insumos). Contudo, outros planos de produção podem ser estabelecidos, incorporando fatores que permitem a realização de outros ajustes na produção.

Os planos alternativos são os seguintes:

Produção constante (sem falta de produtos acabados) + subcontratação de serviços externos para atendimento dos picos.

Produção constante (sem falta de produtos acabados) + hora extra para atendimento dos picos.

Produção constante com permissão de faltas do produto.

A consideração de dias úteis permite várias análises. Por exemplo, supondo as seguintes situações:

1. Na situação de pico fabricar 1800 unidades em 18 dias úteis.
2. Na situação de vale fabricar 600 unidades em 24 dias úteis. 1800/ 600 = 3 é o padrão de sazonalidade = 3: 1. Por outro lado, (1800/18)/(600/24) = 100/25 = 4 $\Rightarrow$ 4:1 é a relação de produção média diária por período.

Na Figura 4.14, a demanda acumulada está representada pela curva (em linha contínua). O plano 1 está representado pela reta (produção de 14 unidades por dia), em que a demanda é atendida pelos estoques, e o plano 2 está representado pela curva intermitente que acompanha a demanda, variando a utilização de recursos.

A hipótese aqui é que produzindo a demanda média/dia há certeza de que a demanda será atendida, mas com falta de produtos em alguns meses. Assim, assume-se que a capacidade é 14, apesar de ser possível produzir 17 unidades por dia.

Treine

Como sugestão, assuma que a capacidade é de 17 unidades por dia e use-a quando necessário para minimizar a falta total de estoques. Se a capacidade média fosse 17 unidades por dia, como ficaria o saldo de estoque? Para tanto, refaça a Tabela 4.5 e compare os resultados.

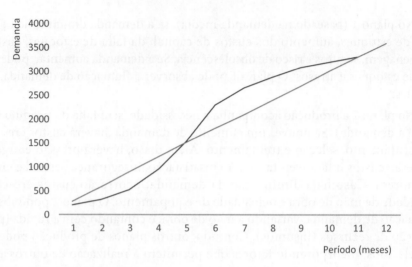

Figura 4.14: Previsão de demanda.

Método Canto Noroeste

Para exemplificar como as horas normais, horas extras e a subcontratação podem ser consideradas em um plano de recursos, o método canto noroeste pode ser utilizado para a obtenção de uma solução inicial.

No caso do plano de recursos, as "origens" são as três opções de capacidade de produção em cada período mais o estoque inicial, e os "destinos" são as demandas previstas para cada período e o estoque a ser mantido no final do período.

Para cada mês em questão, considera-se o estoque inicial antes do primeiro mês e procede-se a distribuição das unidades obtidas na previsão de vendas, esgotando-se o estoque inicial inicialmente, em seguida as horas normais, na sequência as horas extras e por fim a subcontratação. Há um custo unitário de produção por mês que será utilizado para multiplicar as unidades obtidas em cada modalidade da capacidade de produção (horas normais, horas extras e subcontratação) cuja soma resultará no custo relativo ao mês em questão. Esse procedimento é feito para todos os meses, obtendo o custo total, que é a soma dos custos de cada mês.

A seguir apresenta-se um exemplo que utiliza o método canto noroeste para a obtenção de uma solução inicial para o plano de recursos.

Exemplo

Fonte: Adaptado de Shimizo (2001).

O plano global de produção de uma empresa que fabrica tela LCD para computadores (Tabela 4.6).

ELSEVIER   CAPÍTULO 4 – PLANO DE RECURSOS   137

Tabela 4.6: Plano global de produção

Meses	Previsão de vendas	Capacidade de produção		
		(horas normais)	*(horas extras)*	*(subcontratação)*
janeiro	110	70	22	90
fevereiro	60	60	18	90
março	80	70	22	90
abril	90	77	25	90
Custo unitário do produto	$ 120	$ 150	$ 170	

Os níveis de estoque a serem mantidos: no início do período 1 existem 30 unidades e no final do período 4 devem sobrar 40 unidades. Pode-se considerar que: o uso do estoque inicial tem custo zero; a produção de um período pode ser utilizada nos períodos seguintes; o custo de mão de obra de $ 60 e um custo de armazenagem de $ 3 por unidade do produto.

Pede-se: Determine a distribuição inicial de capacidade de produção para atender a previsão de vendas a cada período a um custo mínimo.

Resolução

A matriz Origem-Destino indica a capacidade de cada Origem, e as demandas exigidas por cada Destino são as seguintes (Tabela 4.7).

O método do canto noroeste visa atender à demanda de cada coluna usando as capacidades de cada linha para achar a solução inicial.

Janeiro: Para atender a demanda de janeiro de 110 unidades, usa-se 30 horas do estoque inicial, 70 horas normais e 10 horas-extras. Portanto, o custo para atender a demanda de janeiro será:

$$\text{Custo}_{janeiro} = 0.30 + 70.120 + 10.150 = 9.900$$

Fevereiro: Para atender a demanda de fevereiro de 60 unidades, usam-se 60 horas normais. Portanto, o custo para atender a demanda de fevereiro será:

$$\text{Custo}_{fevereiro} = 120.60 = 7.200$$

Março: Para atender a demanda de março de 80 unidades, usam-se 70 horas normais e 10 horas-extras. Portanto o custo para atender a demanda de março será:

$$\text{Custo}_{janeiro} = 120.70 + 150.10 = 9.900$$

Tabela 4.7: Matriz inicial origem-destino do plano de recursos

Origens	Capacidade	P1	P2	P3	P4	Estoque final	Custo unitário
Estoque inicial	30	30					
Janeiro							
Hora normal	70	70					120
Hora extra	22	10					150
Subcontratação	90	0					170
Fevereiro							
Hora normal	60		60				120
Hora extra	18		0				150
Subcontratação	90		0				170
Março							
Hora normal	70			70			120
Hora extra	22			10			150
Subcontratação	90			0			170
Abril							
Hora normal	77				77		120
Hora extra	25				25		150
Subcontratação	90				28		170
Destinos	**Demanda prevista**	**110**	**60**	**80**	**90**	**40**	

Abril: Para atender a demanda de março de 90 horas e deixar um estoque final de 40 horas, usam-se 77 horas normais, 25 horas-extras, 28 horas de subcontratação. Portanto, o custo para atender a demanda de abril será:

$$Custo_{janeiro} = 120.77 + 150.25 + 170.28 = 17.750$$

Essa solução inicial teve um custo total igual a:

$$Custo_{total} = 9.900 + 7.200 + 9.900 + 17.750$$

$$Custo_{total} = \$44.750$$

Essa solução inicial oferece uma boa aproximação para iniciar o plano de recursos. A solução ótima pode ser obtida pelo método da amarelinha, por exemplo, mas o intuito desse exemplo foi demonstrar como ocorre a distribuição da previsão de vendas em relação à capacidade de produção.

ELSEVIER CAPÍTULO 4 – PLANO DE RECURSOS **139**

Modelo de Custos Lineares para o plano de recursos

A modelagem matemática em plano de recursos permite a obtenção da solução ótima do modelo. O modelo pode incorporar: custos de fabricar cada produto, custos de estocagem, custos da hora-homem (regular e extra); custos da hora-máquina e diversos outros tipos de restrições (máquinas, materiais, mão de obra). Para isso, será utilizado o modelo de custos lineares.

No modelo apresentado a seguir, o objetivo é minimizar os custos de produção, de estoques e de hora-homem (regular e extra). As variáveis de decisão são identificadas como:

X_{it} = unidades do produto i fabricadas, no período t

E_{it} = unidades do produto i em estoque, no período t

$NHRU_t$ = horas-homem regular, usadas no período t

$NHEU_t$ = horas-homem extra, usadas no período t

Outros dados:

i = Tipo de produto

t = Período de tempo do horizonte de planejamento

CP_{it} = Custo unitário para fabricar o produto i, no período t

CE_{it} = Custo de estocar uma unidade do produto i, no período t

Chr_t = Custo da hora-homem regular, no período t

Che_t = Custo da hora-homem extra, no período t

D_{it} = Demanda pelo produto i, no período t

$NHRD_t$ = Total de horas-homem regulares disponíveis no período t

$NHED_t$ = Total de horas-homem extras disponíveis no período t

K_i = Horas-homem necessárias para produzir uma unidade do produto i

O modelo dos custos lineares possui a seguinte formulação:

Função objetivo: busca o mínimo custo total, de produção, estocagem e das horas homem trabalhadas.

$$Min(z) = \sum_{i=1}^{N}\sum_{t=1}^{T}(CP_{it}.X_{it} + CE_{it}.E_{it}) + \sum_{t=1}^{T}(Chr_t.NHRU_t + Che_t.NHEU_t)$$

Sujeito a:

1. Equação **de balanço de estoques:** garante que a demanda será atendida e mostra o estoque no período seguinte.

$$X_{it} + E_{t-1} - D_{it} = E_{it}$$

onde: i = 1,2,3...N, tipo de produto a fabricar; t = 1, 2, 3, ..., T, períodos de tempo

2. **Horas utilizadas na produção:** para todos os produtos fabricados no período t, não pode ser excedido o total de horas disponíveis no período t.

$$\sum_{i=1}^{N} K_i . X_{it} = NHRU_t + NHEU_t ; t = 1, 2, \ldots, T$$

Essa equação garante que o tempo total gasto na fabricação de produtos, no período t, não excede o total de horas disponíveis (regular + extra).

3. **Horas-homem regulares utilizadas:** $0 \leq NHRUt \leq NHRD_t$ restringe o número de horas-homem regulares utilizada no período t, ao total de horas-homem disponíveis, no período t. O limite inferior, zero, significa que nada foi produzido.

4. **Horas-homem extras utilizadas:** $0 \leq NHEUt \leq NHED_t$ restringe o número de horas-homem extras utilizadas no período t, para que não exceda o total de horas-homem extras disponíveis, no período t. O limite inferior a zero significa que nada foi produzido. As variáveis de decisão, que compõem a função objetivo, não podem ter valores negativos, no mínimo podem ser iguais a zero. As restrições de não negatividade das variáveis são as seguintes:

$$X_{it} \geq 0$$

$$E_{it} \geq 0$$

$$NHRU_t \geq 0$$

$$NHEU_t \geq 0$$

onde: i = 1,2,3...N ; t = 1,2,3...T

A partir de um exemplo, determine a função objetivo e as restrições utilizando o modelo de custos lineares.

Exemplo de aplicação

Uma empresa quer determinar o número ótimo de mesas e cadeiras que produz para maximizar o lucro. Para produzir uma cadeira são necessários 1 bloco grande e 2 pequenos. Para a mesa, 2 blocos grandes e 2 blocos pequenos. Matéria-prima disponível: 6 blocos grandes, 8 blocos pequenos. Preço de venda da cadeira: consumidor: $41,00; lojista: $37,00. Preço de venda da mesa: consumidor: $61,00; lojista: $57,00. Observação: Lojista compra no máximo 1 mesa e 1 cadeira. Custos: bloco grande: $8,00; bloco pequeno: $5,00. Neste exemplo, o objetivo é a construção de um modelo linear.

Resolução

Usando a modelagem para Programação Linear, com a seguinte nomenclatura: M_a = mesas fabricadas para o lojista; M_b = mesas fabricadas para o consumidor;

C_a = cadeiras fabricadas para o lojista; C_b = cadeiras fabricadas para o consumidor; BG = quantidade de blocos grandes utilizados, BP = quantidade de blocos pequenos utilizados. Desenvolvimento da função objetivo:

$$MaxZ = \left[\left(57 M_a + 61 M_b\right)^{(1)} + \left(37 C_a + 41 C_b\right)^{(2)} \right] - \left[(8.2) M_a + (5.2) M_a \right]^{(3)} -$$
$$\left[(8.2) M_b + (5.2) M_b \right]^{(4)} - \left[(8.1) C_a + (5.2) C_a \right]^{(5)} - \left[(8.1) C_b + (5.2) C_b \right]^{(6)}$$

onde: [1] preço de venda da mesa; [2] preço de venda da cadeira; [3] custo da mesa para o lojista; [4] custo da mesa para o consumidor; [5] custo da cadeira para o lojista; [6] custo da cadeira para o consumidor.

Função objetivo:

$$MaxZ = 35 M_b + 31 M_a + 23 C_b + 18 C_a \left(\text{objetivo é maximizar o lucro b}\right)$$

Sujeito a:

$$2\left(M_a + M_b\right) + 1\left(C_a + C_b\right) \leq 6 \left(\text{Restrição de uso de blocos grandes}\right)$$

$$2\left(M_a + M_b\right) + 2\left(C_a + V_b\right) \leq 8 \left(\text{Restrição de uso de blocos pequenos}\right)$$

$$M_a \leq 1 \left(\text{Restrições de compra de mesa do lojista}\right)$$

$$C_a \leq 1 \left(\text{Restrições de compra de cadeiras do lojista}\right)$$

$$M_a, \; M_b, \; C_a, \; C_b \geq 0 \left(\text{Restrições de não negatividade}\right)$$

O modelo anterior pode ser ampliado a partir da incorporação da possibilidade de exigir estoques finais a cada mês; incorporação do custo de falta de estoques. No caso de permitir a falta de estoque, isto é, a falta de produto em estoque, como essa situação seria representada no modelo, em termos de variáveis? A restrição de não negatividade da variável "estoque" não será respeitada, quando falta estoque, pois a variável que o representa estaria assumindo um valor negativo.

Treine

Encontre a solução para este modelo utilizando um software de programação linear.

Exercícios

1. Um gerente de fabricação está concebendo um plano agregado de produção de quatro meses para produzir uma família de produtos de linha branca. O setor de marketing estimou a demanda para o período de quatro meses. Há diversos modelos de produtos "linha branca", e a quantidade da mão de obra necessária para produzir um produto depende das características do modelo. Além de ser possível utilizar horas extras, a empresa, em sua política de trabalho, limita a quantidade mensal de horas extras a 10% do trabalho horário normal. A utilização de horas extras é mais cara do que a utilização de hora normal, e há resistência por parte dos funcionários ao uso de trabalho em horas extras. A empresa não demite seus trabalhadores, por princípio. A empresa tem custos de transporte sempre que um produto é fabricado em um mês e despachado no mês seguinte. Os objetivos do plano agregado de produção são utilizar plenamente a força de trabalho, não ultrapassar a capacidade de produção (máquina, mão de obra e recursos) despachar os pedidos para o cliente prontamente e minimizar os custos de trabalho em horas extras e de manutenção de estoque. **Pede-se:** Qual seria a política de capacidade mais adequada para a empresa?

2. Um fabricante de celulares está desenvolvendo um plano agregado de produção para o primeiro semestre do próximo ano. Estimou-se que 2200 celulares precisarão ser fabricados. São necessárias 8 horas de trabalho para produzir cada celular, e somente 7 mil horas de trabalho em hora normais estão disponíveis no semestre. As horas extras podem ser usadas para produzir os celulares, mas a fábrica limita a quantidade de horas extras em 20%. A mão de obra custa $15 por hora de trabalho em horas normais e $20 por hora no trabalho em horas extras. Se um celular for produzido no primeiro semestre e despachado no segundo semestre, a fábrica terá um custo de manutenção em estoque igual a $200 por celular.

    Pede-se: Quantos celulares devem ser produzidos para minimizar o custo do trabalho em hora normal e em horas extras e os custos de manutenção de estoque? As necessidades de mercado e a disponibilidade de mão de obra em horas normais e em horas extras devem ser levadas em consideração.

    Sugestão: Formule o problema de planejamento agregado como um problema de programação linear. Formule a função objetivo e as restrições necessárias. Inicialmente, defina as variáveis de decisão.

3. Sejam os dados de três produtos, conforme a Tabela 4.8:

Tabela 4.8: Dados de três produtos

	Produto 1	Produto 2	Produto 3
Estoque disponível	200	44	1.800
Demanda mensal prevista	200	20	8.000

ELSEVIER CAPÍTULO 4 – PLANO DE RECURSOS 143

Utilizando a heurística, **pede-se:**

a. Determine qual produto deve ser fabricado. Quais são variáveis que devem ser consideradas na decisão de fabricar?

b. Quantas unidades devem ser fabricadas?

c. Quantas unidades podem ser fabricadas?

Nota sobre heurística

A Heurística é um método de perguntas e respostas para encontrar a solução dos problemas. Há três regras básicas: devem-se utilizar experiências anteriores que estejam disponíveis; as ocorrências anteriores devem ser representativas em relação ao problema que está sendo analisado para permitir a comparação; as decisões não são tomadas caso não haja algum termo de comparação para fundamentá-la.

4. Uma empresa fabrica um produto com preço de venda de $120. A previsão de vendas para este ano é apresentada na Tabela 4.9. **Pede-se**:

Tabela 4.9: Previsão de vendas para este ano

Trimestre	1°trimestre	2°trimestre	3°trimestre	4°trimestre
Previsão	5200	1200	3000	2800

a. Elabore um histograma com os dados da Tabela 4.9 que indique a previsão de vendas trimestrais e a anual. Indique no histograma a taxa de produção que garante o atendimento da demanda prevista anual.

b. Partindo-se do pressuposto que a empresa adotará a política de capacidade constante, estime o estoque necessário disponível no início do 1° trimestre para garantir a absorção das flutuações de demanda.

c. Determine o custo de manter um nível de capacidade em 2800 unidades trimestralmente. O custo para atender a demanda utilizando horas extras é de $30 por unidade. A capacidade ociosa tem um custo de $50 por unidade.

Modelagem e implementação

Implantação de um sistema APS

Fonte: Sousa, Camparotti, Guerrini e Azzolini (2014)

Um sistema APS (*Advanced Planning Schedule*) é um software que elabora o planejamento e programação de produção baseado no princípio de hierarquia, a partir das restrições de capacidade e materiais, que combinam os dados de saída do MRP com o CRP (*Capacity Requirement Planning*). É capaz de gerar automaticamente planos ou programas, reconfigurar planos e programas sincronizados de forma rápida e simultânea, e informar ocorrências incomuns, a partir de uma interface gráfica. Os planos de produção do APS possuem *lead times* predeterminados.

Os planos de produção do APS são elaborados considerando-se as informações de vendas e estoque dos sistemas MRPII, podem substituir a necessidade de módulos do MRPII, direcionando-o para a aquisição de informações do produto, pedido e estoque.

Os benefícios do APS dependem do processo de implantação, que, em muitas situações, não são conduzidos de maneira adequada. Para suprir essa lacuna Sousa, Camparotti, Guerrini e Azzolini (2014) identificaram elementos para um modelo de referência baseado em um estudo multicaso em sete empresas de manufatura.

Compreendendo o processo de implantação

O objetivo principal da implantação de um sistema APS é garantir maior precisão e velocidade na elaboração de um plano de produção, para melhorar a produtividade e garantir um balanceamento da cadeia de suprimentos.

A integração do sistema APS com sistemas ERP ou outros sistemas depende de uma parametrização do sistema a partir do conhecimento do processo produtivo de tal forma que resulte em uma programação mais precisa, com prazos de entrega mais curtos, melhorando o nível de atendimento ao cliente. Para melhorar o nível de atendimento do cliente, realizam-se testes para a parametrização do sistema de acordo com as características do processo produtivo.

A equipe de implantação deve ser composta por pessoas que tenham um amplo conhecimento do processo produtivo, para avaliar o grau de customização do sistema em relação às necessidades da empresa. Essa avaliação pode ser obtida a partir da elaboração de um modelo de empresa para a implantação do sistema APS. Na etapa seguinte, selecionam-se os produtos e os processos a serem testados, para gerar a parametrização inicial do sistema. A partir dos testes iniciais, gera-se um relatório sobre as funcionalidades do sistema.

Para a integração entre o APS e o ERP ou outros sistemas, gera-se uma interface padronizada. Finalizada a integração, gera-se a parametrização final do sistema. Os testes finais são realizados e os usuários finais do sistema são capacitados. Após a capacitação, a implantação do sistema é validada pela Diretoria da empresa. Para facilitar a disseminação do conhecimento, a equipe de implantação pode gerar um manual para auxiliar os usuários do sistema.

A Figura 4.15 apresenta uma sistematização do processo de implantação de sistemas APS.

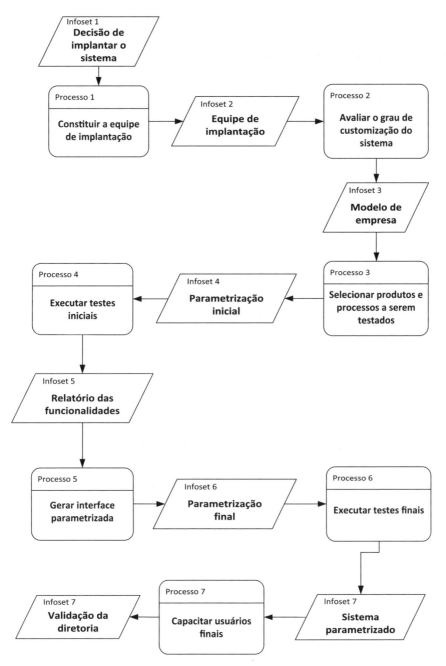

Figura 4.15: Processo de implantação de sistemas APS.

PCP também é cultura

A travessia de sete mil quilômetros no Atlântico Sul

Amyr Klink detalhou o plano de recursos para a travessia de 7.000 quilômetros em um barco a remo de seis metros de comprimento no Atlântico Sul no Anexo I do livro *Cem dias entre o céu e o mar*. O plano especificava desde princípios básicos de projeto da embarcação até detalhes construtivos e operacionais. Na ficha técnica declara-se a capacidade máxima de lastros (210 litros), tanques de água doce (275 litros), deslocamento vazio (310 kg) e carregado (1.190 kg). Havia dados de fabricantes, patrocinadores, lista de equipamentos básicos e detalhes operacionais de alimentação e navegação astronômica convencional com auxílio do computador.

Para viabilizar essa viagem, portanto, houve um planejamento minucioso dos recursos envolvidos que garantiram que o objetivo da viagem fosse atingido, com qualidade, no prazo e custo desejado.

No caso específico do fluxo de informações do PCP, esse nível de planejamento recebe um nome herdado dos primeiros sistemas de PCP, denominado "plano agregado de produção". Entretanto, para efeito de generalização do conceito envolvido com outros sistemas de PCP, adotou-se neste livro a denominação de plano de recursos.

O objetivo do plano de recursos é ter uma medida quantitativa geral do que será produzido a partir da previsão de vendas. Essa medida pode estar relacionada com finanças, tempo, quantidade ou peso total dos itens a serem fabricados, sem, no entanto, especificar modelos de produtos. O plano de recursos é elaborado em um horizonte de tempo mensal ou semestral.

Mas o plano de recursos não pode ser estático, ou seja, ele deve permitir alterações em função de restrições relacionadas com os recursos e tempo disponíveis.

No caso da viagem de Amyr Klink, surgiram situações e dificuldades que tornaram necessários ajustes no plano de recursos original.

No caso de uma empresa, ela está sujeita a flutuações de demanda ou planos macroeconômicos ou mesmo a ciclos de produção que podem sofrer variações em função da época do ano.

Conclusão

A previsão de vendas e a administração de capacidade possuem um papel determinante na dinâmica do planejamento de recursos produtivos. Essa é a primeira atividade do PCP que necessita de um módulo de apoio (RRP) para verificar a capacidade da empresa em atender a uma determinada demanda. Portanto, o módulo de S&OP possui uma estreita vinculação com o módulo de capacidade RRP.

ELSEVIER CAPÍTULO 4 – PLANO DE RECURSOS

A definição de quantidades globais pode utilizar modelos lineares aplicáveis na produção e analisar a estrutura de um plano de recursos. O método dos custos lineares define uma função objetivo para minimizar os custos e considera as restrições baseadas em horas regulares, horas extras e disponibilidade máquinas e equipamentos.

O método dos quadros permite visualizar o comportamento das opções de políticas de capacidade (acompanhamento de demanda, capacidade constante e gestão de demanda). A política de acompanhamento de demanda tem um impacto maior nos estoques, na programação de atividades e nos ajustes necessários na capacidade. A política de capacidade constante enfatiza a gestão de estoques, mas não faz ajustes de capacidade. A política de gestão de demanda enfatiza a gestão de estoques e o ciclo de vida do produto, tanto do lançamento de novos produtos quanto da retirada de produtos do mercado.

De maneira geral, o papel da previsão na elaboração de planos de recursos está em definir uma quantidade global que fornece os dados de entrada para agregar informações, viabilizando o plano de recursos.

As variáveis para determinar a capacidade baseiam-se na medida ou estimativa da demanda que é solicitada ao sistema, improdutividade e deterioração de recursos e em estratégias para absorver demanda.

PCP multimídia

Filme

A Costa do Mosquito (*Mosquito Coast*, Estados Unidos). DIR: Peter Weir. O filme apresenta uma família que abandona a civilização para viver unicamente do que consegue produzir. *Motivo*: permite uma reflexão a respeito das necessidades da vida moderna em contraste com a capacidade do ser humano em realizar por si mesmo o que precisa para sobreviver.

Livro

KLINK, Amyr. *Cem dias entre o céu e o mar*. São Paulo: Companhia das Letras, 1995.

Verificação de aprendizado

O que você aprendeu? Faça uma descrição de 10 a 20 linhas do seu aprendizado.

Os objetivos de aprendizado declarados no início foram atingidos? Responda em uma escala 1 a 3 (1. não; 2. parcialmente; 3. sim). Comente a sua resposta. O que pode ser melhorado em sua opinião?

Referências

MONKS, J. G. *Administração da produção.* São Paulo: McGraw-Hill, 1987.

NAHMIAS, S. *Production and operation analysis.* 4a ed. Nova York: McGraw-Hill, 2001.

SHIMIZU, T. *Decisão nas Organizações.* São Paulo: Atlas, 2001.

SOUSA, T. B.; CAMPAROTTI, C. E. S.; GUERRINI, F. M. ; SILVA, A. L.; AZZOLINI JUNIOR, W. An overview of the Advanced Planning and Scheduling Systems. *Independent Journal of Management & Production,* v. 5, p. 1032-1049, 2014.

WILD, R. *Operations Management:* a policy framework. Oxford, England: Pergamon Press, 1980.

Capítulo 5

ADMINISTRAÇÃO DE ESTOQUES

Fábio Müller Guerrini
Renato Vairo Belhot
Walther Azzolini Júnior

Resumo

Historicamente, as técnicas de controle de estoque foram desenvolvidas isoladamente, tais como reposição periódica, custos de estoques que congregam os custos de pedir, e custos de armazenar, a partir dos quais se obtém o Lote Econômico de Compra. A curva ABC é adequada para definir as categorias dos materiais e a heurística Silver Meal é utilizada para avaliar as alternativas de compra de materiais.

Palavras-chave: Administração de estoques; custos de estoques; PCP.

Objetivos instrucionais (do professor)

❖ Apresentar as variáveis e as técnicas que envolvem a administração de estoques.

Objetivos de aprendizado (do aluno)

❖ Aplicar as diferentes técnicas e os modelos matemáticos para administrar estoques.

❖ Identificar os diversos custos envolvidos na manutenção de estoques; conhecer as políticas de reposição de estoques e sua modelagem.

❖ Aplicar a classificação ABC em custos de estocagem e outras medidas de desempenho.

❖ Calcular o Lote Econômico de Compra e entender a sua importância na composição do custo total.

❖ Reforçar a inter-relação entre a qualidade, a previsão de vendas, estoques e custos.

❖ Representar gráfica e analiticamente o comportamento dos estoques no tempo.

Introdução

Estoque é a acumulação armazenada de recursos de um processo de transformação; um produto fabricado e ainda não vendido ou um recurso ocioso que possui valor econômico. A sua função é compensar as diferenças entre a velocidade de fornecimento e demanda. Estoques podem ser mantidos em diferentes etapas do processo de produção, cada um com uma finalidade específica. Nas empresas industriais, o controle de estoques de matérias-primas (insumos) e de produtos acabados são os focos de problemas cotidianos da coordenação entre a previsão de vendas e a produção. As perdas de estoques influenciam diretamente o desempenho da empresa.

Para administrar estoques o primeiro passo é considerar como se dará a reposição de estoques, que é determinada a partir de três parâmetros: o tempo de ressuprimento, referente ao período entre a colocação do pedido de reposição e a chegada do insumo; o lote de reposição, referente à quantidade a ser pedida; e o ponto (ou nível) de ressuprimento, que determina o limite de utilização dos estoques, a partir do qual se coloca o pedido de reposição.

Outro aspecto importante é reconhecer os diferentes tipos de estoques existentes. O estoque de segurança é utilizado para absorver as incertezas de demanda; o estoque de ciclo ocorre quando um ou mais estágios da operação não pode fornecer todos os itens que produz simultaneamente; o estoque de antecipação também compensa incertezas de demanda; o estoque no canal de distribuição ocorre, pois o item não pode ser transportado instantaneamente entre o ponto de fornecimento e demanda.

Para dimensionar os estoques tanto em seu tamanho quanto em custo utilizam-se métodos usuais (lote econômico de compra, reposição periódica e curva ABC) ou modelagem matemática, tal como a heurística Silver Meal, utilizada quando há variação de demanda.

A Figura 5.1 apresenta o modelo de conceitos para administrar estoques que será utilizado neste capítulo.

Caso

Administração de estoques utilizando a metodologia de Goethe

Grande parte das técnicas existentes de PCP surgiu a partir da observação atenta às necessidades da produção. Há um pensamento de Johann Wolfgang von Goethe que pode ser aplicado a quase todos os problemas (e, particularmente, para os problemas de administração de estoques): *"Em cada olhar, uma reflexão; em cada reflexão, uma análise; em cada análise, uma síntese."*

As técnicas para a administração de estoques são a comprovação mais contundente do pensamento de Goethe. A maioria das técnicas surgiu para resolver problemas específicos: a quantidade a ser comprada, que originou o conceito de Lote Econômico

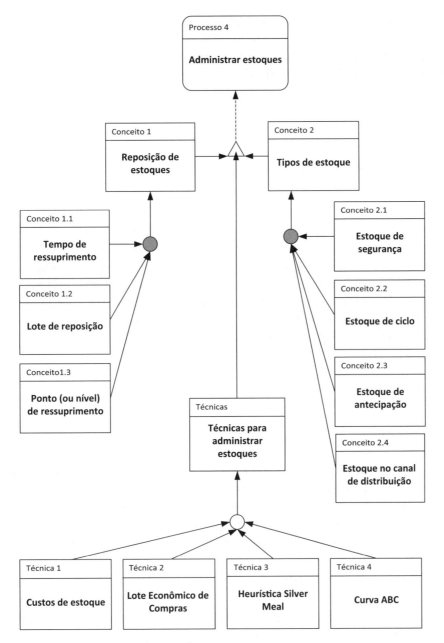

Figura 5.1: Modelo conceitual para administrar estoques.

de Compra; a prioridade de compra e negociação com fornecedores, que originou a Curva ABC, entre outras técnicas.

Para comprovar essa afirmação, a partir desse pensamento de Goethe, pode-se analisar o sistema de planejamento e controle de estoques de uma rede de *fast food* do tipo McDonald's.

Em primeiro lugar, utilizam-se as estruturas de Ray Wild para visualizar o processo. Nesse caso, por possuir estoque de matéria-prima e estoque de produtos acabados (mas que tentam ser minimizados a todo o momento), a estrutura mais adequada para representá-lo seria a EOE (Estoque-Operação-Estoque) (Figura 5.2).

Figura 5.2: EOE (fabricação de estoque para estoque).

O processo começa com a constituição de estoque de matérias-primas no início da semana. Em seguida, há a operação de produzir o sanduíche e as batatas fritas e, finalmente, constitui-se o estoque de produtos finais que servem para atender ao cliente.

Mas será que é sempre assim? Por exemplo, um sanduíche que sai muito pouco só deve ser feito quando alguém pede. Se for assim, a estrutura é outra, pois não haverá um estoque de produto acabado. Quando a operação de "fazer o sanduíche" termina, ele é entregue diretamente ao cliente. Nesse caso, a estrutura apropriada é a EOC (fabricação sob encomenda com estoque de insumos) (Figura 5.3).

Figura 5.3: Estrutura EOC.

Quais informações podem ser obtidas dessas duas situações? A principal é que há duas estruturas de fabricação diferentes para o funcionamento dessa loja de *fast food*, e isso demanda certo nível de organização para atender prontamente ao pedido. Mas, ao mesmo tempo, o processo muda pouco de um sanduíche para o outro, somente na montagem final em função dos ingredientes. Ou seja, existe uma padronização bem elaborada de todo o processo.

Portanto, o que essa loja de *fast food* fez nada mais foi do que aplicar os princípios fordistas de produção no planejamento e controle de produção de sanduíches.

A padronização foi conseguida primeiramente em uma linha de montagem industrial por Henry Ford. E em relação a estoques, Ford percebeu que não adiantava comprar matéria-prima além das necessidades imediatas. Ele só comprava o que o programa de produção exigia. Ford percebeu que o estoque é um recurso ocioso que possui valor econômico e que pode vir a ser utilizado, mas encontra-se momentaneamente sem aplicação.

É curioso notar como, muitas vezes, quando se aborda o planejamento e controle de produção, trata-se, de fato, do "planejamento e controle de estoques". Mas para refletir voltemos ao pensamento de Goethe. Por que isso ocorre?

ELSEVIER CAPÍTULO 5 – ADMINISTRAÇÃO DE ESTOQUES 153

Essa confusão ocorre porque os sistemas de PCP nasceram a partir de um conjunto de técnicas isoladas de controle de estoque, e a programação de produção surgiu da necessidade de alocar os recursos ao longo do tempo.

O estoque pode ser mantido para antecipar a demanda, da qual se tem uma informação incompleta sobre a quantidade e o momento de ocorrência. O estoque permite coordenar a obtenção (compra/recebimento) e consumo (uso na fabricação) de matérias-primas, e, em uma situação de uso da capacidade total, pode ser usado para alterar a capacidade de produção.

O caso da loja *fast food* é de um processo relativamente simples, pois não há estoque de produtos em processo e pouco estoque de produtos semiacabados. Esse tipo de estoque normalmente ocorre quando há certa complexidade envolvida na fabricação do produto.

No caso de uma empresa de bens de capital, na qual os produtos dependem de um projeto único para serem fabricados, e dada a magnitude do produto final, é difícil estocar o produto final em quantidade maior que a unidade, e a situação é bem diferente, conforme se verificará no item a seguir.

Uma empresa de bens de capital

Certa vez, em uma visita a uma empresa de bens de capital em Araraquara era possível ver uma diversidade grande de produtos. Havia uma locomotiva recém-acabada; uma turbina de usina hidrelétrica que estava parada há dez anos porque a usina de Itaipu atrasara o cronograma de instalação das turbinas; um gigante sendo fabricado, que é instalado em portos para levantar navios para a manutenção.

Mas para produtos dessa magnitude, muitos cuidados têm de ser tomados. O primeiro é que o projeto tem de ser bem detalhado, pois qualquer engano pode comprometer a fabricação do produto. Em função desse projeto é que será levantada a lista das matérias-primas necessárias alocadas em um horizonte de tempo.

Esse tipo de produto é chamado pelos engenheiros da empresa de "obra", pois, dado o vulto dos recursos necessários e de sua complexidade para fabricá-lo, caso haja algum erro durante a fase de fabricação, o projeto terá de ser alterado para não comprometer os recursos materiais envolvidos.

No processo de fabricação, a precisão na regularização de uma superfície de uma peça e a inspeção dependem, em grande parte, da habilidade manual e da acuidade visual do operário.

No caso desse tipo de produto, há estoques intermediários de produtos em processo e estoques de produtos semiacabados, como as submontagens que vão compor o produto final (por exemplo, uma turbina de usina hidrelétrica). E pensando nas estruturas de Wild novamente, como essa operação poderia ser representada?

Em uma primeira aproximação, a fabricação é por encomenda pura (DOC) (Figura 5.4), ou seja, somente com a encomenda de um cliente os recursos serão mobilizados para então começar o processo de fabricação.

Figura 5.4: DOC (fabricação por encomenda pura).

Mas esse tipo de produto tem outro problema: para ser transportado a seu destino, um estudo de logística precisa ser feito em termos de estradas e pontes e horários pelos quais ele passará. A estrutura mais adequada para esse caso seria a DFO, pois depende da encomenda de um cliente para que os recursos sejam mobilizados e então começar o processo de transporte (Figura 5.5). O caminhão que fará o transporte pode ser de terceiros, não precisa, necessariamente, pertencer à empresa (são custos desnecessários).

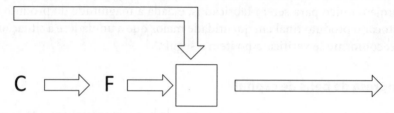

Figura 5.5: DFO (insumo específico, fabricação e operação).

É importante notar que a estrutura DFO não é uma estrutura de fabricação, ela está relacionada com as estruturas de transporte e serviços, na classificação de Wild.

Nessa fábrica de gigantes, qualquer erro no dimensionamento dos recursos necessários e no planejamento e controle de estoque e entrega ao cliente pode tornar-se também um problema gigante, porque as duas estruturas coexistem e têm problemas e formas de gestão diferentes (sistemas híbridos).

Fabricante de móveis

Em um fabricante de móveis e utensílios decorativos de fibras naturais (junco, palha e vime) no interior de São Paulo pode-se verificar as consequências com os estoques de matérias-primas e de produtos finais, do trabalho sem uma previsão de demanda e projeto do produto. Essa fábrica é, na realidade, uma fábrica de fundo de quintal que possui uma loja de dois pavimentos na frente do terreno. Ao todo, a loja deve ter uns 500 m².

O pessoal que trabalhava para ela era muito talentoso e criativo, havia até gaiola de passarinho feita com galho de árvore. Além disso, a proprietária mostrou que estava com a documentação necessária para exportar os produtos para a Alemanha.

A fábrica e a loja estavam abarrotadas de produtos e matérias-primas a tal ponto que para andar pelo local existiam corredores estreitos. E não havia critério para a separação das matérias-primas. Os estoques de matérias-primas (palha, junco e vime) ficavam amontoados em todos os cantos. Na parte de cima onde ficava a loja, os produtos finais eram empilhados um em cima do outro, e era difícil conseguir ter noção da estética do produto.

O problema ali era claro. Como esse tipo de produto é artesanal, as pessoas só se preocupavam em "criar" e "fazer" sem levar em consideração a demanda pelos produtos acabados. Por não terem noção da demanda de cada um dos produtos finais, eles compravam matéria-prima em grande quantidade para que não houvesse falta. Entretanto, como o material estava espalhado por todo o terreno, eles não tinham a noção exata da quantidade em estoque e do que precisava ser comprado. As pequenas e microempresas, de modo geral, têm problemas dessa natureza. Por desconhecerem as técnicas, não conseguem otimizar os recursos.

Por exemplo, o estoque de matérias-primas depende do tempo de espera para receber os pedidos, da taxa de consumo, investimento exigido e características físicas de estoque. Essa fábrica não levava em consideração esses fatores. Como o que interessava era só produzir e criar novos produtos, a empresa não balanceava a necessidade de estoques de matérias-primas com as vendas efetuadas.

Como não havia projeção de vendas, o estoque de produtos acabados também era constituído de forma caótica.

Normalmente, para uma demanda que apresenta variação razoável, é necessário manter uma quantidade de itens em estoque para compensar as incertezas de demanda ou suas flutuações. Esse tipo de estoque é conhecido como estoque isolador ou estoque de segurança. A síntese do que ocorria nessa fábrica pode ser observada nesta frase de autoria desconhecida:

Prática é quando as coisas funcionam e ninguém sabe o porquê. Teoria é quando as coisas não funcionam, mas você sabe por quê. Aqui nesse recinto uniu-se a prática e a teoria: as coisas não funcionam e não se sabe por quê.

Compreendendo as variáveis

Tipos de estoques

Na administração de estoques, em qualquer operação que dependa da manutenção de estoques, é importante saber diferenciar os tipos de estoques. Cada tipo de estoque possui uma dinâmica própria.

Uma padaria produz vários tipos de produtos, mas ela não pode produzi-los todos ao mesmo tempo, pois o forno utilizado é o mesmo. O pão, que é o principal item de uma padaria, normalmente é produzido no início da manhã e no final da tarde, pois são os períodos nos quais ocorre maior procura por pães. Os itens como bolos, tortas e bolachas podem ser produzidos ao longo do dia e, em alguns casos, somente duas vezes por semana. O caso da padaria é bastante característico do estoque de ciclo. O estoque de ciclo ocorre quando um ou mais estágios na operação não podem fornecer todos os itens que produz ao mesmo tempo, ou porque a redução de produtos é proporcional à redução da demanda.

No caso de uma loja de itens de acabamento elétricos, a vendedora consulta o estoque pelo computador e verifica quantas unidades de um determinado produto ela tem disponível: se for em número inferior ao pedido, ela pode solicitar a outra loja do mesmo grupo. O tipo de estoque encontrado nessa situação é o estoque no canal de distribuição, que ocorre quando o material não pode ser transportado prontamente do ponto de fornecimento para o ponto de demanda, que dispõe de uma determinada quantidade por questões de custo e espaço para armazenar (é o estoque logístico).

Há produtos que, devido à sua complexidade ou mesmo situação de forneci-mento, não podem correr o risco de não ter a matéria-prima disponível. Nesse caso, constitui-se um estoque isolador ou também conhecido como estoque de segurança para absorver incertezas de fornecimento ou demanda.

Os fabricantes de cerveja mantêm um armazém em cada cidade a partir de um determinado porte para que ele funcione como centro de distribuição para os pontos de venda da cidade, que pode ser superior a 4.000 no caso de uma cidade de médio porte. Esse é o caso dos estoques no canal de distribuição, em que o material não pode ser transportado instantaneamente entre o ponto de fornecimento e o ponto de demanda.

No caso aparentemente mais simples, encontra-se o barzinho do bairro. Ele vende toda sorte de produtos, de pão e maria-mole a material escolar e anzol dinamarquês, além de bebidas de todo tipo. Nesse caso, trabalha-se com estoque de antecipação para compensar as incertezas de fornecimento e demanda, para produtos com saída mais incerta (material escolar e anzol dinamarquês), e com estoque de segurança para produtos como bebidas.

O que se percebe em comum nessas situações é que os sistemas de estoques, de maneira geral, levam em consideração os fornecedores, o estoque, a operação e a etapa de vendas. O estoque pode ser constituído em um ou mais estágios dependendo das necessidades de distribuição dos produtos.

Estoque do ponto de vista funcional

Os pontos de vista funcionais relativos a níveis de estoque dizem respeito às áreas financeira, de marketing, produção e compras.

Na área financeira a responsabilidade básica é assegurar que os fluxos de caixa sejam eficientes, garantindo que a empresa não esteja "empatando" recursos financeiros em ativos redundantes ou em excesso. Em geral, dispõe-se a manter os níveis de estoques baixos para todos os tipos de estoques, e fazer mais aplicações financeiras, porque sua visão é de dinheiro parado.

Em marketing a preocupação é com o nível de produtos acabados, visando o atendimento dos pedidos (rapidamente), uma vez que o departamento é avaliado em função do volume de vendas, e os estoques servem também para prevenir-se da eventual perda de vendas.

Em produção, a principal preocupação é com o nível de estoques de matérias-primas e produtos em fabricação. Esses estoques afetam diretamente o nível de estoque de produtos acabados, na medida em que alimentam a produção. A responsabilidade da fabricação é com a consecução do plano de produção, mantendo uma taxa alta de ocupação dos equipamentos, ou seja, de utilização da capacidade produtiva, pois é avaliada em função disso.

Em compras, a preocupação é com o estoque de matérias-primas. Ela deve assegurar a disponibilidade de matérias-primas em termos de quantidade, qualidade e prazo. Além disso, tem o objetivo de comprar a preços favoráveis. Pode adquirir quantidades em excesso, considerando-se as necessidades reais de produção, a fim de obter descontos comerciais ou porque previu a elevação nos preços ou escassez de uma determinada matéria-prima. Contudo, deve dar ciência à produção e a finanças.

Modelagem de estoques

A modelagem de estoques, sob o ponto de vista gráfico, permite obter de forma simples uma solução para problemas de estoque. O consumo se dá na forma discreta, como representado na Figura 5.6. O nível do estoque só diminui nos dias 3, 4, 6 e 7.

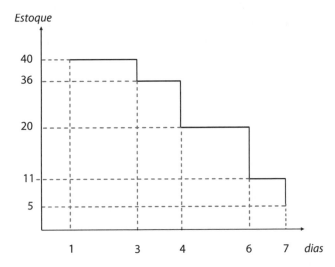

Figura 5.6: Variação do estoque.

Se for necessário determinar a demanda (λ) ocorrida no dia 3 e a demanda total nos sete dias, basta observar o comportamento da curva do gráfico. Sendo assim, λ_3 = 40 - 36 = 4 unidades e λ_{Total} = 40 - 5 = 35 unidades. Se for necessário saber a demanda média diária, é possível fazer a representação gráfica (Figura 5.7). Faz-se uma aproximação para uma curva de demanda contínua, formando um triângulo.

$$\lambda_{média} = \frac{\Delta Q}{\Delta T} = \frac{35}{7} = 5 \text{ unidades / dia}$$

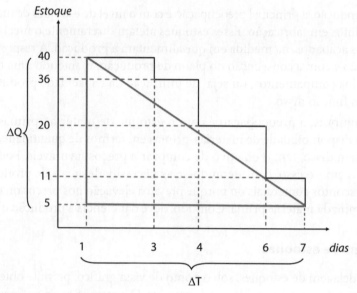

Figura 5.7: Demanda média diária.

Mas qual o estoque médio diário, nos seis dias? Faz-se a mesma aproximação para um consumo contínuo, como na Figura 5.7. O retângulo formado (pontilhado) corresponde aproximadamente ao estoque de 17,5 unidades mantidas em cada um dos seis dias (Figura 5.8).

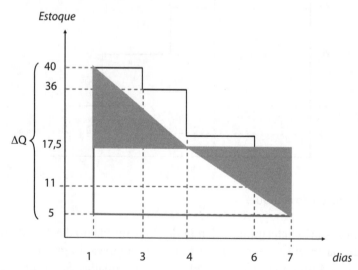

Figura 5.8: Estoque médio diário.

ET = Área do triângulo = estoque total (aproximado).

$$ET = \frac{35 \times 7}{2} = 122,5$$

Para saber o estoque médio diário basta fazer:

$$E_{médio} = \frac{105}{6} = 17,5 \text{ unidades}$$

É como se houvesse 17,5 unidades na média em estoque todos os dias, quando se observa o retângulo formado pela linha pontilhada.

A abordagem dos estoques do ponto de vista gráfico permite a compreensão visual do comportamento dos estoques. Mas para tratar de problemas mais complexos, é necessário o conhecimento de técnicas de controle de estoque.

Técnicas de controle de estoque

As técnicas de controle de estoque baseiam-se em modelos matemáticos desenvolvidos em sua maioria para itens de demanda independente, apesar de o comportamento da demanda de insumos ter demanda dependente, esses modelos foram usados também para esses itens. A demanda de um item é dita dependente, quando pode ser determinada a partir da demanda de outro item do qual faz parte. É o caso de insumos (dependentes) em relação ao produto final (independente). Os modelos matemáticos disponíveis para itens independentes são utilizados para reposição de estoques, definição de estoque mínimo e custos de estoque.

O sistema de estoque mínimo também é conhecido como sistema de duas gavetas. O lote econômico de compras que é obtido a partir da diferenciação da equação do custo total de estoques representa a quantidade associada ao mínimo custo total. O sistema de revisão periódica considera constante o período de tempo entre pedidos de reposição consecutivos, e variável a quantidade pedida em cada reposição de insumos.

Reposição de estoques

Os gerentes de produção possuem uma atitude paradoxal sobre os estoques. Os custos de manter estoques são altos, e o item estocado envolve um capital empatado que poderia estar sendo utilizado em outros processos. Alguns estoques podem estar sujeitos à deterioração e, portanto, não podem ser mantidos por longos períodos de tempo. Os estoques minimizam a incerteza no processo de fornecimento e demanda, proporcionando segurança em um ambiente complexo.

Os custos de manutenção e as vendas perdidas são muitas vezes ignorados por não serem registrados na contabilidade das empresas. Frequentemente, mesmo as grandes empresas não possuem informações gerenciais sobre os custos de excesso ou falta de estoques em um determinado período de produção.

Por falta de conhecimento das incertezas inerentes aos processos, os erros podem originar custos desnecessários. A formação de estoques de segurança de maneira empírica, a utilização de metas de vendas como previsão de demanda e a antecipação de pedidos de compras são os problemas mais frequentes.

O dimensionamento de estoques está inserido no contexto da administração de materiais. É a partir da gestão de estoques que é utilizada a prioridade estabelecida pela curva ABC, para classificar os materiais, conforme o investimento financeiro correspondente. O dimensionamento de estoques estabelece os critérios de colocação do pedido de compras e quantifica os lotes de compra (Figura 5.9).

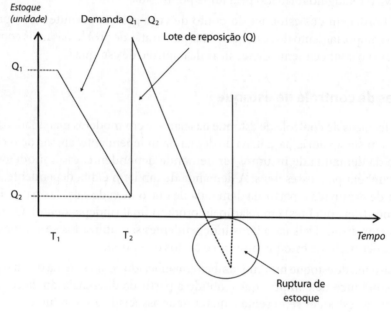

Figura 5.9: Reabastecimento de estoque – lote de reposição constante (Q).

A colocação do pedido de reposição de estoques, também conhecida como "dente de serra", é um método que faz a relação entre a quantidade em estoque e o tempo. A ideia básica é estabelecer um nível mínimo de estoque a partir do qual é emitida uma ordem de compra de materiais enquanto o nível de estoque é estabelecido conjuntamente com o tempo necessário para a demanda do material antes de o estoque chegar ao fim.

O ponto (ou nível) de ressuprimento é o momento de colocação do pedido de compra ou fabricação para reabastecer o estoque. Deve ser estabelecido com o objetivo de garantir que o reabastecimento de estoque ocorra antes de o estoque esgotar-se. O tempo de ressuprimento ou *lead time* do pedido ou do tempo de fabricação é o intervalo de tempo decorrido entre o ponto de ressuprimento e o reabastecimento de estoque (Figura 5.10).

Com a colocação do pedido de compra ou de fabricação realizada no ponto de ressuprimento, garante-se, teoricamente, que no momento que o estoque zerar imediatamente a quantidade de material estocada eleva-se ao nível inicial. A partir daí, inicia-se um novo ciclo, e esse estoque vai decrescendo até que um novo pedido de reposição de material seja feito.

O tempo de ressuprimento é um fator de incerteza influenciado pela quebra de máquinas, greves no setor de transporte e, inclusive, a falta de itens por parte do

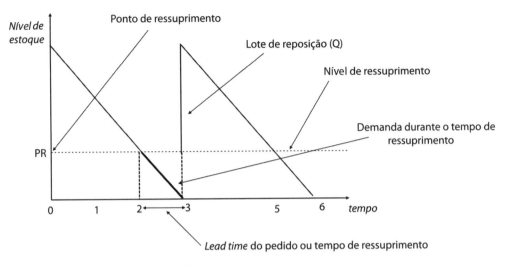

Figura 5.10: Reabastecimento de estoque.

fornecedor. Para minimizar essas incertezas é importante mensurá-las sistematicamente avaliando a magnitude e a frequência desses atrasos. Para determinar os tempos de ressuprimento, devem ser levados em consideração os seguintes períodos:

- **Tempo de ressuprimento de reposição**: indica-se a data de colocação do pedido subtraindo-se da data de abertura da requisição.
- **Tempo de ressuprimento do fornecedor**: data de recebimento do pedido menos a data de colocação do pedido.
- **Tempo de ressuprimento de análise**: data de liberação do pedido menos a data de recebimento do pedido.

O tempo de ressuprimento total será obtido com a soma dos tempos de ressuprimento de requisição, fornecedor e análise. A incerteza está presente no tempo e na quantidade recebida que pode ser inferior à quantidade solicitada. Em se tratando do ambiente de fábrica, a solicitação feita para o setor de produção pode ser uma consequência do rendimento dos processos de produção abaixo do esperado.

Outra situação possível é quando alguns lotes recebidos são reprovados por problemas de qualidade. Para minimizar as incertezas sobre a quantidade fornecida, utiliza-se um indicador que é obtido da relação entre a quantidade efetivamente disponível e a quantidade pedida. Deve-se calcular a média e o desvio-padrão para o dimensionamento adequado do estoque de segurança. Há duas possibilidades de o controle de estoque ocorrer pelo ponto de reencomenda: reencomenda por quantidade fixa ou por quantidade variável.

A reencomenda por quantidade fixa inicia com o ponto de reposição de estoques onde, com o decorrer do tempo, o nível de estoque diminui até um determinado nível no qual é disparada uma ordem de compra para a reposição do estoque. Esse ponto é conhecido como ponto de reposição e leva em conta o tempo que demora para a reposição chegar à empresa (Figura 5.11).

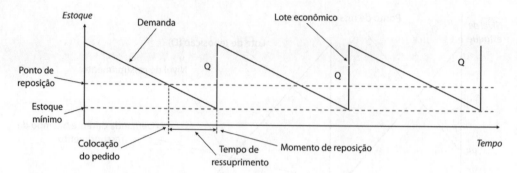

Figura 5.11: Reencomenda por quantidade fixa.

Na reencomenda por quantidade variável o pedido é feito com o consumo do item de estoque, e a verificação é feita periodicamente (Figura 5.12).

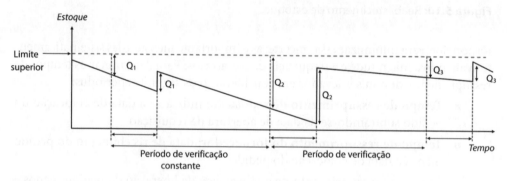

Figura 5.12: Reencomenda por quantidade variável.

O sistema de reencomenda por quantidade variável é o que demanda menor controle e maior estoque, enquanto o sistema por reencomenda por quantidade fixa é feito com maior controle e menor estoque.

Sistema de estoque mínimo

O estoque mínimo ou ponto de pedido deve observar a demora no recebimento do material pedido ou o tempo de fabricação de um produto (tempo de ressuprimento) e as variações de demanda nesse período. Como as flutuações de demanda e os atrasos no fornecimento ou na fabricação são pouco previsíveis, um artifício muito utilizado para evitar a falta de estoques é a criação de um estoque de reserva, também conhecido como estoque de segurança.

Esse estoque de segurança (ES), ou Estoque de Reserva (ER), como também é conhecido, deve ser dimensionado para absorver as flutuações de demanda durante o período de reposição. Ele envolve custos, por isso precisa ser otimizado, pois a ideia é de que não seja utilizado normalmente (é só segurança/proteção).

No estoque mínimo a quantidade adicionada ao estoque é sempre constante e igual a Q unidades (lote de reposição). O tempo decorrido entre o pedido de reposição de estoque até a chegada do material ao estoque é chamado de tempo de ressuprimento. O período de tempo entre pedidos consecutivos de reposição de estoque é variável (depende da demanda).

Veja a demanda que ocorre nos intervalos de tempo $t_1 - t_2$ (d_1) e $t_j - t_k$ (d_2). Adotando-se que o estoque mínimo é a multiplicação do consumo pelo tempo (EM = λ.t), parte dos pedidos de reposição seria recebida após todo o estoque ter se esgotado. O dimensionamento correto do estoque de segurança é feito utilizando-se a estatística.

De forma simplificada, o estoque de segurança é igual ao número máximo de unidades saídas do estoque durante o tempo de suprimento, subtraído do número médio de saídas do estoque durante o tempo de suprimento:

$$ES = (\lambda_{max}.t) - (\lambda.t)$$

A Figura 5.13 representa a nomenclatura a ser considerada no estoque mínimo.

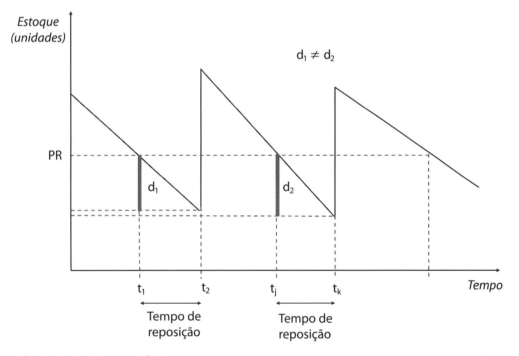

Figura 5.13: Estoque mínimo.

Estoque de segurança a partir do fluxo do PCP

Quando se considera a determinação de estoque de segurança integrado ao fluxo de informações do PCP, a utilização da previsão de demanda como dado de entrada permite incorporar as variações de demanda devido a sazonalidade e tendência de crescimento.

Dessa forma, o estoque de segurança pode ser considerado da seguinte maneira: se a cobertura de estoques for maior que o tempo de ressuprimento ou as falhas na quantidade fornecida não forem relevantes, os parâmetros de estoque de segurança devem garantir as variabilidades durante o tempo de ressuprimento, mas considerando-se o erro de previsão com variabilidade no tempo de ressuprimento.

O estoque de segurança, dessa maneira, seria relativo ao nível de esforço desejado da previsão de demanda, da relação entre a demanda e a previsão de demanda e do tempo de ressuprimento a partir da requisição, do fornecedor e da análise. Isso permite quantificar os custos que os erros de previsão geram para a empresa.

O gerenciamento do risco de manter estoques considera a localização de estoques (maior ou menor grau de centralização) e o encadeamento das operações de produção ao longo do tempo (produção para estoque ou produção contra pedido). As análises do perfil de variabilidade da demanda indicam o potencial para a redução dos estoques de segurança, considerando-se as características da operação, do produto e do mercado. Calcula-se o desvio-padrão e o coeficiente de variação, para determinar o grau de previsibilidade da demanda.

Questões

1. Dê exemplos e diferencie os seguintes tipos de estoque: estoque em processo, estoque de segurança e estoque de ciclo.
2. Como os custos podem afetar a manutenção de estoques?
3. Qual sistema de estoque é apropriado nestas situações: restaurante da universidade, verduras da república, encher o tanque de combustível do carro.
4. Obtenha a formula do Lote Econômico de Compra a partir dos custos de totais de estoque. O cálculo do Lote Econômico de Compra (LEC) com mínimo custo é obtido derivando o custo total em relação a Q e igualando a zero.
5. Quais seriam as considerações que você faria para a adoção da reposição de estoque por quantidade fixa ou por período constante?
6. Como você trataria a reposição de estoque quando é possível haver variação de demanda e variação de tempo de ressuprimento?

Aplicação

Custo dos estoques

Os custos dos estoques são avaliados pelos custos totais e pelo lote econômico de compras. Adicionalmente pode-se classificar os estoques utilizando a curva ABC.

ELSEVIER

Custos totais

Os custos relacionados com estoque podem ser classificados em custo do pedido, custo de armazenagem e custos totais.

Os custos do pedido incluem os custos fixos administrativos incorridos ao se efetuar e receber um pedido – o custo de preencher um pedido de compra, de processar o serviço burocrático, de verificação e inspeção. O custo de pedido é normalmente expresso em (\$/pedido). O custo do pedido é calculado pelo quociente entre a demanda do produto em unidades por período (λ) multiplicado pelo custo de pedido (C_p) e a quantidade do pedido (Q), da seguinte forma:

$$C_{pedir} = \frac{\lambda.C_p}{Q}$$

Os custos de armazenagem são custos variáveis por unidade mantida em estoque durante um período determinado de tempo. Esses custos são definidos, geralmente, em termos de valor por unidade por período. Ele inclui o custo de estocagem, custo de seguro, o custo de deterioração e obsolescência, e o custo de oportunidade de empatar o dinheiro em estoque. O custo de oportunidade é um componente do custo financeiro, que expressa o custo dos retornos que deixaram de ser obtidos por ter-se efetuado o investimento no estoque, em que considera-se o estoque médio multiplicado pelo custo de armazenagem por unidade por período (C_a):

$$C_{armazenar} = \frac{Q}{2}.C_a$$

O custo total de estoque é definido como a soma dos custos de pedido e dos custos de armazenagem. São importantes na determinação do Lote Econômico de Compra. O custo total é uma composição do "custo do pedir" e "custo de estocagem":

$$CT = \left(\frac{\lambda}{Q}\right).C_p + \left(\frac{Q}{2}\right).C$$

Lote econômico de compra

O intervalo de tempo entre colocações de pedidos é tradicionalmente calculado a partir do rearranjo da equação do Lote Econômico de Compra, a qual é obtida a partir da equação do custo total. O cálculo do Lote Econômico de Compra (LEC), com mínimo custo, é feito derivando o custo total em relação a Q e igualando a zero. Assim:

$$\frac{\partial CT}{\partial Q} = \frac{\partial\left(\left(\frac{\lambda}{Q}\right).C_p\right)}{\partial Q} + \frac{\partial\left(\left(\frac{Q}{2}\right).C_a\right)}{\partial Q}$$

Igualando os termos a zero tem-se:

$$\frac{\partial CT}{\partial Q} = \frac{-\lambda C_p}{Q_E^2} + \frac{C_a}{2} = 0 \Rightarrow \frac{C_a}{2} = \frac{\lambda \cdot C_p}{Q_E^2}$$

$$Q_E^2 = \frac{2\lambda \cdot C_p}{C_a} \Rightarrow Q_E = \sqrt{\frac{2\lambda \cdot C_p}{C_a}}$$

A representação do que ocorreu quando a derivada foi igualada a zero está indicada na Figura 5.14.

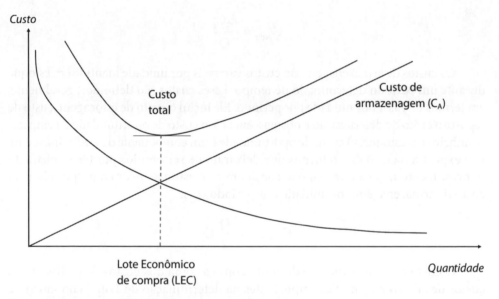

Figura 5.14: Lote Econômico de Compra (LEC ou Q_E).

Exemplo de aplicação

Fonte: Adaptado de Gaither e Frazier (2002).

A Parcon armazena itens hidráulicos, vendidos a lojas do ramo. O gerente verifica o que poderia ser economizado anualmente se fosse usado o LEC em vez de regras empíricas da empresa. Ele realiza uma análise somente de um material (uma peça de latão). As seguintes estimativas a partir das informações contábeis são apresentadas: λ = 1.500 válvulas por ano, Q = 500 válvulas por pedido (quantidade pedida anual), C_a = \$0,50 de custo de estocagem por válvula por ano, e C_p = \$6,00 por pedido. **Pede-se:** Avalie a alternativa do uso de LEC.

Resolução

Passo 1: Calcule os custos anuais totais de estocagem presentes.

$$C_{pedir} = \frac{.C_p}{Q} = \frac{1500.6}{500} = \$18$$

$$C_E = \frac{Q}{2}.C_a = \frac{500}{2}.0,5 = \$125$$

$$CT = 18+125 = \$143$$

Passo 2: Calcule o LEC.

$$Q_E = LEC = \sqrt{\frac{2\lambda \cdot C_p}{C_a}} = \sqrt{\frac{2 \cdot 1500.6}{0,5}} = 187,7 \tilde{~} 190 \text{ válvulas}$$

Passo 3: Calcule os custos anuais se o LEC fosse empregado.

$$CT_{otimizado} = \left(\frac{\lambda}{Q}\right).C_p + \left(\frac{Q}{2}\right).C_a = \left(\frac{1500}{190}\right).6 + \left(\frac{190}{2}\right).0,5 = \$94,90$$

Passo 4: Calcule as economias estimadas em termos de custos de estocagem.

$$Economia = 143 - 94,9 = 48,1$$

Observação: O número de pedidos por ano aumenta, e o custo de estocagem por ano diminui, daí a economia.

Passo 5: A que conclusão você chegou?

Deve-se adotar o Lote Econômico de Compra, pois a diferença no custo total é significativa.

Modelo por reposição periódica

Para o dimensionamento de estoques pelo sistema de reposição periódica, considera-se como constante o período de tempo entre pedido de reposição consecutivos, e como variável a quantidade pedida em cada reposição. O período de tempo entre os pedidos deve ser estabelecido com o objetivo de obter em média uma quantidade igual ao lote econômico. Esse período é chamado de T_E, é obtido a partir do isolamento dessa variável na equação do Lote Econômico de Compra:

$$T_E = \frac{LEC = \frac{1}{\lambda}\sqrt{\frac{2\lambda.C_p}{C_a}}}{\lambda}$$

$$\frac{LEC}{\lambda} = \frac{Quantidade}{Quantidade/tempo}$$

Se os pedidos forem efetuados em períodos próximos ao período econômico, o acréscimo do custo total será muito pequeno. Essa observação é válida também para o sistema de estoque mínimo. Assim, se o cálculo econômico indicar como mais econômica a reposição de estoques a cada 50 dias e que se efetue entre 45 e 55 dias, o acréscimo será pequeno. Na prática isso é importante, pois facilita o procedimento de compra se forem encomendados diversos itens simultaneamente. A mesma consideração vale para os estoques de produtos acabados. Dessa forma, o pedido fica: M = Q + q, onde Q é o lote de compra e q é o nível atual de estoque. Essa quantidade M deve ser suficiente para o consumo durante (T_E + t) dias, ou seja, até ser recebido o lote encomendado. Portanto: M = λ (T_E + t) + ER. A Figura 5.15 representa a reposição periódica de estoques.

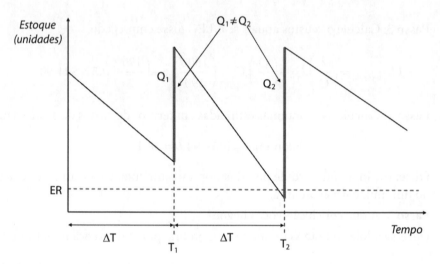

Figura 5.15: Reposição periódica de estoques.

Neste sistema, o estoque de reserva deve ser maior que no de estoque mínimo, uma vez que deve oferecer proteção para as variações de demanda durante o período de tempo de espera mais o período entre pedidos sucessivos de reposição de estoque.

Exemplo de aplicação

Seja o seguinte comportamento do estoque (Figura 5.16). **Pede-se:** Expresse ET_2, a partir de ET_1 e das demandas ocorridas.

Resolução

$$ET_2 = ET_1 - D_1 + Q - D_2$$
$$ET_2 = ET_1 + Q - (D_1 + D_2)$$

Portanto: $E_{final} = E_{inicial}$ + Lote de Reposição − Demanda

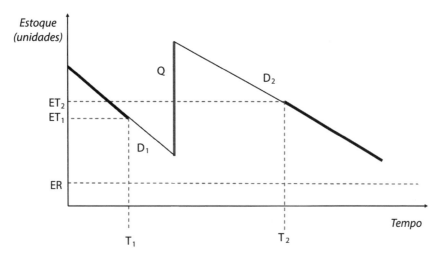

Figura 5.16: Curva de estoque.

Mas, na administração de estoques, os problemas podem ser mais complexos, como por exemplo: Qual ou quais itens do produto devem ser mantidos em estoque? Qual o tamanho do lote do produto a ser pedido em cada compra? Quando o pedido deve ser feito? Vamos tomar como exemplo uma situação de decisão sobre o tamanho do lote a ser adquirido, com desconto por quantidade e quando a demanda é constante.

Exemplo de aplicação

Fonte: Adaptado de Shimizu (2001).

Uma empresa de software adquire mídias. Não é permitida a ocorrência de falta desse produto, e a entrega do pedido é instantânea. A demanda é constante, à taxa de demanda de 1.200 unidades por mês (25 dias). O custo fixo para um pedido de compra é constante e igual a C_2 = $700. O custo C_3 para armazenar a unidade do produto, por mês, é igual ao preço de aquisição C_1 do produto. O produto pode ser adquirido de dois fornecedores: FIX, com preço fixo, e DESC, que oferece desconto pela quantidade adquirida. O preço unitário de FIX é de R$6,00. Já no caso de DESC, para um pedido de até 539 itens, o preço unitário é de R$6,50; na faixa entre 540 e 699 itens, o preço unitário é de R$6,00; e acima de 699, o preço unitário é de R$5,50.

Pede-se: Escolha o fornecedor que oferece o menor custo total para administrar o estoque, usando o LEC.

Resolução

Fornecedor FIX

Preço unitário fixo de $6,00 para qualquer quantidade comprada

$$\text{Lote Econômico de compra}: Q_E = LEC = \sqrt{\frac{2\lambda \cdot C_p}{C_a}}$$

$$\text{Lote Econômico: } LEC = \sqrt{\frac{2.700.1200}{6}} = 529 \text{ unidades}$$

$$\text{Custo total}: CT = C_1 . \lambda + \left(\frac{\lambda}{Q}\right).C_2 + \left(\frac{Q}{2}\right).C_3$$

$$\text{Custo total: } CT = 6.1200 + \left(\frac{1200}{529}\right).700 + \left(\frac{529}{2}\right).6 = \$10.374,90$$

Devem ser efetuadas: $N = \dfrac{\lambda}{Q} = \dfrac{1200}{529} = 2,26$ compras por mês, ou seja, a cada:

$$T_E = \frac{LEC}{\lambda}.25 = \frac{529}{1200}.25 = 11,02 \text{ dias}$$

Fornecedor DESC

Caso 1: Preço unitário $C_1 = \$6,50$, para quantidade de 0 a 539 unidades

Temos $C_3 = C_1 = 6,50$ e

$$LEC = \sqrt{\frac{2.700.1200}{6,50}} = 508 \text{ unidades}$$

$$CT = 6,50.1200 + \left(\frac{1200}{508}\right).700 + \left(\frac{508}{2}\right).6,5 = \$11.104,54$$

Nesse caso, devem ser efetuadas:

$$N = \frac{\lambda}{Q} = \frac{1200}{508} = 2,23 \text{ compras por mês, ou seja, a cada}:$$

$$T_E = \frac{LEC}{\lambda}.25 = \frac{508}{1200}.25 = 10,6 \text{ dias}$$

Caso 2: Preço unitário $C_1 = \$6,00$, para quantidade de 540 a 699 unidades

Temos $C_3 = C_1 = 6,00$

$$LEC = \sqrt{\frac{2.700.1200}{6}} = 529 \text{ unidades}$$

Sendo o LEC = 529 unidades, ele está fora da faixa de desconto. Sendo assim, vamos adotar o valor mais próximo dentro da faixa, que é de 540 unidades para calcular o Custo Total.

$$CT = 6.1200 + \left(\frac{1200}{540}\right).700 + \left(\frac{540}{2}\right).6 = \$10.375,55$$

Nesse caso, devem ser efetuadas:

$$N = \frac{\lambda}{Q} = \frac{1200}{540} = 2,22 \text{ compras por mês, ou seja, a cada:}$$

$$T_E = \frac{LEC}{\lambda}.25 = \frac{540}{1200}.25 = 11,25 \text{ dias}$$

Caso 3: Preço unitário C_1=\$5,50, para quantidade acima de 699 unidades

Temos $C_3 = C_1 = 5,50$

$$LEC = \sqrt{\frac{2.700.1200}{5,50}} = 552 \text{ unidades}$$

Sendo o LEC = 522 unidades, ele está fora da faixa de desconto. Vamos adotar o valor mais próximo dentro da faixa, que é de 700 unidades, para calcular o Custo Total.

$$CT = 5,50.1200 + \left(\frac{1200}{700}\right).700 + \left(\frac{700}{2}\right).5,50 = \$9.725,00$$

Nesse caso, ao se tratar de reposição periódica devem ser efetuadas:

$$N = \frac{\lambda}{Q} = \frac{1200}{700} = 1,71 \text{ compras por mês, ou seja, a cada:}$$

$$T_E = \frac{LEC}{\lambda}.25 = \frac{700}{1200}.25 = 14,58 \text{dias}$$

Portanto, a opção DESC para a quantidade acima de 699 com LEC = 700 itens é mais viável, pois é a que apresenta o menor custo total. Observe que em nenhum caso atende-se toda a demanda em exatamente 25 dias, considerando os L_E e T_E obtidos, que servem de referência. Ajustes são necessários.

Pergunta: Mas e a situação de o tamanho do lote ser de uma demanda variável?

Resposta: Adota-se a heurística Silver-Meal.

Heurística Silver-Meal

O método Silver-Meal faz uma relação das alternativas de compra que atendem às demandas nos K períodos seguintes e escolhe a opção com o menor custo por período.

Se k não abranger o período total previsto, deve-se aplicar o método recursivamente para atender às demandas dos períodos restantes. O método do Lote Econômico de Compra (LEC) não é recomendável para demanda que apresenta flutuação. Para verificar as diferentes abordagens e a eficácia de cada método, o exemplo a seguir faz uma análise comparativa.

Exemplo de aplicação

Fonte: Adaptado de Shimizu (2001).

A previsão de demanda de um produto nas próximas semanas, em uma loja especializada em informática, é a seguinte (Tabela 5.1).

Tabela 5.1: Previsão de demanda

Semana	1	2	3	4	5	6	Total
Demanda	5	5	5	20	30	15	80

O custo do pedido é $4, e o custo de armazenagem de um *palm-top* por ano é igual a $2. **Pede-se:** Use o LEC e a heurística Silver-Meal para atender a essa demanda.

Resolução

1. **Solução pelo método do LEC considerando a demanda constante**

   A demanda total durante o período de seis semanas é $\lambda = 80$ e deve ser considerada constante. Dessa forma, o custo de armazenagem de cada produto, durante as seis semanas, passa a ser igual a $C_3 = (\$2/52) \cdot 6 = \$0,23$, considerando um ano formado por 52 semanas. Assim:

   $$\text{LEC} = \sqrt{\frac{2\lambda \cdot C_p}{C_a}} = \sqrt{\frac{2.80.4}{0,23}} = \text{unidades}$$

   Portanto, devem ser efetuadas $N = \lambda/\text{LEC} = 80/53 = 1,5 \sim 2$ compras no período de seis semanas, a primeira no início da semana 1, para atender a demanda de $5 + 5 + 5 + 20 = 35$ unidades das quatro primeiras semanas, e a segunda compra no início da semana 5, para atender a demanda restante de $30 + 15 = 45$ unidades. O custo total para administrar estoque, sem levar em conta o custo de aquisição, é:

   $$\text{CT} = \left(\frac{80}{53}\right).4 + \left(\frac{53}{2}\right).0,23 = \$12,13$$

ELSEVIER | CAPÍTULO 5 – ADMINISTRAÇÃO DE ESTOQUES | 173

2. Solução pelo método Heurístico de Silver Meal

Como vamos analisar o problema semana por semana, necessitamos do custo de armazenagem de cada produto por semana, que é $2/52 = $0,038. A compra de cinco unidades feita no início da semana 1 para atender apenas à semana 1 terá custo de armazenagem igual a $0,038. Na primeira semana, o estoque é 0, pois nenhum produto ficou estocado no início da semana 1. O custo total inclui apenas o custo do pedido efetuado. Se forem compradas 10 unidades para atender as semanas 1 e 2, o estoque armazenado será 5 unidades no fim da semana 1 e 0 no final da semana 2.

Portanto, o custo de armazenagem é $0,038. (5 + 0) = $0,19, e o custo total é $4 + 0,19 = $4,19. Esse pedido atende à demanda de duas semanas e, assim, o custo por semana é 4,19/2 = $2,09. Deve-se lembrar de que as demandas semanais são respectivamente 5, 5, 5, 20, 30 e 15, conforme o enunciado do exemplo. As quantidades possíveis adquiridas na compra efetuada no início da semana são listadas na Tabela 5.2.

Tabela 5.2: Quantidades possíveis adquiridas

Semanas atendidas	Quantidade adquirida	Custo do pedido	Estoque mantido nas semanas	Custo de armazenagem	Custo total	Custo por semana
1	5	$4	0	0	$4	$4
1 e 2	10	$4	5 + 0 = 5	$0,19	$4,19	$2,09
1, 2 e 3	15	$4	10 + 5 + 0 = 15	$0,57	$4,57	$1,52
1, 2, 3 e 4	35	$4	30+ 25+ 20+ 0 = 75	$2,85	$6,85	$1,71
1, 2, 3, 4 e 5	65	$4	60+ 55+ 50 + 30 + 0 = 195	$7,41	$11,41	$2,28
1, 2, 3, 4, 5 e 6	80	$4	75 + 70 + 65 + 45 + 15 + 0 = 270	$10,26	$14,26	$2,38

O menor custo por semana ocorre quando efetua-se a compra de 15 unidades que atende às semanas 1, 2 e 3. Para atender às três semanas restantes, é preciso efetuar a segunda compra. Repete-se o raciocínio para as demais semanas (Tabela 5.3).

Resposta: A melhor opção é comprar 65 unidades para atender às semanas 4, 5 e 6. Como essas duas compras cobrem as demandas das seis semanas, o processo termina. Devemos fazer a primeira compra de 15 unidades para atender às semanas 1, 2 e 3 a um custo de 3. 1,52 = $4,57, e fazer a segunda compra de 65 unidades para atender às semanas 4, 5 e 6 a um custo de 3. 2,09 = $6,28. O custo total para administrar o estoque usando o método Silver-Meal é $4,57 + $6,28 = $10,85. Esse custo é menor que o custo obtido usando o método do Lote Econômico, que é de $12,13.

Tabela 5.3: Determinação da segunda compra

Semanas atendidas	Quantidade adquirida	Custo do pedido	Estoque mantido nas semanas	Custo de armazenagem	Custo total	Custo por semana
4	20	$4	0	0	$4	$4
4 e 5	50	$4	30 + 0 = 30	$1,14	$5,14	$2,57
4, 5, e 6	65	$4	45+ 15+ 0 = 60	$2,28	$6,28	$2,09

Curva ABC

O surgimento da Curva ABC teve origem no Princípio de Paretto. Em 1897, Vilfredo Paretto fez um estudo sobre a distribuição de renda na Itália, constatando que 80% da riqueza estava concentrada nas mãos de 20% da população. Paretto procurou provar que distribuição de renda e riqueza na sociedade não é aleatória, e que um padrão consistente aparece em toda história, em todas as partes do mundo e em todas as sociedades. Esse princípio passou a ser denominado 80-20 (ou Curva de Paretto), e a partir da segunda metade do século XX foi difundido para diversas áreas.

A Curva de Paretto aplicada a administração de materiais surgiu na *General Eletric Corporation* e seu introdutor foi H. F. Dixie. O mérito de Dixie foi descobrir a vantagem da classificação da Curva de Paretto para a diferenciação de itens de estoque em classes A, B e C para determinar a porcentagem de materiais e a sua correspondência com o capital necessário para a sua compra.

Como os itens mais importantes são em pequeno número e representam uma grande parcela do valor total, então deve-se controlá-los rigidamente, pois a economia obtida é compensadora. Os itens de menor importância são em grande número, mas representam uma parcela reduzida do valor total, então o rigor deve ser menor. A classificação ABC pode ser usada em relação a várias unidades de medida: por peso, por tempo de reposição, por volume, por preço de venda, e para qualquer dessas unidades encontra-se uma solução específica. O mais adequado é fazer a classificação ABC pelo valor mensal, que é igual ao valor unitário x consumo médio mensal. Os valores podem se alterar, mas de maneira geral as classes são as seguintes: A: são 10% a 15% dos itens que representam cerca de 65% a 75% do investimento; B: são 25% a 30% dos itens que representam cerca de 20% a 25% do investimento; C: são 50% a 60% dos itens que representam somente 5% a 10% do investimento.

Lembrando que a vantagem de classificação ABC é permitir a diferenciação dos itens de estoque com vistas a seu controle (ou custo associado), deve-se observar: o estoque dos itens da classe A deve ser rigorosamente controlado, devendo existir um estoque de reserva o menor possível. O estoque dos itens classe B deve ter um controle menos rigoroso e um estoque de reserva médio. Os itens da classe C poderão ter pouco ou nenhum controle, com estoque de reserva com maior margem de segurança. Os passos para traçar a curva ABC são os seguintes: obter o custo total de cada item; fazer a totalização de custos; obter as porcentagens de cada item; ordenar os itens em ordem decrescente; acumular as porcentagens; traçar a curva.

O método gráfico para a obtenção da classificação ABC é o seguinte: traçar dois eixos de escalas iguais em porcentagem (de 0% a 100%); traçar a curva das porcentagens acumuladas, obtendo os pontos D e E; unir por uma reta o ponto inicial e o ponto final (D e E); traçar a tangente à curva, paralela à reta DE, obtendo os pontos F e G; traçar as bissetrizes dos ângulos DFG e FGE; marcar os pontos de separação das classes, H e I pontos onde as bissetrizes se encontram com a curva D e E (Figura 5.17).

A classificação ABC pode ser usada, com muitos benefícios, para priorizar as vendas de produtos acabados. Os dados serão: a quantidade vendida por mês e o preço de venda de cada produto acabado.

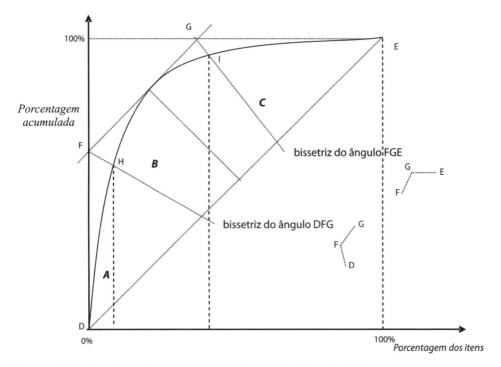

Figura 5.17: Método gráfico para a obtenção da classificação ABC.

Exemplo de aplicação

Sejam os seguintes itens, conforme a Tabela 5.4. Faça a priorização seguindo os critérios: por preço, por consumo e pela curva ABC.

Tabela 5.4: Cálculos para a curva ABC

Código do item	Preço unitário	Consumo médio (unid./mês)	Preço x qtde	(%) do valor total	Classificação	Ordem (% do item)	Código do item	% acumulada
1	1.886.60	1.096,24	2068166	52,7	1°	52,7	1	52,7
2	169	200	33800	0,9	7°	29,9	4	82,6
3	6.102,00	5,0	30510	0,8	8°	8,2	5	90,8
4	638,55	1.841,58	1175941	29,9	2°	4,1	7	94,9
5	4.553,33	70,75	322148	8,2	3°	1,5	6	96,4
6	6.207,71	9,7	60215	1,5	5°	1,3	8	97,7
7	370,20	435,91	161374	4,1	4°	0,9	2	98,6
8	937,20	56,10	52577	1,3	6°	0,8	3	99,4
9	45,20	464,41	20991	0,6	9°	0,6	9	100
		Valor total	3925722	100,0				

Resolução

A Figura 5.18 apresenta a Curva ABC para este caso:

Priorização por preço: 3; 6;5; 1; 8; 2; 7; 4; 9

Priorização por consumo: 1; 4; 7; 9; 2; 8; 3; 6

Priorização por classificação ABC: 1; 4; 5; 7; 6; 8; 2; 3; 9

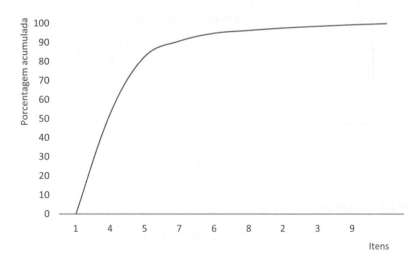

Figura 5.18: Curva ABC.

ELSEVIER   CAPÍTULO 5 – ADMINISTRAÇÃO DE ESTOQUES   177

Exercícios

1. Uma empresa tem um custo fixo de R$50,00 por pedido que efetua, independentemente da quantidade comprada. A quantidade a ser comprada em cada pedido pode ser: 1.600 unidades, 800 unidades, 400 unidades, 200 unidades ou 100 unidades. Os custos de armazenagem são de R$1,00 por unidade por ano. A demanda anual é de 1.600 unidades.
   a. Calcule o Lote Econômico, usando a fórmula.
   b. Construa um gráfico com Custo no eixo Y e Quantidade do Pedido no eixo X. Represente as curvas do Custo de Pedir, Custo de Armazenagem e Custo Total. Identifique o LEC. Para facilitar a construção do gráfico use a Tabela 5.5.

Tabela 5.5: Sistematização de tabela para resolução

Quantidade do pedido	Número de pedidos	Custo anual de pedidos	Custo anual de armazenagem	Custo total

2. Uma empresa que tem usado a fórmula LEC para determinar suas quantidades de pedidos descobriu, agora, que a demanda cresceu 50% desde o último cálculo de quantidade de pedidos ótima. Que ajustes terão de ser feitos em sua quantidade de pedidos? Que outro ajuste terá de ser feito em sua quantidade de pedido se os seus custos de manutenção de estoque crescerem 50%?

3. Em termos da classificação ABC, assinale como Falsa (F) ou Verdadeira (V):
   a. Deve-se tratar de uma maneira diferente os itens de estoque. ( )
   b. Os poucos itens da classe A merecem a aplicação de critérios rígidos. ( )
   c. O custo dos itens da classe A não é alto, pois incide em poucos itens. ( )
   d. Pode-se fazer grande economia de controle com os itens da classe C, que representam grande número e pequeno valor. ( )

4. Para os dados da Tabela 5.6, faça a classificação A,B,C e determine quais produtos pertencem a cada classe.

5. Se dois produtos têm o mesmo padrão de comportamento de demanda, porém têm tempos de ressuprimento diferentes (tempos de reposição diferentes), qual deles tem o maior ponto de reposição (maior estoque mínimo ou ponto de ressuprimento)?

Tabela 5.6: Dados para a curva ABC

Código do produto	Preço de venda ($)	Quantidade vendida (unidades)
A1	62	200
A2	198	250
A3	260	100
A4	840	10
B1	158	150
B2	425	30
C1	210	40
C2	80	120
C3	175	50
D1	33	100
D2	380	15
D3	540	12
D4	70	200
D5	300	9

Modelagem e implementação

Implantação de Teoria das Restrições para a diminuição de estoques

Fonte: Calia e Guerrini (2006)

A Teoria das Restrições (TOC) foi criada pelo físico Elyahu Goldratt, para otimizar o atendimento de pedidos no prazo, aumentar a produtividade e diminuir os estoques. A Teoria das Restrições é um algoritmo baseado em três elementos denominados Tambor-Pulmão-Corda (GOLDRATT, 1984).

O Tambor define o ritmo da produção de tal forma que evite causar problemas ou restrições. O objetivo é balancear o ritmo de produção com o ritmo das vendas, programando-se somente um centro de trabalho ou recurso. Caso a demanda seja maior do que a capacidade, há pedidos que deixarão de ser entregues no prazo e na quantidade necessária para atender o fluxo de produção. O fator determinante será o recurso de menor capacidade, o que na terminologia da Teoria das Restrições é denominado "gargalo". Será esse recurso com gargalo que definirá o ritmo de produção. Na situação em que a demanda for menor do que a capacidade, o fluxo de produção será determinado pela ordem de expedição.

O Pulmão define o período de proteção do fluxo de produção relativo às paradas imprevistas. As causas dos atrasos nos pedidos podem estar relacionadas com a falta de materiais, defeitos de fabricação, falta de mão de obra etc. Neste caso, o importante é levantar a frequência, os dados das paradas durante o fluxo de produção e estabelecer um período de proteção na programação da produção considerando as restrições de materiais e de recursos.

ELSEVIER CAPÍTULO 5 – ADMINISTRAÇÃO DE ESTOQUES 179

A Corda estabelece uma limitação controlada de estoque em processo. Deve haver um alinhamento entre o programa de liberação de materiais e o programa da restrição e da expedição, configurando uma "amarração" entre ambos. Neste caso, a sequência de liberação de materiais depende da capacidade do gargalo, com a antecipação da duração dos períodos de proteção.

A seguir apresenta-se um caso real de implantação da Teoria das Restrições em uma empresa de grande porte de produtos fabricados por pedidos (MTO) que possui como premissa de sua linha de produtos a identificação de necessidades do consumidor para desenvolver produtos inovadores.

Levantamento das informações

O levantamento de dados baseou-se em relatórios dos projetos de implementação da Teoria das Restrições, dados relativos ao porcentual de pedidos atendidos no prazo, dados comparativos de estoque antes e depois da implantação, entrevistas com os principais envolvidos na implantação (planejadores e gerentes de produção).

Implementação na unidade fabril

A implementação da Teoria das Restrições na unidade fabril teve duas fases distintas: a primeira, visando a redução de atraso, cuja melhoria foi obtida em três meses e a estabilização do resultado após nove meses; a segunda, visando a redução de estoques, com a melhora de desempenho em um mês e a estabilização do resultado após sete meses.

Primeira fase

Na primeira fase, o objetivo da implementação da Teoria das Restrições era diminuir os atrasos de entrega dos produtos, tendo em vista que alguns clientes estavam diminuindo a quantidade de pedidos. A restrição da capacidade de produção foi causada pelo aumento das exportações, criação de novos produtos para atender à diversidade de necessidades do mercado interno e a pulverização dos pedidos em função da terceirização nas operações dos clientes. A demanda apresentava grande variabilidade dos produtos em estoque. Antes da implantação, a média de entrega dentro do prazo para produtos fabricados por pedidos (MTO) era de 45%. Após a implementação, aumentou para 86%.

O fluxo de produção era composto por seis operações, cujas capacidades eram de 15 unidades por minuto (Operação 1), 15 unidades por minuto (Operação 2), 4 unidades por minuto (Operação 3), 5 unidades por minuto (Operação 4), 2 unidades por minuto (Operação 5) e 10 unidades por minuto (Operação 6). Como o gargalo estava na Operação 5, adotaram-se ações para aumento da capacidade, estabelecendo-se regras para garantir a capacidade de produção adequada. Os pedidos chegavam com antecedência antes do gargalo para evitar paradas por falta de material. Para garantir a subordinação da sequência dos recursos não gargalo à capacidade do gargalo adotaram-se dois critérios de agrupamento. Na Operação 1 um critério para aproveitar o material que está na máquina para produzir o maior número de pedidos de diferentes linhas de produtos. Na Operação 3, um critério de agrupamento baseado nos dois principais tipos de matéria-prima.

Quando o gargalo estabilizou na Operação 5, reduziram-se os agrupamentos nas Operações 1 e 3.

Segunda fase

Na segunda fase, o objetivo da implementação da Teoria das Restrições era diminuir o estoque de produtos acabados. A principal causa da excessiva quantidade de produtos acabados em estoque estava no longo tempo de ressuprimento. Eram necessárias várias ordens de produção abertas, o que dificultava o gerenciamento do fluxo de produção. A equipe de implementação passou a documentar os motivos das paradas imprevistas e, mensalmente, desenvolviam-se projetos específicos para resolver as causas de gargalo identificadas. Paulatinamente, o fluxo de produção tornou-se mais robusto, o que permitiu a redução dos períodos de proteção de 15 para 3 dias. Os meses de produtos acabados em estoque foram reduzidos em 32%.

Havia a expectativa inicial dos responsáveis pela área de planejamento de que a redução do período de proteção tivesse reflexos negativos no atendimento do prazo, mas com a diminuição das paradas inesperadas e a quantidade de ordens de produção abertas menor, as ações corretivas eram mais rápidas. Com a redução do tempo de ressuprimento, houve a redução de estoques de produtos acabados.

Sistematização dos resultados

Os resultados foram obtidos a partir do algoritmo de otimização contínua da Teoria das Restrições: identificar a restrição, eliminar o desperdício de capacidade na restrição, subordinar todos os recursos não restritivos à programação da restrição, elevar a capacidade de restrição, identificar a nova restrição. A Figura 5.19 representa o processo de aplicação do algoritmo da Teoria das Restrições.

PCP também é cultura

O PCP começou com o problema de estoques

Henry Kaiser deu ao controle de estoque interno em sua companhia de construção de navios o nome de "expedição" e, com a publicação de um artigo na *Readers Digest*, popularizou o conceito de expedição, como uma ação orientada para melhorar as programações de produção.

Em 1931, Walter Shewhart desenvolveu o controle estatístico do processo. Em 1934, L.H. Tippet, preocupado em determinar padrões de atraso, o tempo de usinagem e as atividades do chão de fábrica, desenvolveu a teoria de amostragem do trabalho.

R.H. Wilson apresentou, em 1934, uma abordagem estatística para determinar os pontos de reencomenda (que determinam os níveis mínimos de estoque a partir dos quais deve-se reabastecê-lo). Entretanto, essas técnicas sofisticadas de gerenciamento

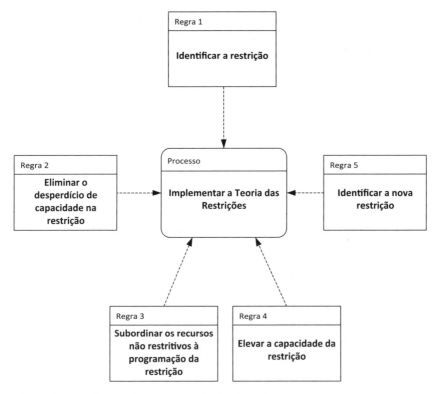

Figura 5.19: Passos do algoritmo da Teoria das Restrições.

de estoques tiveram pouca aplicação, provavelmente, porque as empresas ainda estavam preocupadas em sobreviver na década de 1930.

O grande problema na aplicação dessas técnicas científicas era que muitas empresas ainda não tinham conseguido resolver problemas simples, tais como carregamento e sequenciamento de operações. Elas dependiam da memória das pessoas que trabalhavam na empresa por muitos anos para fabricar os produtos. Antes que as técnicas científicas pudessem ser aplicadas, a informação básica tinha de ser apurada e prontamente avaliada. O volume de cálculos necessários para a aplicação de cada técnica, como o uso da estatística e o ponto de reencomenda, estava consideravelmente além das condições dos sistemas manuais.

Segundo Plossl (1985), o reconhecimento dos princípios da Administração Científica e do trabalho de planejamento e controle de produção como uma função da empresa ocorreu na Segunda Guerra Mundial. No início, o controle de produção era uma das várias funções do gerente de linha. Ele era responsável pela emissão de ordens de material, dimensionava a força de trabalho e o nível de produção para contratar pessoas, fazia a expedição de trabalho por intermédio dos departamentos e controlava o serviço ao cliente pelos estoques que resultavam dos seus esforços. Como a sua carga de trabalho aumentou, o gerente de linha passou a ser auxiliado por um ajudante, que foi incumbido de tomar conta de certas funções, tais como a medição do tempo, vários tipos de aferições e atender ao telefone no seu departamento. Pelo fato de atender ao telefone, o ajudante ficou em contato mais direto com o departamento responsável pelo andamento do trabalho e das questões sobre o prazo de entrega. O ajudante também passou a pedir o material e a planejar outras preparações necessárias para a produção em adição ao progresso seguinte do trabalho, dando início à execução da função controle de produção. Eventualmente, como as atividades de registro eram transferidas para o escritório principal, esse ajudante desenvolveu um controle de estoque interno.

Conclusão

As variáveis que envolvem a administração de estoques dizem respeito à necessidade de minimizar incertezas relativas ao fornecimento de insumos e à demanda de produtos finais. Essa constatação reforça a inter-relação entre a qualidade da previsão de vendas, estoques e custos.

Os principais conceitos relacionados com essas variáveis são ponto de ressuprimento, o nível de ressuprimento e o tempo de ressuprimento (também conhecido como *lead time*). Tais variáveis estão condicionadas à dinâmica própria da operação em questão. A constituição de diferentes tipos de estoque, tais como: estoque de ciclo, no canal de distribuição, antecipação e isolador (também conhecido como "estoque de segurança").

A modelagem de estoques sob o ponto de vista gráfico permite a obtenção de soluções simples para os problemas de estoque, mas as técnicas de controle de estoques são mais adequadas para abordar problemas com um nível maior de complexidade.

As técnicas para a administração de estoques envolvem modelos matemáticos que permitem avaliar os custos de estoque, as políticas de reposição de estoques e o comportamento dos estoques ao longo do tempo. Conforme foi dito no início do capítulo, de maneira geral, as técnicas existentes foram desenvolvidas para itens de demanda independente.

Enquanto as técnicas para a administração de estoques surgiram isoladamente para solução de problemas específicos, os primeiros sistemas de planejamento e controle de produção baseados no conceito de ponto de reencomenda (*reorder point –* ROP) foram o embrião da visão sistêmica que articulou as necessidades observadas na demanda com as necessidades de reposição de insumos.

Esse foi o ponto de inflexão para que a compreensão do problema administrativo de organizar a produção, de natureza até então não estruturada, fosse inserido em um contexto maior que permitisse a definição do problema estruturado.

PCP multimídia

Série

People's century – on the line (1998). PBS. Apresenta a evolução do sistema de produção em massa. *Motivo:* o documentário discute o impacto do sistema de produção em massa no modo de vida da sociedade.

Verificação de aprendizado

O que você aprendeu? Faça uma descrição de 10 a 20 linhas do seu aprendizado.

Os objetivos de aprendizado declarados no início foram atingidos? Responda em uma escala 1 a 3 (1. não ; 2. parcialmente; 3. sim). Comente a sua resposta.

Referências

CALIA, R. C.; GUERRINI, F. M. Projeto Seis sigma para a implementação de software de programação. *Produção,* v. 15, p. 322-333, 2005.

GAITHER, N.; FRAZIER, G. *Administração e produção e operações.* São Paulo: Thomson, 2002.

SHIMIZU, T. *Decisão nas organizações.* São Paulo: Atlas, 2001.

WILD, R. *Operations Management: a policy framework.* Oxford: Pergamon Press, 1980.

Capítulo 6
PROGRAMAÇÃO DE ATIVIDADES

Fábio Müller Guerrini
Renato Vairo Belhot
Walther Azzolini Júnior

Resumo

A programação de atividades é viabilizada a partir de três tarefas que devem ser executadas sequencialmente: o carregamento, que define a carga de trabalho a ser executada; o sequenciamento, que define uma sequência para a execução da tarefa ou fabricação do produto; a programação, que atribui prazos e define datas nas quais as tarefas serão executadas ou os produtos serão fabricados. Neste capítulo são apresentadas algumas técnicas de sequenciamento e programação de produção utilizadas para viabilizar a programação de atividades.

Palavras-chave: Programação de atividades; carregamento; sequenciamento; PCP.

Objetivos instrucionais (do professor)

❖ Apresentar como a programação de atividades é organizada e implementada.

Objetivos de aprendizado (do aluno)

❖ Capacitar o leitor a aplicar as técnicas e os modelos matemáticos para programar atividades; compreender o significado de critérios de formação de sequências (ordem de produção).
❖ Aplicar as métricas para a comparação de resultados nas sequências de produção de tarefas; compreender como os fatores internos e externos interferem na programação-padrão, e como levá-los em consideração no momento da decisão.
❖ Compreender o papel da programação de atividades na consecução do planejamento de produção.
❖ Compreender como a programação das atividades pode provocar variações na capacidade de produção.
❖ Saber construir o diagrama de montagem e analisar os resultados.

Introdução

A programação de produção envolve três etapas distintas e complementares: o carregamento, que verifica a capacidade de trabalho do centro de trabalho e define quais tarefas serão executadas; o sequenciamento, que estabelece a ordem na qual as atividades serão executadas; e a programação, que estabelece as datas nas quais a sequência de tarefas será executada.

O carregamento verifica a quantidade a ser fabricada de cada produto a cada vez e a carga de trabalho alocada aos equipamentos. O carregamento pode ser finito, quando limita a alocação de trabalho para uma determinada máquina, ou infinito, quando não limita a alocação de trabalho para uma determinada máquina, mas procura se adequar à demanda. Os sistemas MRP (*Material Requirements Planning*) são de carregamento infinito, e os sistemas APS (*Advanced Planning Scheduling*) são de carregamento finito.

Após definir o carregamento, define-se a sequência na qual as atividades serão desenvolvidas. O sequenciamento pode ter foco no processo ou foco no produto. A partir dessa definição utilizam-se regras para sequenciar os critérios para avaliar as regras de sequenciamento.

Uma vez definido o sequenciamento, a programação das atividades define as datas para iniciar e terminar uma atividade em cada máquina. A programação pode ser orientada por fatores externos ou por fatores internos.

A Figura 6.1 apresenta o modelo de conceitos para a programação de atividades.

Caso

Uma ideia simples e brilhante já completou 100 anos

Fonte: Wilson (2003)

Em 2003, o gráfico de Gantt completou 100 anos. O gráfico de Gantt foi a primeira representação gráfica do andamento da produção, permitindo comparar o planejamento e a execução. Apesar de todos os avanços da informática e os respectivos softwares de gestão de projetos, o gráfico de Gantt permanece ainda como a ferramenta mais simples e efetiva para acompanhar a programação da produção.

Gantt apresentou a primeira versão do gráfico em um artigo em 1903. Nesse mesmo número da revista, Taylor publicou o seu artigo "*Shop Management*". Os dois artigos são considerados um sistema de planejamento e controle de produção integrado. Gantt aponta o desenvolvimento do gráfico em 1890, no qual ele procurava apresentar um balanço diário da produção em forma gráfica que possui uma característica tabular.

Em sua primeira versão, o gráfico de Gantt foi utilizado para representar a produção por lotes. Posteriormente, o gráfico de Gantt passou a ser utilizado para representar uma visão da demanda dependente associada ao período em que ela devia ser executada. A proposta era conectar as necessidades dos itens finais para constituírem

ELSEVIER CAPÍTULO 6 – PROGRAMAÇÃO DE ATIVIDADES 187

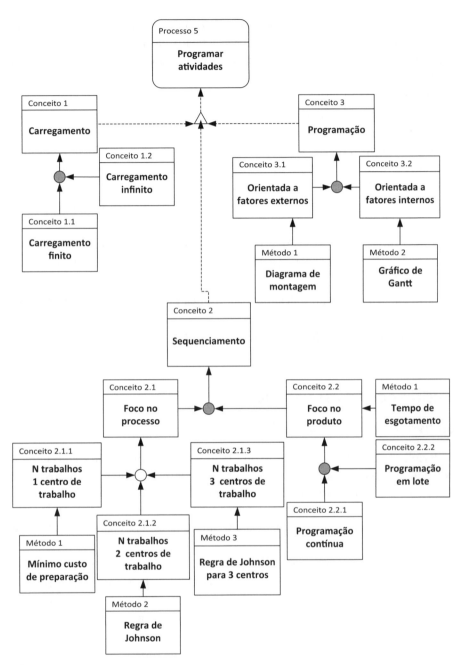

Figura 6.1: Modelo conceitual para programação de atividades.

componentes com a programação da produção de tal forma que todos os componentes estivessem disponíveis quando fossem necessários nas atividades subsequentes de produção. Essas datas de entrega eram utilizadas para planejar a produção diária, determinando as quantidades a serem feitas e, em seguida, rastreando a produção em relação aos objetivos diários.

Gantt previu dois conjuntos de balanços: um no qual cada funcionário deveria fazer e outro do que tinha sido feito. Essa tabela mostraria precisamente o que estava entregue em contraposição ao que havia sido planejado e destacava qualquer discrepância entre ambos, para permitir que ações corretivas fossem tomadas. Algumas premissas do gráfico de Gantt são:

1. O processo todo de produção é considerado desde que "todo o trabalho" seja planejado e controlado.

2. O processo é baseado em procedimentos de solução cujo plano é elaborado a partir das novas ordens de venda em conformidade com as datas de entrega existentes.

3. Uma programação diária precisa implica planejamento e controle também preciso.

Nada mais simples e brilhante do que essa ideia.

Compreendendo as variáveis

Objetivos da programação da produção

Escolhido o Plano de Produção ou Plano Mestre de Produção (quais itens serão produzidos, quanto de cada um e para quais períodos) que melhor atende aos interesses da empresa em termos de custos e capacidade, cabe à programação da produção estabelecer: a quantidade de cada produto a fabricar de cada vez; a carga de trabalho alocada aos equipamentos; a sequência em que os lotes serão fabricados; as datas de início e de término de cada lote.

O Planejamento e Controle de Produção no chão de fábrica executa tarefas que são definidas por meio de uma sequência lógica de eventos. As tarefas estão relacionadas com as atividades determinadas a partir do plano das necessidades de materiais e possui como característica básica a operacionalização do planejamento e controle de produção.

A compatibilização do fornecimento com a demanda depende do volume e do tempo de produção, que são balanceados por meio do carregamento, do sequenciamento e da programação.

Dessa forma, os conceitos de planejar, programar e controlar são determinantes para as atividades do chão de fábrica: planejar significa formalizar o que se pretende que aconteça em determinado período do futuro; programar é alocar lógica e sequencialmente ordens aos recursos disponíveis para buscar o melhor resultado de uma atividade; controlar implica confrontar o resultado de determinada atividade para o qual foi planejada e, caso necessário, buscar procedimentos corretivos para que as metas sejam atingidas.

O controle do chão de fábrica é o responsável por organizar e coletar os dados e compará-los com os resultados esperados no planejamento. A partir daí é feita a análise para verificar a necessidade de reprogramação e avaliar a eficiência do processo. Essa análise é útil no rastreamento das Ordens de Produção ao longo do processo, sendo que o monitoramento das atividades possibilita localizar o ponto em que determinado item se encontra. A Figura 6.2 sintetiza as atividades do chão de fábrica.

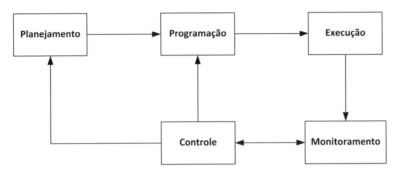

Figura 6.2: As atividades do chão de fábrica.

O carregamento determina o volume de produção que a operação é capaz de atender. O sequenciamento estabelece a ordem e as prioridades de atividades a serem cumpridas. A programação determina o início e o fim de cada tarefa. As informações obtidas no planejamento das necessidades de materiais geram ordens de produção, a partir das quais se estabelece o sequenciamento e subsequentemente a programação. A seguir são apresentadas as tarefas do Planejamento e Controle de Produção.

Aplicação

Carregamento

O carregamento pode ser definido como o trabalho determinado para um centro de produção. Na composição do tempo disponível máximo, há um tempo normal regular e uma parcela de tempo em que não há trabalho como os dias de final de semana, por exemplo. A partir daí, é possível estabelecer o tempo planejado disponível.

A composição desse tempo divide-se naquele em que a operação ocorre e no tempo gasto para as atividades relacionadas, como a troca de ferramentas, movimentações de material, por exemplo. O tempo de operação define o tempo disponível, que é subdividido no tempo real da operação e no tempo da máquina parada para manutenção.

Para efeito de previsão de ocorrências de manutenção, podem ser utilizados os dados fornecidos pelo fabricante. Há dois tipos principais de carregamento: carregamento finito e carregamento infinito.

O carregamento finito estabelece um limite para a alocação de trabalho de determinada máquina. As situações nas quais o carregamento finito é aplicável são as seguintes: quando a carga pode ser limitada, quando é necessário limitá-la ou quando essa limitação não oferece um custo inviável.

O carregamento infinito não estabelece um limite para a alocação de trabalho de determinada máquina, mas procura adequar-se às necessidades de demanda. As situações nas quais o carregamento infinito é aplicável são as seguintes: quando não é possível limitar o carregamento, quando não é necessário limitar a carga e quando a limitação da carga apresenta um custo proibitivo.

Merchant (1997) pesquisou o tempo de produção a partir da matéria-prima até o produto final que agregaria valor ao produto. Em 95% do tempo ela fica em movimentações, esperas, armazenagem e conferências. Só 5% do tempo ela está na máquina. Somente 30% está relacionado com o processamento de operações. Em 70% do tempo está relacionada com carregamento, posicionamento, esperas, medições, ociosidade e descarregamento. Essa pesquisa evidencia que o carregamento deve considerar as várias operações que caracterizam o tempo de produção como um todo.

Sequenciamento

Após a definição do carregamento, o próximo passo é definir a sequência na qual o trabalho será realizado. O sequenciamento estabelece a ordem em que as atividades serão executadas, a partir da carga de trabalho definida. Além disso, faz a alocação de tarefas nos diferentes centros de trabalho. A sequência pode ser definida focalizando-se o processo ou o produto. A sequência com foco no processo aloca os trabalhos a serem realizados aos centros de trabalho. Os seguintes casos serão abordados: n trabalhos para um centro de trabalho e n trabalhos para dois centros de trabalho. A sequência com foco no produto pode ser estabelecida por lote ou por fluxo contínuo. Nesse caso, os produtos são fabricados para estoque (MTS). No caso da sequência por lote, o carregamento é finito, e no caso da sequência por fluxo contínuo, o carregamento é infinito.

Foco no Processo

Caso 1: n trabalhos, 1 centro de trabalho

Um critério utilizado nessa situação é o menor custo de preparação, que segue uma ordem que facilite o tempo de preparação da máquina ou do centro de trabalho para processar a próxima tarefa. A métrica para avaliar os critérios de sequenciamento é o custo de preparação (custo total para fazer todas as preparações de máquina num grupo de tarefas). Os passos para determinar o menor custo de preparação são os seguintes:

1. Escolha o menor custo de preparação dentre todas as preparações.
2. A tarefa subsequente a ser escolhida terá o menor tempo de preparação entre as tarefas restantes que sucedem à tarefa anteriormente escolhida.

ELSEVIER CAPÍTULO 6 – PROGRAMAÇÃO DE ATIVIDADES 191

Exemplo de aplicação

Fonte: Adaptado de Gaither e Frazier (2002).

Estabeleça uma sequência com o mínimo Custo Total de Preparação (Tabela 6.1).

Tabela 6.1: Sequência com o mínimo custo total de preparação

Tarefa que sucede		Tarefa que antecede					
		A	B	C	D	E	F
	A	----	$14	$17	$12	$37	$22
	B	$28	-----	$22	$22	$27	$22
	C	$29	$17	-----	$14	$22	$17
	D	$18	$32	$12	----	$27	$32
	E	$37	$22	$27	$32	-----	$32
	F	$22	$27	$17	$27	$32	----

Resolução

Uma boa sequência é: CDAFBE, com Custo Total de Preparação de $90 (12 + 12 + 22 + 22 + 22)

Caso 2: n trabalhos, 2 centros de trabalho

Para este caso será apresentado o algoritmo de Johnson, que fornece a solução ótima.

O algoritmo de Johnson visa distribuir n atividades que precisam ser realizadas em dois centros de trabalho consecutivos e têm duração de trabalho por centro T_{n2} de forma a minimizar a existência e duração de espaços ociosos na programação da produção. A ordem de processamento de todas as atividades deve ser sempre a mesma, primeiro no centro de trabalho 1 e depois no centro de trabalho 2. Para uma explicação, vejamos como funciona para dois centros de trabalho: seleciona-se a atividade de menor duração de trabalho em qualquer um dos dois centros. Se o menor tempo de realização dessa atividade corresponder ao primeiro centro de trabalho, ela será a primeira atividade imediata (ou seja, a primeira após todas as primeiras já organizadas) a ser processada; se for correspondente ao segundo centro de trabalho, será a última imediata (ou seja, a última anterior às últimas já organizadas). Repete-se iterativamente esse algoritmo até que todas as atividades tenham sido sequenciadas.

Exemplo de aplicação

Determine a melhor sequência (ordem de processamento: primeiro a fabricação, depois a pintura).

Resolução

Como o menor tempo da tarefa A é no centro de pintura, portanto, vai para o fim. O segundo menor tempo é o tempo da tarefa C (centro de fabricação), que vai para o início. O terceiro menor tempo é da tarefa D (centro de fabricação) e da tarefa B (centro de pintura), e, quando há empate, não importa qual tarefa é alocada primeiro. Vamos colocar B para o final e, posteriormente, a tarefa D para o início. O quarto menor tempo entre as tarefas existentes é o tempo da tarefa F (centro de fabricação), que vai para o início. O último menor tempo é o tempo da tarefa E (centro de fabricação), que, portanto, vai para o início, após as tarefas já alocadas, conforme a Tabela 6.2.

Tabela 6.2: Aplicação da regra de Johnson

Tarefa	Fabricação (horas)	Pintura (horas)	Ordem
A	17	7	6°
B	42	12	5°
C	10	25	1°
D	12	32	2°
E	22	42	4°
F	20	24	3°

Assim, a sequência determinada pelo algoritmo de Johnson é: C; D; F; E; B; A. Duração total: 152 horas.

Foco no produto

Há dois tipos gerais de programação focalizada no produto: em lote (muitas vezes chamada *Flow Shop*) e contínua. Os produtos são padronizados e podem ser feitos para estoque. O tamanho do lote de fabricação é importante decisão, pois envolve o custo de preparação e o estoque disponível.

Tempo de esgotamento

Uma forma de se verificar o tempo que o estoque leva para ser consumido, para ambientes de não produção, com somente armazenamento e distribuição, é a determinação do tempo de esgotamento com ênfase não na disponibilidade dos recursos de manufatura, mas na disponibilidade do espaço físico de armazenamento ou de alocação de itens comprados antecipadamente.

O Tempo de Esgotamento é a razão entre o estoque disponível (em unidades) pela taxa de consumo (em unidades por período). A Taxa de Consumo (TC) é a quantidade média consumida no intervalo de tempo, de acordo com a relação matemática descrita pela expressão (1):

$$TE = \frac{\text{Estoque disponível (unidades)}}{\text{Taxa de consumo (unidades/período)}} \tag{1}$$

A Taxa de Consumo é a quantidade média consumida no intervalo de tempo. Por exemplo, na situação a seguir, os números indicam que o estoque terminará em 3,75 semanas, que é o período que a empresa dispõe para fazer a reposição do estoque deste produto. O estoque disponível é de 3.000 unidades, e a taxa de consumo é de 800 unidades por dia.

$$TE = \frac{3.000}{800} = 3,75 \text{ semanas} \tag{2}$$

No caso de um *mix* de produtos, considera-se parâmetro de reposição o item do *mix* que apresenta um determinado período (p) de consumo e o menor tempo de esgotamento representado pela expressão (2).

A expressão é definida como um **teste (1)** de validação da "liberação" ou não do processo de reposição, sendo (n) o número total de itens pertencentes ao *mix* e (i) um item em específico: $[1,n] = \{i \in R/1 \leq i \leq n\}$. A expressão matemática (3) é um teste complementar definido como **teste (2)**, que verifica a condição $TE_i > (LT_i + 1)$; no caso em que o $TE_i \neq \text{menor}_{[1,n]} TE_{[1,n]}$ e, em função do LE_i e do TC_i deve ser liberada a reposição devido ao alcance do estoque, em contrapartida com o *lead time* de abastecimento do item.

$$\text{If} (TE_i = \text{menor}_{[1,n]} TE_{[1,n]}; \text{if} (TE_i > (LT_i + 1); \text{"não libera"}; \text{"libera"}); \text{"não libera"})$$

$$\text{If} (TE_i > (LT_i + 1); \text{"não libera"}; \text{"libera"}) \tag{3}$$

Para o cálculo da Taxa de Esgotamento e os respectivos parâmetros de controle de estoque: estoque médio; giro de estoque; tempo de manutenção do estoque, de acordo com as expressões matemáticas (4), (5) e (6).

$$E_{\text{Médio}} = \left[\frac{(E_{\text{inicial}(1)} + E_{\text{Final}(1)})}{2} \right] \times VUu_i \tag{4}$$

$$\text{Giro de Estoque (GE)} = \frac{\text{Valor das Vendas}}{E_{\text{Médio}}} \tag{5}$$

$$\text{Tempo de Manutenção do Estoque} = \frac{\text{período padrão de consumo (em dias)}}{\text{Giro do Estoque}} \tag{6}$$

Exemplo de aplicação

Sequenciar os produtos de acordo com o Tempo de Esgotamento com os dados da Tabela 6.3.

Tabela 6.3: Dados dos produtos I, II, II, IV e V

Produto	LEC (unidades)	Tempo de fabricação (semanas)	Estoque inicial	Taxa de consumo (unid/sem)
I	600	1,0	2600	300
II	2600	1,5	3000	1000
III	5000	1,5	5400	1400
IV	4500	2,0	8200	900
V	1800	1,0	800	600

Tabela 6.4: Dados para o sequenciamento de produtos

Produto	LEC (unidades)	Tempo de fabricação (semanas)	Estoque inicial	Taxa de consumo (unid/sem)	Tempo de esgotamento (semanas)
I	600	1,0	2600	300	2600/300=8,67
II	2600	1,5	3000	1000	3000/1000 = 3,0
III	5000	1,5	5400	1400	5400/1400 = 3,86
IV	4500	2,0	8200	900	8200/900 = 9,11
V	1800	1,0	800	600	800/600 = 1,33

Resolução

Incluindo uma coluna com o tempo de esgotamento na Tabela 6.3, a Tabela 6.4 apresenta os resultados do tempo de esgotamento.

Resposta: Sequência de Produção: V, II, III, I, IV (o Produto V é o que tem o menor tempo de esgotamento, isto é, é o produto cujo estoque se esgotará primeiro e necessita ser reposto).

Vamos ver o que acontece após uma semana, que é o tempo de fabricação do produto V. O tempo de esgotamento muda? Como fica o estoque inicial?

Nesse caso o tempo de esgotamento mudará, conforme pode ser observado na Tabela 6.5.

Final da semana 1/Início da semana 2:

$$\text{Estoque do Produto I} = 2600 - 300 = 2.300$$

Estoque inicial do Produto V = 800 - 600 + 1800 = 2000

Na semana 2, a sequência de produção muda, segundo o estado dos estoques de cada um dos produtos. O produto que tiver menor valor de TE é o que deve ser reposto em primeiro lugar. A sequência de Produção para a semana 2 é: II, III, V, I, IV

Tabela 6.5: Verificação do tempo de esgotamento

Produto	LEC	Tempo de fabricação	Estoque inicial	Taxa de consumo	Tempo de esgotamento
I	600	1,0	2300	300	2300/300 = 7,67
II	2600	1,5	2000	1000	2000/1000 = 2,0
III	5000	1,5	4000	1400	4000/1400 = 2,86
IV	4500	2,0	7300	900	7300/900 = 8,11
V	1800	1,0	2000	600	2000/600 = 3,33

Treine: Fazer o Próximo Passo, calcular a sequência para a semana 3. Para tanto, atualize o estoque inicial e calcule o Tempo de Esgotamento (TE).

Regras de sequenciamento

As regras de sequenciamento envolvem fatores como: utilização de recursos, serviço ao cliente, custos de produção e outros. As mais utilizadas são: prioridade ao consumidor; data de entrega; último a entrar/último a sair; primeiro a entrar/primeiro a sair; operação mais longa/tempo total mais longo; operação mais curta/tempo total mais longo.

É importante ressaltar que quando comprovados, alguns deles podem ser conflitantes, em termos das sequências formadas. Por essa razão, a escolha da técnica (ou critério de formação de sequências) pode ser declarada como uma prioridade que beneficia a organização naquele momento.

A seguir, faremos um exemplo para verificar a aplicação dos conceitos relativos às regras de sequenciamento e as métricas para comparar as regras.

Exemplo de aplicação

Sejam os seguintes dados da Tabela 6.6.

Pede-se:

Aplique as regras de sequenciamento para definir a ordem:

PEPS (Primeiro a Entrar, Primeiro a Sair).

Tabela 6.6: Dados de tempo de produção e data de entrega

Tarefas	A	B	C	D
Tempo de produção	5	3	7	4
Data de entrega	16	8	10	5

MTP (Menor Tempo de Processamento).

DD (Data Devida).

MF (Menor Folga).

RC (Razão Crítica).

Aplique as métricas para comparar as sequências geradas:

Número Médio de Tarefas no Sistema.

Atraso Médio.

Atraso Total (Atraso Máximo).

Número de Tarefas em Atraso.

Tempo Médio de Fluxo.

Resolução

PEPS x Número Médio de Tarefas no Sistema

O número médio de tarefas no sistema corresponde à quantidade de pedidos que ainda devem ser processados e implica o tempo de espera para entrar em fabricação (na média). Num primeiro momento, a tarefa A será executada com tempo total de produção de 5 dias, restando ainda 3 tarefas para serem produzidas. Isso significa que as 3 tarefas restantes esperam 5 horas cada, para serem produzidas. Corresponde a seguinte situação: B, C, D $\rightarrow$ A (1, 2, 3, 4, 5).

Assim, neste momento há 4 tarefas (incluindo a que está em processo e 3 tarefas aguardando: (3 + 1). 5 = 4. 5 = 20 tarefas). Equivale a dizer que, no 1º dia há 4 tarefas, no 2º dia há 4 tarefas etc., até o 5º dia, em que também há 4 tarefas, o que equivale a 20 tarefas. Processada a tarefa A, inicia-se a produção da tarefa B com duração de três dias, e as tarefas C e D irão esperar 3 dias: 3. 3 = 9 tarefas. Continuando até a última tarefa teremos:

$$(4.5)+(3.3)+(2.7)+(1.4)$$

$$ABCD$$

Como se trata de número médio, divide-se esse total pela soma dos tempos da produção: 5 + 3 + 7 + 4 = 19. Então, o número médio de tarefas no sistema, usando o critério PEPS é:

$$\text{NMTS} = \frac{(4.5)+(3.3)+(2.7)+(1.4)}{19} = 2,47 \text{ tarefas}$$

PEPS x Atraso Médio

O atraso médio é calculado pela diferença entre a data de entrega e o tempo de processamento da tarefa, mais eventuais esperas (que também podem gerar atrasos).

A sequência continua sendo ABCD porque o critério adotado é o PEPS. A tarefa A não causa atraso (atraso = 0) porque leva 5 dias, e para a entrega tem-se 16 dias. Depois de 5 dias processando a tarefa A, a tarefa B pode ser iniciada, com duração de 3 dias. Assim, a tarefa B será terminada em 5 (tempo da tarefa A) + 3 (tempo da tarefa B) = 8 dias. Como o prazo de entrega é de 8 dias, a tarefa B não gera atraso (atraso = 0). No oitavo dia, já há disponibilidade para produzir a tarefa C, cuja duração é de 7 dias, estando terminada no 15° dia. Como o tempo de entrega era de 10 dias, a tarefa C gerou um atraso de (15 – 10) = 5 dias. Depois de 15 dias inicia-se a tarefa D, com uma duração de 4 dias, sendo terminada no 19° dia. Como a data de entrega era no quinto dia, o atraso gerado foi de 19 – 5 = 14 dias. O atraso médio é calculado dividindo-se o atraso total pelo número de tarefas processadas:

$$\text{Atraso médio} = \frac{0+0+5+14}{4} = 4,75 \text{ dias}$$

PEPS x Atraso Total (Atraso Máximo)

Do cálculo anterior já sabemos que o atraso total é de 19 dias para a execução das quatro tarefas. Para identificar o atraso máximo, basta comparar o atraso total (19 dias) com a data de entrega de cada tarefa. A maior diferença é o atraso máximo e ocorre com a tarefa D, 19 – 5 = 14. Do cálculo anterior também pode ser identificado o atraso máximo, correspondente ao último termo da soma que é igual a 14.

PEPS × Número de Tarefas em Atraso

O número de tarefas em atraso corresponde à soma das tarefas que geram atraso, as quais já foram identificadas na explicação do atraso médio. São elas as tarefas (C e D), portanto, duas tarefas.

PEPS x Tempo Médio de Fluxo

O que se procura calcular é o tempo gasto para terminar uma tarefa, isto é, quanto tempo a tarefa permaneceu em fluxo (processando ou aguardando processamento). A primeira tarefa (A) entrou em produção, e o seu tempo de fluxo foi de 5 dias (os recursos estavam disponíveis para essa tarefa). Depois se inicia a tarefa B, cujo tempo de produção é de 3 dias. Mas, para iniciar a sua produção, foi necessário esperar os 5 dias necessários para o término da tarefa. Assim, o tempo de fluxo (TF) da tarefa B é:

$$TF(B) = 3+5 = 8 \text{ dias}$$

A tarefa C esperou 8 dias para ser iniciada, e sua produção dura 7 dias. Assim, ela estará terminada no 15º dia, que é seu tempo de fluxo.

$$TF(C) = 7 + 8 = 15 \text{ dias}$$

Para a tarefa D é o mesmo raciocínio:

$$TF(D) = 4 + 15 = 19 \text{ dias}$$

Como a métrica é tempo médio de fluxo, divide-se o tempo total pelo número de tarefas processadas:

$$TMF = \frac{5 + 8 + 15 + 19}{4} = 11,7 \text{ dias / tarefa}$$

Sequência gerada pelo critério Menor Tempo de Processamento (MTP)

O Menor Tempo de Processamento é um critério bem simples, que gera a sequência de processamento das tarefas, colocando em primeiro lugar a tarefa que tem o Menor Tempo de Processamento (Tabela 6.7).

Tabela 6.7: Menor tempo de processamento

Tarefas	A	B	C	D
Tempo de processamento	5	3	7	4
Sequência MTP	B	D	A	C

Sequência gerada pelo critério Data Devida (DD)

A sequência é obtida a partir da comparação das datas de entrega. A tarefa que tem a menor data de entrega (cuja entrega está mais próxima) é processada em primeiro lugar. Veja a Tabela 6.8.

Tabela 6.8: Data devida

Tarefas	A	B	C	D
Data de entrega	16	8	10	5
Sequência D.D	D	B	C	A

Sequência gerada pelo critério Menor Folga

Neste caso, é necessário calcular a folga para tarefa. Entenda-se por folga a diferença entre o tempo de produção e a data de entrega. Ordena-se pela menor folga, para obter a sequência (Tabela 6.9).

ELSEVIER   CAPÍTULO 6 – PROGRAMAÇÃO DE ATIVIDADES   **199**

Tabela 6.9: Menor folga

Tarefas	A	B	C	D
Tempo de produção	5	3	7	4
Data de Entrega	16	8	10	5
Folga	11	5	3	1
Sequência Menor Folga	D	C	B	A

Sequência gerada pelo critério Razão Crítica

A Razão Crítica (RC) é obtida dividindo-se a data de entrega pelo tempo de produção de cada tarefa. A sequência de produção é obtida ordenando-se pelo menor valor da Razão Crítica (Tabela 6.10).

Tabela 6.10: Razão crítica

Tarefas	A	B	C	D
Tempo de Produção	5	3	7	4
Data de Entrega	16	8	10	5
Razão Crítica	16/5 = 3,2	8/3 = 2,7	10/7 = 1,4	5/4 = 1,25
Sequência Menor Folga	D	C	B	A

Uma vez feitos todos os cálculos para as métricas e as diferentes sequências geradas pelos critérios distintos, pode-se proceder à escolha da melhor sequência (ou critério) que atende a um determinado propósito, por exemplo, minimizar o atraso. Vamos fazer a comparação dos critérios PEPS, menor tempo de processamento, data devida, menor folga e razão crítica, usando como referência a métrica tempo médio de fluxo.

Em primeiro lugar, deve-se gerar as sequências de processamento de tarefas associadas a cada critério e depois aplicar a métrica tempo médio de fluxo a cada uma delas, conforme a Tabela 6.11.

Melhor sequência: B, D, A, C (gerada pelo MTP)

Comparando os resultados obtidos, podemos classificar as melhores sequências, em função do menor tempo médio de fluxo, que corresponde à sequência MTP. A classificação das sequências está na última coluna. Esse aspecto evidencia que sempre existirá uma sequência indicada para a métrica usada. Esses procedimentos de aplicar critérios para definir a ordem, e de comparar as diferentes sequências obtidas também são conhecidos na literatura de planejamento e controle de produção como "sequenciamento" ou *"scheduling"*.

Tabela 6.11: Comparação das métricas

Tarefas		A	B	C	D	Métrica	
Tempo de produção		5	3	7	4	Tempo médio de fluxo	Classificação
Data de entrega		16	8	10	5		
C R I T É R I O S	PEPS	A	B	C	D	$\dfrac{5+8+15+19}{4}=11,7$	3
	MTP	B	D	A	C	$\dfrac{3+7+12+19}{4}=10,2$	1
	DD	D	B	C	A	$\dfrac{4+7+14+19}{4}=11$	2
	MF	D	C	B	A	$\dfrac{4+11+14+19}{4}=12$	4
	RC	D	C	B	A	$\dfrac{4+11+14+19}{4}=12$	4

A seguir, são apresentados os cálculos e a classificação de dois critérios de formação de sequências: PEPS, MTP, DD, RC, segundo as diferentes métricas, como pode ser observado na Tabela 6.12.

Observe que critérios diferentes geram sequências de produção de tarefas diferentes. Além disso, métricas diferentes priorizam de formas distintas os diferentes critérios de sequenciamento. Para a métrica tempo médio de fluxo, a melhor sequência de produção das tarefas é dada pelo critério Menor Tempo de Processamento (MTP). Para a métrica do atraso médio, a melhor sequência de produção das tarefas é dada pelo critério data devida. A comparação é feita na coluna correspondente. Assim, dependendo do objetivo que se deseja atingir, existe uma sequência associada melhor.

Programação

A programação estabelece as datas para iniciar e terminar uma tarefa, e é realizada após a definição do carregamento e do sequenciamento. Determina "quando" e "onde" cada operação necessária para a fabricação de um item deve ser executada. A programação de ordens de fabricação procura estabelecer datas para a execução das operações, escolhidas com base na necessidade do item e na possibilidade de atingir a data desejada.

A programação de máquina procura distribuir o tempo disponível da máquina, de acordo com as prioridades estabelecidas pelas necessidades de programação de ordens, atendendo a sequência das tarefas a serem executadas por cada máquina. A solução do problema de programação e controle de produção depende de uma série de fatores complexos e interdependentes. As principais dificuldades relacionadas com

Tabela 6.12 Critérios para formação da sequência

Tarefas	A	B	C	D
Tempo de produção	5	3	7	4
Data de entrega	16	8	10	5

		MÉTRICAS				
CRITÉRIOS		Tempo médio de fluxo	Nº médio de tarefas no sistema	Atraso médio	Atraso total (atraso máximo)	Nº de tarefas em atraso
	PEPS (ABCD)	$\dfrac{5+8+15+19}{4} - 11,7$	$\dfrac{4(5)+3(3)+2(7)+1(4)}{19} - 2,47$	$\dfrac{0+0+5+14}{4} - 4,75$	19(D,14)	2 (C,D)
	MTP (BDAC)	$\dfrac{3+7+12+19}{4} - 10,2$	$\dfrac{4(3)+3(4)+2(5)+1(7)}{19} - 2,16$	$\dfrac{0+2+0+9}{4} - 2,75$	11(C,9)	2 (D,C)
	DD (DBCA)	$\dfrac{4+7+14+19}{4} - 11$	$\dfrac{4+(4)+3(3)+2(7)+1(5)}{19} - 2,32$	$\dfrac{0+0+4+3}{4} - 1,75$	7(C,4)	2 (C,A)
	RC (DCBA)	$\dfrac{4+11+14+19}{4} - 12$	$\dfrac{4(4)+3(7)+2(3)+1(5)}{19} - 2,53$	$\dfrac{0+1+6+3}{4} - 2,5$	10(B,6)	3(C,B,A)

programação são (SLACK, 1998): a necessidade de lidar com diversos tipos de recursos simultaneamente e o fato de a maioria das programações possíveis não ser executável na prática, podendo-se eliminá-las.

Na programação da produção orientada a fatores externos, o prazo é definido pelo cliente e está relacionado com a demanda de mercado, os prazos de entrega e o estoque de intermediários (Figura 6.3). O serviço ao cliente é priorizado.

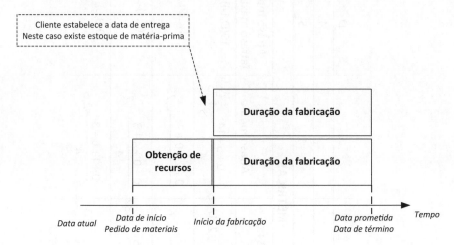

Figura 6.3: Programação orientada a fatores externos.

Na programação da produção orientada para fatores internos, o prazo é determinado pela utilização eficiente dos recursos e relacionado com o estoque de produtos acabados, estoque de matérias-primas, recursos materiais e de maquinário disponíveis, lotes econômicos de produção, regime de trabalho, sequenciamento de operações, intervalos entre operações, tempo das operações e integração entre elas (Figura 6.4).

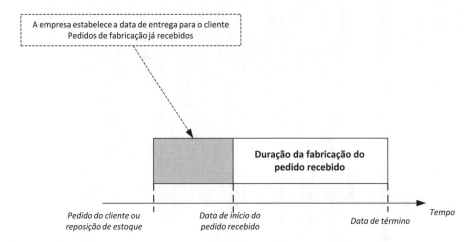

Figura 6.4: Programação orientada a fatores internos.

A programação deve ser refeita, constantemente, de tal forma que ela se ajuste às flutuações do mercado e às mudanças no *mix* de produtos (reprogramação). Esses fatores devem ser considerados na alocação de trabalho, pois influem na previsão do trabalho, na emissão de ordens de serviço, no carregamento etc. Para auxiliar o processo de programação, várias técnicas são utilizadas. Uma das técnicas mais empregadas até os dias atuais é o Gráfico de Gantt.

Programação para frente e para trás

A programação para frente faz com que o trabalho se inicie logo que ele chega ao centro de produção e o equipamento esteja disponível. A escolha da programação para frente ou para trás depende da necessidade e de avaliar os pontos favoráveis e negativos. A programação para frente apresenta as seguintes vantagens: os funcionários iniciam os trabalhos para manterem-se ocupados, fazendo com que haja uma diminuição significativa no tempo ocioso; aumenta a flexibilidade, pois as folgas de tempo no sistema permitem que o trabalho sem programação prévia seja programado.

A programação para trás apresenta as seguintes vantagens: os materiais são usados somente no momento necessário, atrasando tanto quanto o possível a agregação de valor, tornando os custos com materiais mais baixos; há uma diminuição na complexidade de reprogramação no caso de um cliente mudar o seu pedido. Possui como critério competitivo determinante a confiabilidade de entrega.

Programação empurrada e puxada

A programação empurrada é característica de sistemas de administração de produção baseados em processos de tomada de decisão centralizada, tais como o MRP. Cada centro de trabalho produz durante todo o tempo, no seu limite de capacidade, sem se preocupar se o centro seguinte necessita ou não de tal volume produzido. As estações de trabalho são coordenadas pela emissão de ordens de fabricação centralizada. Como principais consequências desse tipo de programação tem-se o tempo ocioso, estoque e filas.

A programação puxada é característica do sistema de administração de produção *Just in Time*. Ela é estabelecida pela estação de trabalho seguinte à estação de trabalho que está produzindo. Funciona como o emissor das ordens de fabricação. No caso do *Just in Time,* elas são representadas pelo *kanban*, que pode ser um cartão contendo todas as especificações relativas à peça, incluindo o momento que ela deve ser produzida.

Técnicas de programação

Para as programações orientadas a fatores externos, utiliza-se a técnica do diagrama de montagem, que se baseia na definição da programação feita da data de entrega para trás. Entretanto, a técnica mais difundida foi o método de Gantt, pela sua simplicidade de execução e ação dinâmica e corretiva que a interpretação gráfica possibilita.

O gráfico de Gantt coordena vários programas de estações de trabalho, projetos e grupos. A sua principal característica é a possibilidade de se comparar o trabalho realizado num determinado período de tempo com o trabalho planejado. Uma divisão de espaço representa tanto uma quantidade de tempo quanto uma quantidade de trabalho realizada. Cabe ressaltar que a utilização de programas, tais como MS Project© ou Excel©, para a elaboração do gráfico de Gantt acabou por substituir a utilização de procedimentos manuais. Lembrando que os programas MS Project© e Excel© não realizam o sequenciamento dinâmico a partir de regras específicas de sequenciamento.

Entretanto, entender a simbologia e praticar o conceito são importantes para quem pretende utilizar tais programas com espírito crítico. Apesar das possibilidades de aplicação do gráfico de Gantt em outras áreas, além da indústria, é possível classificá-lo de quatro maneiras: controle das atividades de homens e máquinas (indica suas respectivas utilizações comparando o previsto com o realizado), alocação de ordens de serviço (permite a redução de perdas causadas por paradas e tempos ociosos), carga de máquinas (antecipa uma visão ampla da quantidade de trabalho em cada setor), progresso (evidencia as falhas ocorridas durante o processo e fornece subsídios para a sua correção).

Orientada a fatores externos: diagrama de montagem

Para a programação orientada a fatores externos considera-se o prazo de entrega prometido ao cliente e elabora-se a programação a partir da data de entrega, programando-se para trás a montagem do produto. A técnica mais difundida para a programação orientada a fatores externos é o diagrama de montagem.

Exemplo de aplicação

O produto X é montado a partir das submontagens A e B, cada uma com seu tempo de montagem. Cada submontagem A, por sua vez, é composta de partes que são fabricadas com tempos de fabricação próprios. No exemplo, a submontagem A contém as partes A1 e A2, e a submontagem B contém as partes B1, B2 e B3. O item C é comprado de terceiros (Figura 6.5).

Resolução

Orientada a fatores internos: gráfico de Gantt

Para a programação orientada a fatores internos considera-se a disponibilidade dos centros de trabalho em executar as tarefas que foram programadas. A técnica mais utilizada para esse caso é o gráfico de Gantt.

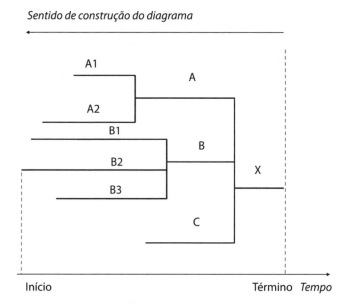

Figura 6.5: Programação orientada a fatores externos.

O gráfico de Gantt, também conhecido como gráfico de barras, é elaborado a partir do tempo de produção de cada pedido, seguindo a ordem de fabricação (processo), no gráfico, representando o número de horas na máquina correspondente com barras.

Exemplo de aplicação

Faça a programação de produção para o pedido 5 e o pedido 8, conforme a sequência da Tabela 6.13.

Tabela 6.13: Pedidos de fabricação 5 e 8.

Pedido	Sequência das tarefas				
	1	2	3	4	5
5	C3	B5	A5	C4	
8	A5	C3	A3	B5	C3

Resolução

No caso do pedido 5: 3 horas na máquina C; 5 horas na máquina B, iniciando a partir do término do processamento do pedido na máquina C; 5 horas na máquina A, após o término da operação na máquina B; e 4 horas na máquina C, após o término de operação na máquina A. Acompanhe a sequência no gráfico, observando as áreas hachuradas. Note que não foram utilizadas horas extras na programação do pedido 5 e do pedido 8.

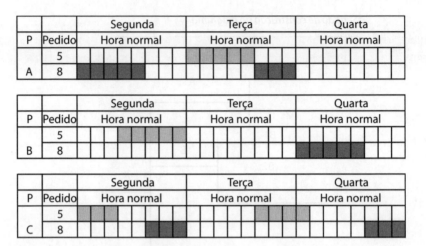

Figura 6.6: Programação do pedido 5 seguido do pedido 8.

A Figura 6.6 apresenta a programação do pedido 5 e do pedido 8 feitas nessa sequência, cujos dados são apresentados antes do gráfico de Gantt.

A programação foi feita seguindo a ordem: primeiro o pedido 5 e depois o pedido 8. Os dois pedidos são finalizados na hora 8 da quarta-feira.

Pergunta: O que acontece se a sequência for invertida?

Para responder a essa pergunta deve-se fazer a análise do prazo de término e da taxa de ocupação das máquinas. Para responder a essa pergunta deve-se fazer a análise do prazo de término e da taxa de ocupação das máquinas para a sequência 8,5. A Figura 6.7 apresenta a simulação.

Portanto, os dados finais são os seguintes: prazo de Término: 1 hora antes (7 horas da quarta-feira). Ociosidade: Máquina A: 3 horas (idem sequência 5 a 8), Máquina B: 06 horas (11 horas na sequência 5 a 8), Máquina C: 10 horas (11 horas na sequência 5 a 8).

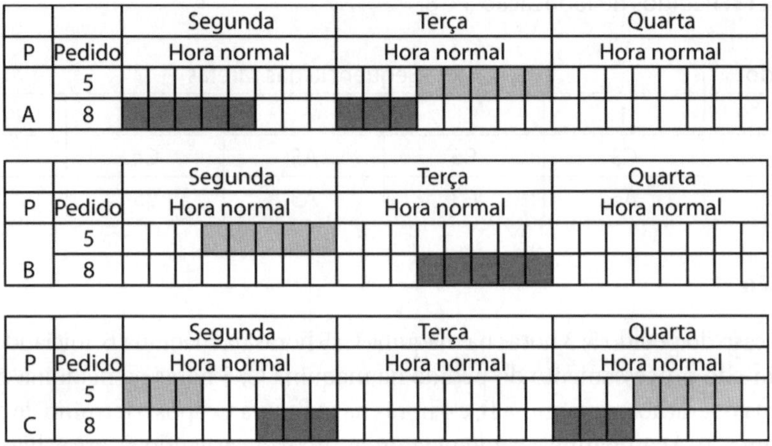

Figura 6.7: Programação do pedido 8 seguido do pedido 5.

ELSEVIER   CAPÍTULO 6 – PROGRAMAÇÃO DE ATIVIDADES   **207**

A ociosidade ocorre quando a máquina não está operando, seja por falta de carga, seja por manutenção ou por outro motivo. Nesse caso, a ociosidade ocorre devido à sequência da programação. Conclusão: A sequência de produção deve ser otimizada (a ordem importa).

Questões

1. Quais são as tarefas de planejamento e controle de produção?
2. O que é carregamento finito e carregamento infinito?
3. Por que é necessário definir o carregamento e o sequenciamento para definir a programação?
4. Defina o que é sequenciamento com foco no processo.
5. Defina o que é sequenciamento com foco no produto.
6. Diferencie a programação orientada a fatores internos da programação orientada a fatores externos.
7. Explique o que é programação puxada e programação empurrada. Dê exemplos.
8. Explique o que é programação para frente e programação para trás. Dê exemplos.

Modelagem e implementação

Programação e ajustes de capacidade segundo a visão de Wild

A programação está relacionada com o prazo das ocorrências. Programação de operações, no sentido amplo, pode ser entendida como estando relacionada com especificação, antecipação ou prazo das ocorrências dentro do sistema, chegadas e partidas do sistema, incluindo as movimentações de estoque dentro do sistema.

Na estrutura EOE, em que existem estoques de insumos e produtos, a programação de operações deve necessariamente examinar os três estágios do sistema, isto é, o prazo (época) de entrada de insumos para estoque, para a função de fabricação e para o estoque de acabados. Por outro lado, nas estruturas em que o contato entre cliente e função (EOC, DOC) e fornecedor e função (DOC, DOE) pode ser direto, os problemas de programação serão diferentes e talvez mais complexos. Se for considerada a programação de operações como estando relacionada com o fluxo físico ou a transferência de recursos ou bens, então a extensão dos seus problemas estará sob influência do número de estágios envolvidos no sistema e, portanto, pela estrutura.

Em muitas situações, faz-se uma nítida distinção entre Planejamento e Controle de Operações. Em fabricação, por exemplo, o Planejamento e Controle de Produção são vistos como duas funções distintas.

A Programação e o Controle de Operações serão considerados como um único aspecto ou área-problema. Para um controle efetivo é necessária uma programação efetiva para assegurar que os eventos ocorram como programado.

Um fator que adiciona uma considerável complexidade aos problemas de estoques, capacidade e programação é sua interdependência. As decisões tomadas em um têm impacto direto no desempenho dos outros. Existem relações entre os problemas de gestão de estoques e as atividades de programação e controle. Nas situações em que existem estoques de insumos e produtos acabados, a atividade programação fornecerá uma ligação entre os dois.

Onde existir somente estoque de acabados, a programação fornecerá uma ligação com os fornecedores, para reposição de estoques. Onde só existir estoque de insumos, a ligação com os clientes será feita por meio da programação. Nas considerações de viabilidade, a administração de capacidade influenciará a extinção e o uso dos estoques. Note que as políticas de reposição de estoques serão influenciadas por considerações de capacidade.

Entre as áreas-problema, a gestão dos estoques recebe, individualmente, um tratamento parcialmente similar e, portanto, não será detalhada neste item. Entretanto, uma questão interessante dentro da abordagem contingencial é o relacionamento da programação das atividades com a gestão de estoques.

As decisões de programação de atividades em conjunto com a gestão de estoques (tanto de insumos quanto de produtos acabados) servem para acomodar a demanda dos clientes por meio do sistema.

A estrutura do sistema define a forma pela qual essas decisões se inter-relacionam. A influência do cliente origina uma cadeia de ações sobre a gestão de estoques e a programação das atividades. A programação das atividades pode ser orientada, prioritariamente, no sentido de atender datas e prazos, como nas estruturas EOC, DOC (nesse caso predomina o critério de atendimento ao cliente), ou no sentido de obter a produtividade no uso dos recursos.

A primeira orientação envolve normalmente os procedimentos de programação "regressivos". Nas estruturas com estoques de produtos acabados, o atendimento dos prazos solicitados pelo cliente é conseguido por meio desses estoques. Nas estruturas em que não há estoques, como EOC e DOC, devem ser incluídas considerações de tempos de preparação (tempos mortos) e de duração da função e de tempos de ressuprimento na aquisição dos insumos. Em qualquer dos casos, a produtividade dos insumos deve ser conseguida por meio da programação das atividades. Quando se analisa a questão dos estoques, verifica-se que eles fazem parte da cadeia de decisões entre clientes e fornecedores. A natureza dessas decisões afetará o fluxo físico por meio do sistema, implicando que a ação entre a programação de atividades e a gestão de estoques seja integradora.

PCP também é cultura

Surgimento das técnicas de programação de atividades

Conforme foi apresentado anteriormente, a primeira técnica que surgiu para auxiliar o processo de programação de atividades foi o Gráfico de Gantt, desenvolvido por Henry L. Gantt, que permitia o acompanhamento visual do andamento da programação de atividades. Na década de 1940, impulsionado pelas necessidades de deslocamento de tropas e armamentos para a 2ª Guerra Mundial, surge a Pesquisa Operacional, com o intuito de auxiliar a tomada de decisão utilizando modelos matemáticos. Como decorrência da Pesquisa Operacional em 1956 o "Critical Path Method" (CPM); e, em 1957/58 o "Program Evaluation and Review Technique" (PERT).

O CPM foi desenvolvido por um grupo composto por pesquisadores da Du Pont de Nemours e da Remington Rand Univac, que pretendia reduzir o período de manutenção, revisão e construção de fábricas. O objetivo principal era determinar a duração das atividades relacionadas com o projeto que proporcionasse o menor custo total (direto e indireto), com uma abordagem determinística.

O PERT surgiu a partir do programa "Polaris Weapons System" da marinha americana, para desenvolver o submarino atômico polaris. O grupo para o desenvolvimento do projeto era formado por pesquisadores da Lockheed Aircraft Corporation, da Navy Special Projects Office e da consultoria Booz-Allen and Hamilton. A coordenação do projeto era responsável por 250 empreiteiras, 900 subempreiteiras e um montante de aproximadamente 70.000 peças diferentes ao longo dos três anos de execução. As estimativas de prazo e controle de atrasos foram essenciais para o sucesso do projeto proporcionadas pelo PERT permitiram um tratamento estatístico de duração das atividades.

Em 1962, os métodos PERT e CPM foram integrados, como PERT-CPM e originaram outras variantes (Roy [1964], Metra Potential Method [1972] e Neopert, desenvolvido por John Fondhal). Na década de 1990, vários softwares baseados no PERT-CPM surgiram (MS Project, Primavera, Time Line etc.) (MUSETTI, 2009). Nos anos de 1990 constituiu-se o Project Management Institute (PMI), responsável pela sistematização do conhecimento sobre gerenciamento de projetos, através dos guias PMBok. A Figura 6.8 sintetiza a evolução do gerenciamento de projetos.

Conclusão

A programação da produção tem o propósito de definir a ordem de execução de um grupo de atividades que deve proporcionar, como resultado final, a entrega de produtos ou de componentes. Em outras palavras, ela tem o objetivo principal de escolher o Plano de Produção ou Plano Mestre de Produção que melhor interaja os objetivos do Departamento Comercial com os objetivos do Departamento de Produção; devidamente alinhado aos objetivos do negócio que hierarquicamente deve se sobrepor aos dois anteriores.

Desse modo, a programação da produção define quais itens serão produzidos e em qual ordem de execução, a partir de critérios de sequenciamento pré-definidos, alinhados às estratégias de atendimento à demanda da corporação industrial. Ademais, define o quanto de cada item, e para quais períodos as ordens de produção devem ser escalonadas, de acordo com a disponibilidade dos recursos que melhor atende aos interesses da empresa em termos de custos.

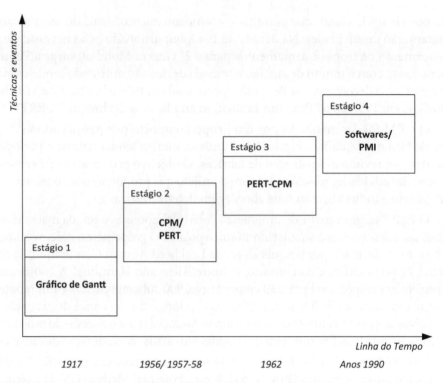

Figura 6.8: Evolução das técnicas de gerenciamento de projetos.

Cabe à programação da produção, como resultado, estabelecer a quantidade de cada produto a fabricar de cada vez, a carga de trabalho alocada aos equipamentos, a sequência em que os lotes serão fabricados, e as datas de início e de término de cada lote. Após a definição do carregamento, o próximo passo é definir a sequência na qual o trabalho será realizado.

De modo que o sequenciamento estabelece a ordem em que as atividades serão executadas a partir da carga de trabalho definida. Além disso, faz a alocação de tarefas nos diferentes centros de trabalho. A sequência pode ser definida focalizando no processo ou no produto:

1) A sequência com foco no processo aloca os trabalhos a serem realizados aos centros de trabalho.
2) A sequência com foco no produto pode ser estabelecida por lote ou por fluxo contínuo. Nesse caso, os produtos são fabricados para estoque (MTS). No caso da sequência por lote, o carregamento é finito e, no caso da sequência por fluxo contínuo, o carregamento é infinito.

O procedimento proposto neste livro considera dois tipos gerais de programação focalizada no produto: em lote e contínua.

Para ambos os casos, os produtos são padronizados e podem ser feitos para estoque, no caso específico de um centro de distribuição, movimentados e armazenados.

ELSEVIER   CAPÍTULO 6 – PROGRAMAÇÃO DE ATIVIDADES   **211**

Quando se trata da fabricação de produtos o tamanho do lote de fabricação é uma decisão importante, porque envolve o custo de preparação e do estoque disponível. Sendo considerado neste procedimento o objetivo de minimizar a quantidade comprada, de modo a evitar que o volume adquirido possa ser superior ao tamanho do lote, o que é relevante a fim de otimizar o uso do espaço físico disponível do centro de distribuição.

Exercícios

1. Sequenciar as tarefas pelas regras MTP (Menor Tempo de Processamento) e DD (Data Devida), conforme os dados da Tabela 6.14. Em ambos os casos, **pede-se:** tempo médio de término; atraso médio; número de tarefas atrasadas.

Tabela 6.14: Tarefas a serem executadas

Tarefa	Tempo de Processamento (horas)	Data Devida (horas)
I	12	30
II	25	28
III	4	8
IV	8	12
V	22	42

2. Existem seis ordens de fabricação aguardando processamento em duas máquinas I e II, sendo essa a ordem obrigatória de processamento, com os seguintes tempos de processamento em horas (Tabela 6.15). **Pede-se:** Sequencie as tarefas pela regra de Johnson. Repare que a ordem 14 tanto pode ser sequenciada em primeiro como em último lugar. Sequencie, então, dessas duas formas e calcule o tempo de término do último trabalho sequenciado. Calcule também nos dois casos a eficiência conjunta

Tabela 6.15: Ordem de processamento

Ordem	Máquina I	Máquina II
14	1	1
25	7	2
8	3	4
30	4	3
35	8	2
32	2	6

Tabela 6.16: Dados das tarefas

Número da Tarefa	Tempo de Produção (horas)	Data Devida (horas)
161	3,8	6,0
162	2,1	3,0
163	4,5	14,0
164	3,0	10,0
165	4,2	20,0
166	2,9	19,0

das máquinas. Existe alguma diferença conforme se sequencia a ordem 14 em primeiro ou em último lugar?

3. A empresa Alfa deve definir a sequência do plano de produção das ordens de produção da Tabela 6.16.

Pede-se:

a) Determine a sequência de produção usando: menor tempo de processamento, razão crítica, data devida.

b) Compare as sequências usando como critério o Atraso Médio.

c) Construa o gráfico de Gantt para a melhor sequência.

4. Considere os trabalhos descritos na Tabela 6.17, que chegaram na ordem 1, 2, 3, 4, 5 e devem ser obrigatoriamente sequenciados na Furação e depois no Corte. **Pede-se:** Calcule a economia de tempo obtida pela aplicação do algoritmo de Johnson em relação ao critério PEPS.

Tabela 6.17: Tarefas a serem executadas

Tarefas	Tempo de Processamento em horas	
	Furação	*Corte*
1	7	4
2	3	10
3	8	1
4	6	9
5	2	5

5. Encontrar a programação de produção de menor duração para produzir os três produtos (Tabela 6.18), respeitando o processo de produção $M_1 \rightarrow M_2 \rightarrow M_3 \rightarrow M_4$.

6. Determinar, segundo o Diagrama de Montagem, o tempo de execução do produto X, considerando: X= obtido a partir da montagem de A,B e C; A= obtido a partir da

ELSEVIER CAPÍTULO 6 – PROGRAMAÇÃO DE ATIVIDADES 213

Tabela 6.18: Produtos a serem fabricados

	M_1	M_2	M_3	M_4
A	10	---	5	5
B	---	10	5	---
C	---	---	10	15

submontagem de A_1, A_2 e A_3; C= obtido a partir da submontagem de C_1 e C_2; A_2= obtido a partir da submontagem de a_{21} e a_{22}; C_2= obtido a partir da submontagem de c_{21} e c_{22}; B= comprado fora.Tempo de execução de cada item:

T_x= 3 dias	T_{a1}= 6 dias	
T_a= 4 dias	T_{a2}= 4 dias	T_{a21}= 3 dias
T_b= 6 dias	T_{a3}= 4 dias	T_{a22}= 5 dias
T_c= 5 dias	T_{c1}= 3 dias	T_{c21}= 3 dias
	T_{c2}= 2 dias	T_{c22}= 2 dias

7. Considerando que no dia 7 (sete) é preciso pagar uma duplicata de R$200,00 e que os produtos fornecem uma receita de: Produto A = R$120,00; Produto B = R$150,00; Produto C = R$100,00. Estabeleça a programação de produção para tornar possível o pagamento da duplicata, terminando o produto até essa data. Considere a data inicial igual a 1. **Pede-se:** Utilize o gráfico de Gantt. Seguem as informações, com os tempos em dias (Tabela 6.19).**Observação:** O processo de produção segue a ordem: $M_1 \to M_2 \to M_3$

Tabela 6.19: Fabricação de produtos

	Máquina 1	Máquina 2	Máquina 3
Produto A	2	1	3
Produto B	2	1	
Produto C	1	3	2

8. Faça o gráfico de Gantt para o exemplo de aplicação do item relativo a regra de Johnson e confirme a duração total da solução.

9. Sete tarefas estão aguardando para serem processadas numa estação de trabalho, conforme informações a seguir (Tabela 6.20).

   Pede-se:

   a) Determine a sequência de produção usando os critérios: Menor Tempo de Processamento, PEPS, Menor Folga e Razão Crítica.

Tabela 6.20: Tarefas a serem processadas

Tarefa	Tempo de Produção (horas)	Entrega Prometida (horas)
A	2,4	31,0
B	3,7	12,0
C	5,2	19,0
D	3,3	14,0
E	5,6	10,0
F	6,1	27,0
G	4,0	24,0

b) Avalie essas sequências usando as métricas: tempo médio de fluxo, número médio de tarefas no sistema e atraso médio da tarefa. Para cada sequência, identifique a tarefa que gera o atraso máximo.

Implementação computacional

Desenvolva o programa a partir do pseudocódigo da regra de Johnson para duas máquinas.

funcao que ordena crescente pela coluna 1

funcao que ordena crescente pela coluna 2

faz copias da matriz original

matriz que será ordenada pela coluna 1

matriz que será ordenada pela coluna 2

ordena a matriz OrdBym1

ordena a matriz OrdBym2

variavel auxiliar para colocar a ordem de execucao na matriz Parte1

variavel auxiliar para colocar a ordem de execucao na matriz Parte2

Cria a matriz auxiliar 1

Cria a matriz auxiliar 2

Para (i =0 até i < count(matriz) faça inicio //Loop para colocar em ordem os processos

aux1= current(OrdBym1) //auxiliar para matriz OrdBym1

aux2= current(OrdBym2) //auxiliar para matriz OrdBym2

se ((aux1[1] <= aux2[2]))

inicio

Se o valor da primeira coluna (maquina 1) para menor.

Adiciona um elemento no final do vetor Parte1

Coloca qual a ordem de execucao

incrementa o indice(para proxima vez que entrar no se

acha a posicao em que o aux1 esta na matriz ORdBym1

Exclui aquela chave

acha a posicao em que o aux1 esta na matriz ORdBym2

Exclui aquela chave

Fim

Senao

inicio

Se o valor da segunda coluna (maquina 2) para menor.

Adiciona um elemento no início do vetor Parte 2

Coloca qual a ordem de execucao

acha a posicao em que o aux2 esta na matriz ORdBym1

Exclui aquela chave

acha a posicao em que o aux2 esta na matriz ORdBym2

Exclui aquela chave

Fim

Fim

Junta as duas matrizes auxiliares e resultando na matriz ordenada

Imprime a matriz ordenada

Estudo de caso para simulação

Um produto de madeira é fabricado em uma marcenaria. Os dados relativos à chegada de pedidos para três semanas estão nas tabelas a seguir e no texto.

Pede-se:

a. Faça a mão ou utilizando uma planilha a simulação do gráfico de Gantt para cada semana, considerado as máquinas A, B e C, apresentando ao final de cada gráfico e em suas respectivas linhas, colunas indicando o total de horas normais, total de horas extras e total de horas utilizadas.

b. Gere um relatório gerencial contendo a apuração da receita (número do pedido e preço de venda), apuração dos custos, considerando o custo de hora-máquina (hora regular e hora extra), custo de matéria prima para cada pedido, especificando a quantidade de madeira, o custo por m^2 e o custo do pedido (nesse caso identifique o estoque inicial de madeira (quantidade), estoque final de madeira (quantidade) e o custo do estoque (quantidade $\times$ preço).

Tabela 6.21: Dados para a semana 1

Número do pedido	Sequência e tempo de produção				Madeira necessária (em m²)	Preço de venda	
	Oper. 1 Máq (h)	Oper. 2 Máq (h)	Oper. 3 Máq (h)	Oper.4 Máq (h)		Entrega no prazo (na semana)	Entrega no prazo (1 semana)
105	A - 3	B - 6	C - 4		10	420	300
206	A - 8	B - 8	C - 5		20	700	500
138	A - 6	C - 6	B - 7		20	670	580
2010	A - 9	C - 11	B - 4		22	770	720
2014	B - 5	A - 10	C - 6		10	420	300
1022	A - 2	B - 3	C - 10	B - 4	26	890	850
1025	A - 10	B - 10	C - 7	B - 5	40	1600	1200
1430	B - 12	A - 7	C - 12	B - 2	30	1000	900
1631	B - 9	A - 2	C - 2	B - 1	60	2000	1800
2432	B - 5	A - 12	C - 6	B - 10	30	980	900

Tabela 6.22: Dados para a semana 2

Número do pedido	Sequência e tempo de produção				Madeira necessária (em m²)	Preço de venda	
	Oper. 1 Máq (h)	Oper. 2 Máq (h)	Oper. 3 Máq (h)	Oper.4 Máq (h)		Entrega no prazo (na semana)	Entrega no prazo (1 semana)
1	A - 4	B - 6	C - 7		18	520	470
11	A - 7	C - 8	B - 7		22	730	630
18	C - 4	B - 7	A - 6		16	460	400
20	C - 8	B - 10	C - 4		20	690	600
23	A - 7	B - 3	C - 7	B - 5	20	900	810
24	A - 3	B - 2	C - 1	A - 2	30	1050	930
26	A - 8	B - 12	C - 12	A - 10	28	930	900
37	C - 12	B - 10	B - 11	B - 12	40	1320	1200
38	C - 11	B - 4	A - 7	B - 9	22	850	800
40	A - 5	B - 6	A - 8	B - 6	40	1200	1100

ELSEVIER   CAPÍTULO 6 – PROGRAMAÇÃO DE ATIVIDADES   217

Tabela 6.23: Dados para a semana 3

Número do pedido	Sequência e tempo de produção				Madeira necessária (em m²)	Preço de venda	
	Oper. 1 Máq (h)	Oper. 2 Máq (h)	Oper. 3 Máq (h)	Oper.4 Máq (h)		Entrega no prazo (na semana)	Entrega no prazo (1 semana)
2	A - 4	B - 10	C - 11		30	1250	1100
5	A - 3	B - 6	C - 4		10	320	300
8	A - 6	C - 6	B - 7		20	630	580
9	A - 9	C - 8	B - 10		12	370	320
16	B - 7	A - 4	B - 4		20	450	400
19	C - 8	B - 6	C - 7		10	490	410
21	A - 7	B - 1	C - 2	A - 7	24	960	910
33	B - 6	A - 6	B - 10	B - 6	20	650	630
34	B - 7	A - 7	B - 3	B - 7	16	520	500
36	C - 8	A - 4	B - 5	C - 8	20	590	530

Informações adicionais

Custo de hora-máquina: Máquina A (R$1,00 por hora); Máquina B (R$2,00 por hora); Máquina C (R$4,00 por hora)

Observação: O custo em hora extra é 50% maior.

Custo do metro quadrado de madeira:

- ○ Entrega normal (prazo de 1 semana): R$8,00
- ○ Entrega na hora: R$12,00
- ○ Total de compra de madeira é sempre pago à vista, independente da entrega
- ○ Custo de estocagem: R$1,00 por metro quadrado. No cálculo do custo de estocagem da semana, considere o estoque real de sexta-feira
- ○ Demais custos fixos: R$800,00 por semana, contabilizando a sexta-feira

Observação

Sempre contabilize o custo da madeira no início da fabricação do pedido. É possível iniciar um pedido em uma semana e concluí-lo na semana seguinte. Se esse for o caso, contabilize o custo integral da madeira e o custo proporcional das máquinas, na semana de início. E a receita só na próxima sexta-feira. A receita de venda do produto só é recebida na sexta-feira, após o término do pedido. Assim, você só pode contar com o dinheiro de caixa para fazer compras da semana.

No Relatório Semanal, além do lucro, indicar o Saldo de Caixa para a semana 3 e a Quantidade de madeira comprada na semana 3. A seguir, uma proposta de modelo de gráfico de Gantt para cada máquina.

A seguir, um modelo de relatório gerencial para seguir como exemplo para cada semana:

Tabela 6.24: Modelo de tabela para o gráfico de Gantt

Máquina A	Segunda	Terça	Quarta	Quinta	Sexta	Total de horas normais	Total de horas extras	Total de horas utilizadas
Pedido								

Observação: Para cada dia separar em células que totalizem 8 horas normais mais duas horas extras.

Relatório Gerencial : Semana ___

1. Apuração da receita (produtos finalizados na semana)

Tabela 6.25: Apuração da receita

Nº do pedido	Preço de venda	Conta caixa
Receita total	**R$**	

2. Apuração dos custos
   2.1 Custo hora-máquina

Tabela 6.26: Custo hora normal

	Hora normal	Total por máquina
Máquina A	Quantidade de horas $\times$ R$1,00	
Máquina B	Quantidade de horas $\times$ R$2,00	
Máquina C	Quantidade de horas $\times$ R$4,00	
Total de hora regular		R$

Tabela 6.27: Custo hora-extra

	Hora extra	Total por máquina
Máquina A	Quantidade de horas $\times$ R$1,50	
Máquina B	Quantidade de horas $\times$ R$3,00	
Máquina C	Quantidade de horas $\times$ R$6,00	
Total de hora extra		R$

Despesas com salários: R$

ELSEVIER CAPÍTULO 6 – PROGRAMAÇÃO DE ATIVIDADES

2.2 Custo de matéria-prima

Tabela 6.28: Custo de matéria-prima

Nº do pedido	Quantidade de madeira	Custo por m²	Custo do pedido
	Total de despesas de material		R$

2.3 Despesas gerais: R$800,00

Tabela 6.29: Lucro da semana

Lucro da semana	R$
Estoque inicial de madeira (quantidade)	
Estoque final de madeira (quantidade)	
Custo de estocagem	

Total de despesas: R$

3. Lucro da semana (Receita – despesas)

PCP multimídia

Filme

O feitiço do tempo (*Groundhog day,* 1993). DIR. Harold Ramis. Um jornalista vai noticiar uma festa anual de uma cidade do interior dos Estados Unidos. Entretanto, ele acorda sempre no mesmo dia e refaz o dia procurando corrigir os erros do dia anterior. *Motivo:* o filme discute os objetivos de uma ação e como essa ação tem desdobramentos diversos em função de cada situação nova que se apresenta.

Verificação de aprendizado

O que você aprendeu? Faça uma descrição de 10 a 20 linhas do seu aprendizado.

Os objetivos de aprendizado declarados no início foram atingidos? Responda em uma escala 1 a 3 (1. não; 2. parcialmente; 3. sim). Comente a sua resposta.

Referências

GAITHER, N.; FRAZIER, G. *Administração de produção e operações.* São Paulo: Pioneira Thomson Learning, 2002.

MUSETTI, M. Planejamento e controle de projetos (Capítulo 3). In: ESCRIVÃO FILHO, E. Gerenciamento na construção civil. São Carlos, Projeto Reenge, setor de publicação da EESC-USP, 2009.

PMI. Um guia de conhecimento em gerenciamento de projetos (guia PMBok), 4ª ed. Project management Institute, Pensilvânia, EU, 2008.

SLACK, N. et al. *Administração de Produção*. São Paulo: Atlas, 1998.

WILD, R. *Operations Management:* a policy framework. Oxford: Pergamon Press, 1980.

WILSON, J.M. Gantt charts: a centenary appreciaton. *European Journal of Operational Research*, 149, p.430- 437, 2003.

Capítulo 7

SISTEMAS MRP, MRPII, ERP

Fábio Müller Guerrini

Renato Vairo Belhot

Walther Azzolini Júnior

Resumo

Os sistemas de PCP tradicionais estão relacionados com a linha evolutiva do Ponto de Reencomenda (ROP), Planejamento das Necessidades Materiais (MRP), Planejamento dos Recursos de Manufatura (MRP II) e Planejamento dos Recursos Empresariais (ERP). O capítulo aborda os conceitos gerais de cada fase de evolução do MRP e desenvolve um exemplo do registro do MRP.

Palavras-chave: MRP; MRPII; ERP; PCP.

Objetivos instrucionais (do professor)

❖ Apresentar as variáveis e técnicas que envolvem o Planejamento das Necessidades de Materiais e o caráter evolutivo que originou os sistemas ERP.

Objetivos de aprendizado (do aluno)

❖ Preencher um registro MRP.
❖ Reconhecer a hierarquia de planejamento dos diferentes módulos dos sistemas MRP II.
❖ Compreender a lógica de funcionamento dos sistemas ERP.

Introdução

O ponto de reencomenda (ROP) foi o primeiro sistema de emissão de ordens de reposição de estoques que surgiu. A partir da década de 1960 surgiram iniciativas para permitir que ele pudesse ser informatizado.

O MRP realiza a gestão de estoque apoiado no ROP (ponto de reencomenda), em que, a partir de dados do plano mestre de produção, uma lista de materiais é gerada e o planejamento das necessidades de materiais é feito. A limitação de capacidade originou os roteiros de produção (sequências e tempos das diferentes tarefas das ordens de produção) e um cadastro de centros de produção com as respectivas capacidades. A limitação do MRP é que o modelo não propõe ação para eventuais limitações de capacidade detectadas. Pode-se alterar o MPS. O modelo não determina o sequenciamento das ordens alocadas aos diferentes centros de produção.

O MRP II incorpora os módulos de planejamento de vendas e operações, gestão de capacidade e gestão de demanda, viabilizando as operações e o controle do chão de fábrica. A limitação do MRP II está no cálculo de necessidades, no qual os tempos de produção utilizados como se fossem "constantes". Há lotes mínimos e múltiplos do lote, falta de otimização de sequenciamento, dificuldade em garantir que o status da fábrica e dos estoques corresponda ao do sistema, e o problema do MPS permanece.

O ERP é um sistema integrado que executa as funções do MRP II e possui módulos de gestão financeira e contábil, gestão de recursos humanos e gestão da cadeia de suprimentos. A principal limitação do ERP está na necessidade de customizar a empresa para adequá-la à lógica dos módulos do sistema.

A Figura 7.1 apresenta o modelo conceitual para sistemas da linha evolutiva dos sistemas MRP.

Caso

Evolução do sistema MRP para o sistema ERP

Em 1957, um grupo de 27 profissionais da área de controle de produção e de estoque fundou nos Estados Unidos a APICS (*American Production and Inventory Control Society*), ampliando as pesquisas no âmbito do Planejamento e Controle de Produção. O Brasil viria a criar a sua associação na década de 1980, chamada Associação Brasileira de Engenharia de Produção (ABEPRO), a exemplo das existentes em outras áreas de conhecimento correlatas.

Em 1960 surgiram alguns pioneiros que desenvolveram o MRP (*Materials Requirement Planning*), o primeiro sistema de planejamento e controle de produção que possuía como diferença básica dos sistemas existentes a reprogramação dos itens de estoque a partir de um conceito denominado posteriormente de estrutura do produto. Esse foi o primeiro sistema de planejamento e controle de produção adotado pela indústria. Joseph Orlicky foi o autor do primeiro livro sobre o MRP, e afirmava no

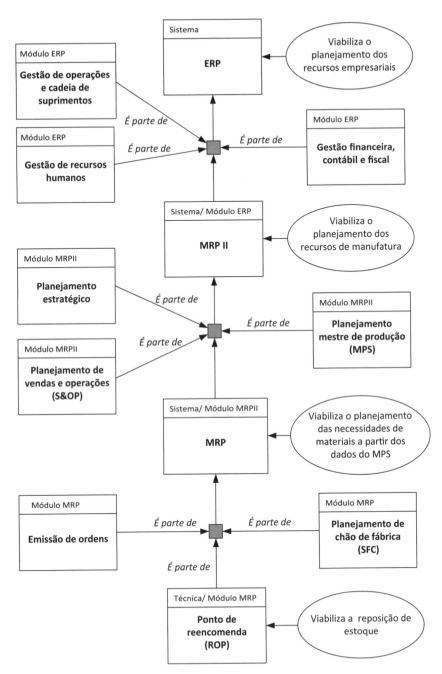

Figura 7.1: Modelo conceitual para sistemas da linha evolutiva dos sistemas MRP.

prefácio que a abordagem do planejamento de produção e estoques era orientada para a prática. Em 1973, Joseph Orlicky chefiou um comitê para preparar um guia de estudos para o exame administrado publicamente do MRP, sob a supervisão do Serviço Educacional de Testes de Princeton. A partir do material levantado, escreveu o primeiro livro sobre MRP, em 1975. De acordo com a definição da APICS, MRP "é uma lista de técnicas que usa as listas de material, dados de estoque e o programa mestre de produção para calcular as necessidades de materiais. Faz-se a recomendação de permitir ordens de reabastecimento de material".

Oliver Wight publicou em 1981 o livro *Manufacturing Resources Planning (MRP II)* no qual incorpora ao conceito de MRP o "Plano de negócios da empresa" para então definir os módulos RCCP (*Rought Cut Capacity Planning*) ou "Planejamento Grosseiro da Capacidade" e o CRP (*Capacitiy Resources Planning*) ou "Planejamento da Capacidade de Recursos" que auxiliam a administração da capacidade. Wight introduziu o módulo de S&OP (*Sales & Operations Planning*) ou "Planejamento de Vendas e Operações" que antecede o módulo de Plano Mestre de Produção (MPS) e equivale à denominação acadêmica do Plano Agregado de Produção. Abaixo do nível do MRP, Wight incorpora o SFC (*Shop Floor Control*) ou "Controle de Chão de Fábrica", que atua conjuntamente à coleta automatizada de dados da manufatura (LAURINDO e MESQUITA, 2000). As decisões do MRP II são centralizadas em um software que possui uma hierarquia de necessidades para cada horizonte de tempo definido em longo, médio e curto prazo. Os módulos auxiliares de administração de capacidade estão presentes em cada um dos horizontes de tempo.

Com o desenvolvimento da tecnologia da informação e a possibilidade de se tratar uma grande massa de dados, o MRP II evoluiu para o *Enterprise Resources Planning (ERP),* com o objetivo de planejar e controlar os recursos empresariais necessários, incluindo o relacionamento da unidade produtiva com os fornecedores e consumidores.

Os sistemas ERP integram todos os departamentos e as funções de uma empresa em um único sistema informatizado, possuem opções de pacotes sob uma arquitetura de informação comum, que pode ou não se ligar com outros aplicativos. O ERP inclui: engenharia e lista de material; controle de documentos em engenharia; suprimento; gestão de materiais; PCP; gestão de custos; finanças e contabilidade; e marketing. O ERP pode ser acessado e utilizado a partir da sua instalação em um *mainframe* ou em rede, desde que permitam a agregação simultânea, desagregação e manipulação de dados, a fim de apoiar a criação de cenários múltiplos bem como o teste de decisões de negócios, quer de forma centralizada ou descentralizada. O ERP deve poder acompanhar a mudança da natureza das decisões, permitindo que áreas funcionais testem de forma cruzada os dados requeridos para cada uma das necessidades. Visões mais globais são também testáveis. Os dados do ERP são integrados com o chão de fábrica mais facilmente do que MRP e o MRP II, em função de sua tecnologia de informação.

Para fins didáticos, será apresentado inicialmente o sistema ERP, que contém o módulo MRPII. Em seguida, será abordado o sistema MRPII que contém o módulo

ELSEVIER | CAPÍTULO 7 – SISTEMAS MRP, MRPII, ERP | 225

do MRP. Finalmente, aborda-se o sistema MRP, para o qual desenvolve-se um exemplo de aplicação baseado na fabricação de uma bicicleta.

Compreendendo as variáveis

Sistemas de planejamento dos recursos empresariais - ERP

Os sistemas de planejamento dos recursos empresariais – ERP (*Enterprise Resources Planning*) correspondem ao estágio atual de evolução do MRP. Os ERP devem viabilizar as funções de produção, vendas e marketing, finanças e contabilidade e recursos humanos enquanto um sistema de informação. A caracterização das funções de uma empresa é feita pelos processos de negócio estabelecidos. Esses processos, quando modelados, geram opções de melhoria.

A estruturação organizacional é definida pelas metas dos cinco processos operacionais: desenvolver visão e estratégia, projetar e desenvolver produtos e serviços; fazer marketing e vender produtos e serviços; distribuir produtos e serviços; gerenciar e prestar assistência ao cliente. Já as relações entre os agentes envolvidos configuram-se nos sete processos de gerenciamento: desenvolvimento e gerenciamento de recursos humanos; gerenciamento da tecnologia da informação; administração de recursos financeiros; aquisição, construção e gerenciamento de recursos físicos; criar e gerir responsabilidade ambiental e de segurança; gerenciar relações externas; gerenciar construção de conhecimento, melhorias e mudanças.

Um ERP apoia parcialmente os processos de negócio organizacionais. Para cada empresa, varia o grau de importância de apoio ao processo decisório e sua utilidade como plataforma integrada para viabilizar o fluxo de informação. Isso ocorre devido ao conflito gerado pela incompatibilidade das visões funcional e departamental, nas quais as organizações geralmente se encontram, *versus* a visão integrada por processos de negócio que o ERP propõe.

O ERP possui os módulos de gestão de operações e cadeia de suprimentos, gestão financeira e fiscal, recursos humanos e planejamento dos recursos de manufatura.

Gestão de operações e cadeia de suprimentos

No início, os sistemas ERP visavam a integração das áreas funcionais das empresas, para gerenciar o processo do início ao fim, passando pelas áreas funcionais da empresa. O ERP provocou uma mudança na forma como a empresa deveria ser abordada, em vez dos departamentos, por processos de negócio.

Mas a integração da cadeia de suprimentos ainda persiste como um grande desafio dos sistemas ERP. Neste contexto, uma vez implementado o módulo de Gestão da Cadeia de Suprimentos, há questões a serem consideradas no gerenciamento das operações. A Gestão da Cadeia de Suprimentos é adequada para processos de avaliação de fontes de suprimentos e alternativas logísticas, mas os sistemas ERP não possuem essa característica. Em função dos sistemas ERP possuírem uma única base de dados, eles podem auxiliar a supervisionar a Gestão da Cadeia de Suprimentos.

Enquanto o sistema ERP capta e processa os dados necessários e auxilia funções como vendas e serviços, contratação e execução logística, desenvolvimento de produtos e de fabricação, a Gestão da Cadeia de Suprimentos fornece camadas adicionais de apoio à decisão dentro e fora das fronteiras organizacionais.

Os sistemas ERP são sistemas baseados em transações, enquanto a Gestão da Cadeia de Suprimentos fornece visibilidade, planejamento, colaboração e controle da empresa e de seus respectivos fornecedores e clientes. Os sistemas ERP foram baseados em modelos tradicionais e as ferramentas analíticas, geralmente, não preveem o impacto das mudanças das políticas comerciais.

Gestão financeira e fiscal

O módulo de gestão financeira e fiscal é responsável por unificar os diferentes centros de custos das unidades fabris da empresa. O objetivo é evitar a ocorrência de discrepâncias dos dados financeiros. Todas as transações financeiras passam pelo módulo de gestão financeira e fiscal. É responsável também pelo orçamento, bem como pelas questões fiscais, relacionadas com impostos e tributos da empresa.

Recursos humanos

O módulo de recursos humanos é responsável pelo gerenciamento dos recursos humanos da empresa. Apoia a organização e o gerenciamento da programação, pagamento de pessoal, contratação e treinamento de pessoas. As funcionalidades do módulo de recursos humanos incluem gerar a folha de pagamento, benefícios, processos seletivos de pessoal, turnos de trabalho, plano e desenvolvimento de carreira, diárias e despesas relacionadas com a viagem.

Planejamento dos recursos da manufatura enquanto módulo do ERP

O módulo de planejamento dos recursos da manufatura é responsável por definir os recursos necessários para a produção (máquinas, mão de obra, dentre outros) e foi o sistema de PCP precedente ao ERP na linha evolutiva dos sistemas tradicionais.

A seguir apresenta-se uma visão mais detalhada do MRPII e seus respectivos módulos.

Planejamento dos recursos de manufatura (MRP II)

O fluxo de informações do MRPII recebe as informações do planejamento estratégico diretamente no planejamento agregado de produção que é auxiliado pelo módulo RRP (*Resources Requirement Planning*), também conhecido como módulo de plano agregado de recursos, que se refere ao horizonte de médio prazo. Com essas informações, inicia-se o planejamento mestre de produção que é auxiliado pelo módulo RCCP (*Rought-Cut Capacity Planning*) ou Planejamento "grosseiro" de capacidade, também referente ao horizonte de planejamento de médio prazo. O plano mestre operacionaliza o planejamento de produção, definindo-se a partir daí o planejamento das necessidades materiais. Este é auxiliado pelo módulo de CRP (*Capacity Requirement Planning*), ou Cálculo de Necessidade de Capacidade, que determina a estrutura do produto. Seguem-se as atividades de compra e programação, que dizem respeito ao horizonte de curto prazo e estão diretamente associadas ao horizonte de curto prazo.

A Figura 7.2 apresenta o fluxo de informações do MRP II.

Planejamento estratégico

O planejamento estratégico que antecede o fluxo de informações do MRP II é o elemento central que faz a coordenação entre os planos financeiro, de marketing, de engenharia e de produção.

O plano financeiro faz a previsão de demanda de longo prazo e determina a viabilidade econômica da produção relativa às capacidades futuras. As previsões de demanda podem ser qualitativas ou quantitativas. As previsões de demanda, também conhecidas como previsões de vendas, devem ser adequadas ao porte da empresa para serem viáveis economicamente. Quanto maior o grau de sofisticação do método utilizado, maior será o custo de implantação do programa que operacionaliza a técnica.

A análise da previsão de demanda depende do plano de marketing que vai definir os atributos do produto, o seu preço, a sua praça (localidades onde se pretende vendê-lo) e as promoções que dizem respeito ao produto.

Estabelecida a viabilidade econômica do produto e seu plano de marketing, inicia-se o plano de engenharia que vai determinar o projeto do produto a partir das características determinadas no plano de marketing. Em seguida, o plano de produção determinará os recursos necessários (máquinas, equipamentos, mão de obra e instalações) para viabilizar a produção.

Plano agregado de produção

O plano agregado de produção é o plano macro para definição de recursos necessários à produção (máquinas, mão de obra etc.). Define uma capacidade necessária para uma demanda prevista de longo prazo.

O objetivo do planejamento agregado é relacionar as variáveis relativas a produção, mão de obra e estoques. Os modelos permitem a tomada de decisão e a solução

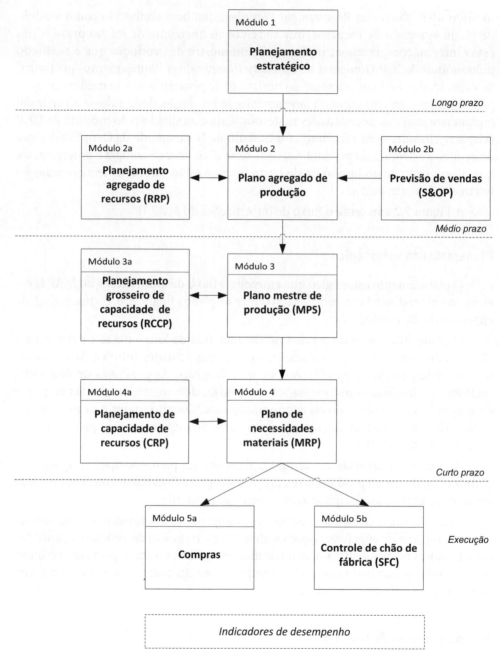

Figura 7.2: Fluxo de informações do MRPII.

é obtida por meio da aplicação de algum método, baseado em modelos otimizantes, gráficos ou quadros.

As técnicas gráficas abordam algumas variáveis conjuntamente, desenvolvendo soluções baseadas em tentativa e erro. Os quadros das necessidades de produção e as projeções cumulativas de carga de trabalho permitem uma compreensão inicial ao problema de planejamento agregado.

A partir das informações geradas pelo planejamento estratégico, o plano agregado de produção é definido em médio prazo e estabelece os níveis de produção, dimensiona a mão de obra a ser utilizada e define os níveis de estoque necessários para viabilizar a produção. São identificadas as famílias de itens, sem especificar as características individuais de cada item. Por exemplo, se é uma fabricante de roupas, serão especificadas quantas peças serão fabricadas, mas sem determinar a cor.

As famílias de produtos são determinadas por características similares de utilização e/ou projeto. Assim, para um fabricante de produtos relacionados com informática, as impressoras, as calculadoras e os monitores podem constituir três famílias de produtos diferentes. No caso específico de um fabricante de software, a família pode ser o pacote e os softwares relacionados que a compõem.

O plano agregado já é definido em um horizonte de tempo mensal e detalha o plano de marketing para obter o plano detalhado de vendas, e detalha o plano de produção para fornecer informações ao plano mestre de produção.

O módulo RRP (*Resource Requirements Planning*), ou plano agregado de recursos, que auxilia o planejamento agregado de produção, parte de um plano de produção preliminar e verifica se os recursos disponíveis são suficientes para atender o plano de produção. O RRP faz uma análise de longo prazo, para prever as necessidades de grandes partes estruturais da unidade produtiva, buscando viabilizar a produção a longo prazo por meio da obtenção dos recursos necessários. Também está associado ao termo "Plano de Capacidade Infinita". Caso não haja recursos disponíveis, serão verificadas as possibilidades de ajustar as diferenças no plano, ou, caso seja necessário, até mesmo mudar o plano.

As informações geradas pelo planejamento agregado de produção servirão como dados de entrada para a elaboração do Plano Mestre de Produção.

Plano Mestre de Produção

O Plano Mestre de Produção (*MPS – Master Planning Schedule*) é a etapa subsequente ao Plano Agregado de Produção e da desagregação das informações necessárias para viabilizar a produção.

Representa o que a empresa pretende produzir por meio da especificação de configurações, quantidades e datas específicas. Tem como objetivo básico programar as taxas de produção dos produtos finais, compatibilizando a demanda com os recursos internos da empresa.

O Plano Mestre de Produção é auxiliado pelo Plano Grosseiro de Produção (*RCCP – Rough Cut Capacity Planning*) que confronta o MPS com gargalos e recursos-chave e, caso esse MPS não seja viável, ele deve ser ajustado para as capacidades do sistema. Deve operar com certas restrições, pois é utilizado no âmbito do médio prazo.

As principais dificuldades relacionadas com o Plano Mestre de Produção dizem respeito ao volume de dados a serem manipulados, atualizações da desagregação, precisão dos dados e relação custo-benefício.

O Plano Mestre de Produção se refere à produção de produtos finais (demanda independente). Considera a capacidade agregada, sendo o elo de ligação entre o planejamento agregado e a produção. Para iniciar o plano mestre de produção, todas as informações contidas no plano de produção são desagregadas, especificando-se cada item, submontagens e detalhe técnico referente à fabricação do produto.

O plano mestre de produção é o elemento de comunicação entre vendas e manufatura e representa o que a empresa pretende produzir, expresso em produtos finais por quantidades e datas específicas. Define o "como fazer", por meio do detalhamento dos processos de produção a partir das necessidades percebidas no projeto do produto. Para a fabricação de um determinado lote de produção define-se a alocação de cada recurso, especificando-se as atividades e detalhando as informações referentes ao processo.

No caso do sistema de produção MTS (*make to stock*) é manter estoque de produto acabado. O estoque serve de "amortecedor" de demanda para a produção. A produção deve ser mais balanceada (Tabela 7.1), e o custo de manutenção de estoques deve ser o mínimo possível. Para cada período, o estoque disponível é a diferença entre o estoque do período anterior e a previsão de consumo, mais a quantidade indicada para a produção do MPS.

Tabela 7.1: Exemplo de MPS de produto acabado

		1	2	3	4	5	6	7	8	9	10	11	12
Previsão		5	5	5	5	5	5	15	15	15	15	15	15
Disponível	20	25	30	35	40	45	50	45	40	35	30	25	20
MPS		10	10	10	10	10	10	10	10	10	10	10	10

No caso de sistema MTO e ATO, mantêm-se estoque apenas de segurança ou zero. A produção tem de acompanhar a demanda, não é balanceada se houver variação de demanda, e há maior custo de produção se houver variação de demanda, visando o menor custo de manutenção de estoques (Tabela 7.2).

Tabela 7.2: MPS para sistemas MTO e ATO. MPS acompanhando a previsão de vendas

		1	2	3	4	5	6	7	8	9	10	11	12
Previsão		5	5	5	5	5	15	15	15	15	15	15	15
disponível	5	5	5	5	5	5	5	5	5	5	5	5	5
MPS		5	5	5	5	5	15	15	15	15	15	15	15

ELSEVIER   CAPÍTULO 7 – SISTEMAS MRP, MRPII, ERP   231

Exemplo de aplicação

Seja a produção de um lote de impressoras de computador, em que o estoque de segurança é 50 e o lote é de 100 unidades. **Seguem-se os** passos 1, 2, 3, 4 e 5.

Passo 1 Indicar o estoque projetado

Produto: impressoras	Período em semanas								
Períodos	0	1	2	3	4	5	6	7	8
Previsão									
Demanda dependente									
Pedidos de carteira									
Demanda total									
Estoque projetado	**50**								
MPS									

Passo 2 Indicar a previsão para cada período

Produto: impressoras	Período em semanas								
Períodos	0	1	2	3	4	5	6	7	8
Previsão		**105**	**105**	**105**	**105**	**222**	**0**	**57**	**110**
Demanda dependente									
Pedidos de carteira									
Demanda total									
Estoque projetado	50								
MPS									

Passo 3 Definir a quantidade na demanda dependente

Produto: impressoras	Período em semanas								
Períodos	0	1	2	3	4	5	6	7	8
Previsão		105	105	105	105	222	0	57	110
Demanda dependente							**50**		
Pedidos de carteira									
Demanda total									
Estoque projetado	50								
MPS									

Passo 4 Definir a quantidade na demanda total

Produto: impressoras		Período em semanas							
Períodos	0	1	2	3	4	5	6	7	8
Previsão		105	105	105	105	222	0	57	110
Demanda dependente							50		
Pedidos de carteira									
Demanda total		**105**	**105**	**105**	**105**	**222**	**0**	**57**	**110**
Estoque projetado	50								
MPS									

Passo 5 Simular as quantidades para o MPS

Produto: impressoras		Período em semanas							
Períodos	0	1	2	3	4	5	6	7	8
Previsão		105	105	105	105	222	0	57	110
Demanda dependente							50		
Pedidos de carteira									
Demanda total		105	105	105	105	222	50	57	110
Estoque projetado	50	145	140	135	130	108	58	101	91
MPS		**200**	**100**	**100**	**100**	**200**	**0**	**100**	**100**

Planejamento de necessidades materiais (MRP)

O módulo de Planejamento das Necessidades Materiais determina, a partir das informações do Plano Mestre de Produção, a lista de materiais, os níveis de estoque, e emite as ordens de compra e as ordens de produção. Estabelece um plano de compras e fabricação, a partir do escalonamento no tempo das necessidades de materiais.

As ordens de produção devem especificar os tipos e as quantidades dos itens a serem fabricados e as ordens de compra, a quantidade de materiais a serem comprados. Antes de se emitirem as ordens de compra, verificam-se o nível dos estoques e a disponibilidade de peças para utilização.

O termo utilizado para a verificação das necessidades líquidas de materiais é *explosão* das necessidades materiais, pois o estoque disponível não é capaz de atender a todas as situações da aleatoriedade das necessidades materiais. O cálculo da quantidade líquida de cada item depende das informações contidas na lista de materiais de cada produto e as informações sobre os níveis de estoque.

A necessidade bruta (quantidade da lista) entra como quantidade requerida, somando-se às outras que já estão reservadas para o atendimento de ordens determinadas. Um resultado negativo significa que é necessária uma ordem de aquisição para dar cobertura ao estoque. A quantidade que anula o resultado é a quantidade líquida necessária. Um resultado positivo indica que a cobertura permanece, mesmo adicionando-se a quantidade da lista como quantidade requerida e reservada para a ordem em estudo. Para os itens fabricados é necessário fazer um levantamento das necessidades de matérias-primas.

O módulo CRP (*Capacity Resources Planning*), que auxilia o planejamento das necessidades materiais, é também conhecido como Planejamento e Controle de Capacidade e acompanha o nível de produção executada, comparando com os níveis planejados. Executa as ações de correção de curto prazo, se houver problemas que são balizados pelos limites de controle. Os dados necessários para o controle são apresentados em forma de relatório, que apresenta a produção real, a produção planejada e a entrada real de trabalho em cada centro. Para a administração de estoques, o MRP utiliza o conceito de Lote Econômico de Compra. A Figura 7.3 apresenta o fluxo de informações do MRP.

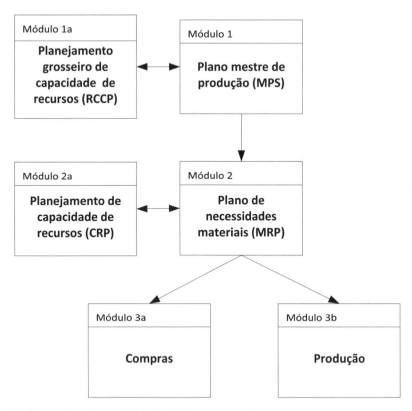

Figura 7.3: Fluxo de informações do MRP.

Planejamento da capacidade de recursos (CRP)

O módulo CRP (*Capacity Resources Planning*) projeta as ordens de produção do MRP períodos à frente, não levando em conta as restrições de capacidade de máquinas ou centros de trabalho. Caso a carga seja oscilante, ela pode ser suavizada por meio do replanejamento com capacidade finita ou pela alocação temporária de recursos ao setor.

Ele auxilia o planejamento das necessidades materiais. É também conhecido como Planejamento e Controle da Capacidade e acompanha o nível de produção executada, comparando com os níveis planejados. Executa ações de correção de curto prazo, se houver problemas que são balizados pelos limites de controle. Os dados necessários para o controle são apresentados em forma de relatório que apresenta a produção real, a produção planejada e a entrada real de trabalho em cada centro. Há três tarefas que são executadas pelo módulo CRP: consolidação das ordens por centro de trabalho; cálculo de tempo de processamento das ordens e dimensionamento de carga dos centros de trabalho.

Na consolidação das ordens por centro de trabalho ocorre a identificação dos centros ou setores produtivos responsáveis por cada item; e o agrupamento de todos os planos de liberação de ordens dos itens que passam pelo mesmo centro ou setor de produção.

No cálculo de tempo de processamento das ordens, deve-se determinar o consumo de horas produtivas para os planos de liberação atribuídos por setor. A partir das informações obtidas e das ordens de produção é feito o dimensionamento de carga dos centros de trabalho.

O dimensionamento da carga nos centros de trabalho pode considerar uma capacidade infinita ou finita. No primeiro caso, a carga é alocada ao longo do tempo desconsiderando as restrições de capacidade de cada período. No segundo caso, as restrições de cada período são consideradas e a carga excedente é distribuída para os períodos anteriores.

Algumas questões técnicas referentes ao MRPII devem ser observadas. O tamanho dos lotes mínimos pode levar a uma redução de custos fixos (*setup* e pedido), mas em contrapartida há elevação de estoques. Os estoques de segurança e tempos de segurança podem prevenir incertezas referentes a não pontualidade de fornecedores e falta de qualidade. O horizonte de planejamento está baseado na definição do período futuro para o qual se planeja. As mensagens de exceção permitem a redução de informação que chega até o usuário e apenas as que demandam ações corretivas. O *pegging* identifica os itens "pais" a partir dos itens "filhos". O *backflushing* é a capacidade de o sistema abater automaticamente componentes e matérias-primas dos estoques

As características pró-utilização do MRPII baseiam-se na ampla base de dados propícia a automação e integração, aplicável a sistemas produtivos com grandes

ELSEVIER   CAPÍTULO 7 – SISTEMAS MRP, MRPII, ERP   235

variações de demanda e mix de produto, retorno dos dados e controles em tempo real abrangendo todas as atividades do PCP

As características contra a utilização do MRPII são: centralização total das funções de planejamento, volume de dados planejados/controlados muito alto, problemas com a precisão dos dados, capacidade infinita nos centros produtivos, *lead times* predefinidos independente da demanda (não realistas), montagens todas em data única (não *close schedule*), dificuldade de implementação (exige intenso programa de treinamento de mão de obra), custo operacional alto.

Questões

1. Apresente a definição dos seguintes conceitos relacionados com o registro do MRP:
   a. Necessidades brutas de estoque
   b. Necessidades líquidas de estoque
   c. Recebimento programado
   d. Estoque projetado disponível
   e. Plano de liberação de ordens
2. Por que é necessária a manutenção de estoque de segurança para um sistema MRP?
3. Em um sistema MRP, como é considerada a demanda dependente e a demanda independente?
4. Explique as diferenças entre o MRP, MRPII e o ERP.
5. Comente a frase: "As decisões de um sistema do tipo MRP são centralizadas."

A seguir apresenta-se o cálculo das necessidades de materiais e a estrutura do produto como elemento aplicado para a compreensão da dinâmica do preenchimento do registro de MRP.

Aplicação

Cálculo das necessidades de materiais e estrutura do produto

As informações básicas para o MRP dizem respeito a necessidades brutas de produtos (produtos a serem entregues), estrutura do produto (*Bill of Materials*), *lead time* (tempos de ressuprimento) dos componentes e a situação de inventários (estoques).

O MRP faz o cálculo das necessidades de materiais nas quantidades e momentos necessários, para cumprir os programas de entrega com um estoque mínimo. Busca o constante equilíbrio entre as entradas (e estoques) com as saídas.

As atividades do MRP estão relacionadas com: busca de registro no Plano Mestre de Produção; cálculo das necessidades brutas; verificar o estoque disponível e os recebimentos programados; calcular as necessidades líquidas; programar as necessidades no tempo e gerar a requisição de compras ou ordem planejada de produção.

A busca de registro no Plano Mestre de Produção verifica, a partir do produto final, as necessidades brutas, que compreendem o número total de itens necessários para a sua produção, os recebimentos programados, o estoque projetado disponível, para calcular as necessidades líquidas, que correspondem a quantidade de itens de estoque totais descontado o que já está disponível.

A lógica do MRP, conhecida como estrutura do produto, verifica a necessidade de entrega de produtos, faz a programação para trás do início e término das atividades, determina as respectivas quantidades para que cada etapa seja executada. Cada material é administrado individualmente a partir da estrutura do produto. Os itens são divididos em itens-pai e itens-filho. Item-pai é aquele que possui outros itens que compõem a sua montagem. Item-filho é o item que participa de uma determinada montagem (Figura 7.4).

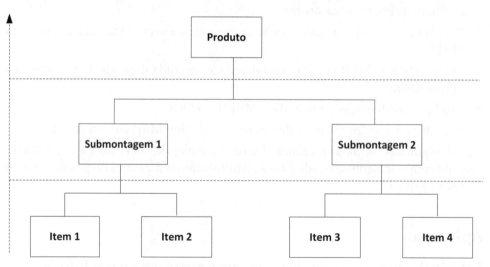

Figura 7.4: Estrutura do produto.

As necessidades líquidas são as necessidades de itens filhos que devem efetivamente ser produzidos ou comprados.

Necessidades Líquidas = Necessidades Brutas − Quantidades em Estoque

A diferença entre demanda dependente proveniente da estrutura do produto e independente é um pedido que vem de um cliente externo.

Considerando as necessidades brutas, subtrai-se o estoque da necessidade e verifica-se a diferença, até um ponto em que ele fica negativo. A partir daí verifica-se o *lead time* para reabastecer o estoque. Quando ocorre o reabastecimento, o nível de estoque deixa de ser negativo (Quadro 7.1).

Quadro 7.1: Registro do MRP

Período	P	P + 1
Necessidades brutas		A
Recebimentos programados	C	B
Estoque projetado disponível		C
Plano de liberação de ordens		X

A fórmula é: $C' = B + C - A$ onde C'= estoque de segurança.

Se $C' <$ ES então é gerada a ordem

$X = A - B - C +$ ES ou $X =$ Lote mínimo ou

$X = N$. Lote mínimo (múltiplo de lote mínimo $> A - B - X -$ ES)

As definições pertinentes a esse registro do MRP são:

Necessidades Brutas: demanda do item durante cada período.

Recebimentos Programados: ordens firmes, repondo estoques no início de cada período.

Estoque Projetado Disponível: a posição e os níveis ao final de cada período.

Plano de Liberação de Ordens: ordens a serem liberadas no início de cada período.

Lead Time: tempo entre a liberação da ordem e a disponibilidade do material.

Tamanho do Lote: lote mínimo de fabricação/compra.

Estoque de Segurança: quantidade mínima a ser prevista no estoque.

Abstraindo-se um esquema geral de cálculo do MRP (Tabela 7.3), obtém-se a dinâmica do registro do MRP.

Tabela 7.3: Exemplo de registro do MRP

Períodos	0	1	2	3	4	5	6
Necessidades brutas		150	150	150		300	150
Recebimentos programados				400		400	
Estoque projetado disponível	320	170	20	270	270	370	220
Plano de liberação de ordens		400		400			
Lead time = 2 períodos							
Tamanho do lote = 400							
Estoque de segurança = 0							

A programação para trás utiliza a primeira data possível de se entregar o pedido para programar todas as atividades relativas a fabricação dos produtos. O MRP, portanto, está relacionado com a política de estoques da empresa e tem por objetivo estabelecer um plano detalhado de aquisição por compras ou fabricação, envolvendo todas as matérias-primas e componentes acabados, com as respectivas datas de recebimento ou término de fabricação e quantidades. A partir da determinação do estoque projetado disponível, o MRP envia as ordens de compra.

Exemplo de aplicação

A empresa "Y", ao contrário das empresas fabricantes de bicicletas tradicionais, que apenas montam o produto, produz os componentes internamente. Entre os modelos fabricados pela empresa encontram-se o modelo monociclo, tandem, triciclo e bicicleta-padrão.

A estrutura de materiais dos produtos da empresa "Y" é similar entre os modelos, de acordo com a Figura 7.5, e permite identificar os quatro níveis da estrutura do produto:

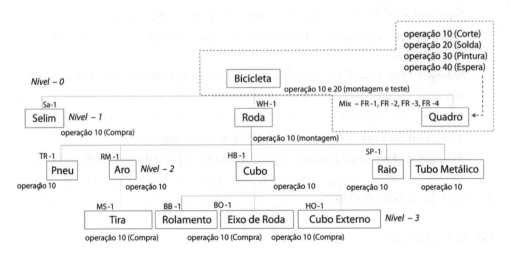

W / O – *work orders* – ordens de produção (montagem): Bicicleta, Roda, Quadro, Cubo
P / O – *purchase orders* – ordens de compra: Selim, Tubo Metálico, Pneu, Raio, Tira Metálica, Rolamento, Eixo de Roda, Cubo Externo

Figura 7.5: Estrutura do produto da bicicleta. *Fonte*: Preactor International.

Produto Acabado (demanda independente) – nível 0.

Componentes ou conjuntos de montagem final (demanda dependente) – nível 1.

Componentes dos conjuntos de montagem final (demanda dependente) – nível 2.

ELSEVIER CAPÍTULO 7 – SISTEMAS MRP, MRPII, ERP **239**

Componentes e matérias-primas dos componentes dos conjuntos de montagem final (demanda dependente) – nível 3.

Os conjuntos quadro e roda são fabricados internamente. Apenas os roteiros de fabricação dos quadros são apresentados, os demais roteiros são similares com alteração dos tempos de processamento e operações relacionadas. Os roteiros dos quadros estão descritos na Tabela 7.4. Há quatro tipos diferentes de quadro do produto bicicleta.

Tabela 7.4: Roteiro dos quadros FR1, FR2, FR3 e FR4

Código do item	Descrição		Quantidade	Número da ordem	
FR1, FR2, FR3, FR4	Quadro monociclo		Lote = 10	WO 109	
Nº da operação	Depto	Centro de trabalho	Descrição da operação	*Setup*	Tempo de processo
			Liberar		
			Separar		
10	Corte	13	Serrar tubo	10	
20	Solda	20	Soldar tubos	10	
30	Pintura	18	Pintar quadro	10	
40	Cura (espera)	18	Cura	10	
			Armazenar		

A partir dos roteiros e da interdependência entre os componentes, mostrada na descrição do roteiro dos produtos por nível da estrutura do produto, a Figura 7.6 representa esquematicamente a árvore do produto invertida, com a sequência de fabricação e os respectivos tempos de processamento e de *setup*.

Para esse exemplo devemos considerar um lote-padrão de 10 unidades para a fabricação. Com exceção dos itens comprados, os tempos de processamento e setup para o lote de 10 unidades permitem calcular o *lead time* em dias, dado utilizado para o planejamento das necessidades dos recursos materiais, MRP, que considera o *lead time* fixo no planejamento.

Contudo, cabe à Engenharia Industrial ou de Processos mensurar os tempos de movimentação e fila entre as operações para minimizar as distorções entre o plano de produção e o realizado.

Produtos (nível 0 da estrutura dos produtos)

BK-1 – Monociclo

Operações – Montagem e Teste $\Rightarrow$ FR-1 – Quadro de monociclo (Q = 1)

Sa-1 – "Selim-padrão" (Q = 1)

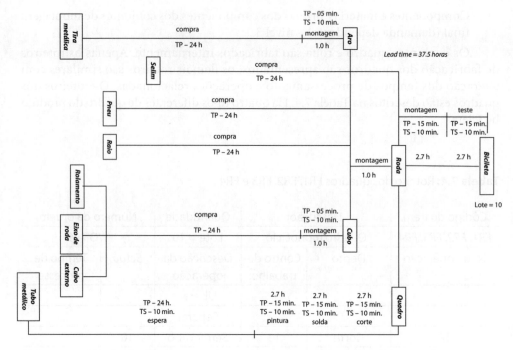

Figura 7.6: Cálculo do *lead time* médio. *Fonte*: Preactor international.

WH-1 – "Roda-padrão" (Q = 2)
Componentes – Sa-1, FR-1, WH-1
BK-2 – Bicicleta-padrão
Operações – Montagem e Teste ⇒ FR-2 – Quadro-padrão (Q = 1)
Sa-1 – "Selim-padrão" (Q = 1)
WH-1 – "Roda-padrão" (Q = 2)
Componentes – FR-2, WH-1, Sa-1
BK-3 – Bicicleta tandem
Operações – Montagem e Teste ⇒ FR-3 – Quadro de tandem (Q = 1)
Sa-1 – "Selim-padrão" (Q = 1)
WH-1 – "Roda-padrão" (Q = 2)
Componentes – FR-3, WH-1, Sa-1
BK-4 – Triciclo
Operações – Montagem e Teste ⇒ FR-4 – Quadro de triciclo (Q = 1)
Sa-1 – "Selim-padrão" (Q = 1)

WH-1 – "Roda-padrão" (Q = 3)

Componentes – FR-4, Sa-1, WH-1

Componentes (nível 1 da estrutura dos produtos)

FR-1 – Quadro de Monociclo

Operações – Corte, solda, pintura e espera $\Rightarrow$ TU-1 – Tubo metálico (Q = 5)

Componentes – TU-1

FR-2 – Quadro-padrão

Operações – Corte, solda, pintura e espera $\Rightarrow$ TU-1 – Tubo metálico (Q = 6)

Componentes – TU-1

FR-3 – Quadro de tandem

Operações – Corte, solda, pintura e espera $\Rightarrow$ TU-1 – Tubo metálico (Q = 8)

Componentes – TU-1

FR-4 – Quadro de triciclo

Operações – Corte, solda, pintura e espera $\Rightarrow$ TU-1 – Tubo metálico (Q = 8)

Componentes – TU-1

Sa-1 – "Selim-padrão"

Operação – Compra

WH-1 – "Roda-padrão"

Operação – Montagem $\Rightarrow$ TR-1 – "Pneu-padrão" (Q = 1)

RM-1 – "Aro-padrão" (Q = 1)

HB-1 – "Cubo-padrão" (Q = 1)

SP-1 – "Raio-padrão" (Q = 32)

Componentes – TR-1, RM-1, HB-1, SP-1

Componentes (nível 2 da estrutura dos produtos)

TU-1 – Tubo metálico:

Operações – Compra

TR-1 – "Pneu-padrão"

Operações – Compra

RM-1 – "Aro-padrão"

Operações – Montagem $\Rightarrow$ MS-1 – Tira Metálica (Q = 1.5)

Componentes – MS-1

HB-1 – "Cubo-padrão"

Operações – Montagem $\Rightarrow$ BB-1 – Rolamentos (Q = 1)

BO-1 – Eixo de roda (Q = 1)

HO-1 – Cubo externo (Q = 1)

Componentes – BB-1, BO-1, HO-1

SP-1 – "Raio-padrão"

Operação – Compra

Componentes e Matéria-Prima (nível 3 da estrutura dos produtos)

MS - 1 – Tira metálica – Matéria-prima

Operações – Compra

BB - 1 – Rolamentos – Componente

Operações – Compra

BO - 1 – Eixo de Roda – Componente

Operações – Compra

HO - 1 – Cubo Externo – Componente

Operações – Compra

Utilizando a estrutura do produto invertida para um tamanho de lote de 10 unidades, dimensionado como exemplo, o *lead time* total calculado é de 37,5 horas considerando o *lead time* de compra, ou seja, 40 horas para a entrega de um lote de 10 unidades do produto, de acordo com a Figura 7.5. Nesse caso não estão sendo considerados os tempos de liberação, separação de material, fila e movimentação.

De acordo com o *mix* de produtos da empresa há quatro tipos diferentes de bicicletas, devendo ser considerada a disponibilidade dos recursos e a frequência de fabricação de cada tipo, assim como o volume individual.

Essa análise deve ser feita para validar o *lead time* médio de atendimento à demanda em função do volume de produto consumido e da frequência de fabricação de cada modelo. A partir do volume da cada modelo e do tempo de processo em cada etapa de fabricação é possível mensurar o tempo de fila médio que deve ser incorporado no *lead time* total para a disponibilidade do lote de produto definido.

A Figura 7.7 mostra os tempos a serem considerados no cálculo do *lead time*.

A Tabela 7.5 apresenta os dados de disponibilidade dos recursos.

A Tabela 7.6, o cálculo do *lead time* médio.

A estrutura invertida do produto "Y1" é representada na Figura 7.8 com o cálculo do *lead time* por etapa do processo de fabricação. Para este exemplo apenas o modelo "Y1" deve ser utilizado no cálculo do planejamento das necessidades dos materiais, os demais modelos não serão utilizados.

Considerando um pedido de 10 unidades, o *lead time* para as etapas de fabricação pode ser determinado. A Tabela 7.7 mostra o plano de fabricação com as datas de início e término da produção do modelo "Y1" da empresa "Y". A seguir apresenta-se o registro do MRP para a bicicleta (Tabela 7.8).

CAPÍTULO 7 – SISTEMAS MRP, MRPII, ERP

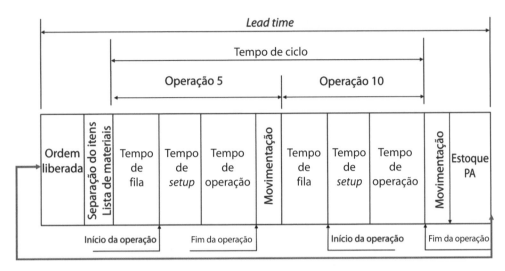

Figura 7.7: Cálculo do *lead time*.

Tabela 7.5: Dados de disponibilidade (1 turno de trabalho)

Modelo	Quantidade
Carga horária semanal	44 horas
Carga horária diária	8,8 horas
Refeições e ginástica laboral	1,8 horas
Disponibilidade fabricação	7 horas

Tabela 7.6: *Lead Time* estimado

Processo	Tempo de fila	Tempo de setup	Tempo de operação (minutos)	Tempo de movimentação	Lead time
Corte	7 horas ~ 1 dia	10 minutos	15.10 = 150s	0,5 dia	2 dias
Solda	7 horas ~ 1 dia	10 minutos	15.10 = 150s	0,5 dia	4 dias
Pintura	7 horas ~ 1 dia	10 minutos	15.10 = 150s	0,5 dia	6,5 dias
Montagem	7 horas ~ 1 dia	10 minutos	15.10 = 150s		8 dias
Teste		10 minutos	15.10 = 150s		8,5 dias
Liberação		10 minutos			9 dias

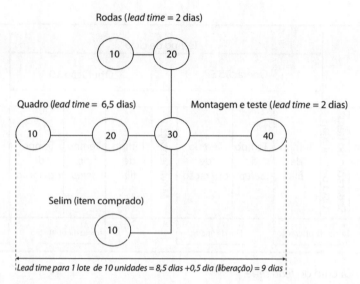

Figura 7.8: Estrutura invertida do produto "Y1".

Tabela 7.7: Plano de Fabricação

Número da ordem	Componente	Data inicial	Data final
Ordem de produção 01	Quadros	1 do mês	8 do mês
Ordem de produção 02	Rodas	6 do mês	8 do mês
Ordem de compra 01	Selins	5 do mês	8 do mês
Ordem de produção 03	Montagem	8 do mês	11 do mês

Exercícios

1. Uma empresa produz dois produtos A e B para estoque (MTS). O estoque de segurança (nível mínimo de estoque planejado) para A é de 30 unidades e para B = 40 unidades. O lote de fabricação (unidades de cada vez) para A é 50 e para B é 60. O estoque inicial de A é 70 unidades e de B, 50 unidades. As estimativas de vendas para as seis próximas semanas são fornecidas na Tabela 7.9.

   Pede-se:
   a. Com base nessas informações prepare um plano mestre de produção (MPS) para os dois produtos.
   b. Sabendo que a linha de montagem desses produtos tem uma capacidade semanal de 100 horas e que cada unidade do produto A requer 0,9 hora e o produto B 1,6 hora para ser montado nessa linha:

Tabela 7.8: Registro do MRP para a bicicleta BK-2

Período	BK-2	1	2	3	4	5	6	7	8	9	10	11	12
Necessidades brutas											18		
Recebimento programado				10							10		
Estoque projetado disponível	2	2	2	12	12	12	12	12	12	12	4	4	4
Plano de liberação de ordens													
Lead time = 2; Lote = 10; ES = 0													

Período	Sa-1	1	2	3	4	5	6	7	8	9	10	11	12
Necessidades brutas									10				
Recebimento programado									20				
Estoque projetado disponível	0	0	0	0	0	0	0	0	10	10	10	10	10
Plano de liberação de ordens						20							
Lead time = 3; Lote = 20; ES = 10													

Período	WH-1	1	2	3	4	5	6	7	8	9	10	11	12
Necessidades brutas									20				
Recebimento programado									40				
Estoque projetado disponível	5	5	5	5	5	5	5	5	25	25	25	25	25
Plano de liberação de ordens							40						
Lead time = 2; Lote = 40; ES = 20													

(Continua)

Tabela 7.8: Registro do MRP para a bicicleta BK-2 *(Cont.)*

Período	FR-2	1	2	3	4	5	6	7	8	9	10	11	12
Necessidades brutas									10				
Recebimento programado				20					20				
Estoque projetado disponível	10	10	10	30	30	30	30	30	40	40	40	40	40
Plano de liberação de ordens		20											
Lead time = 7; Lote = 20; ES = 30													

Período	TR-1	1	2	3	4	5	6	7	8	9	10	11	12
Necessidades brutas							40						
Recebimento programado							100						
Estoque projetado disponível	30	30	30	30	30	30	90	90	90	90	90	90	90
Plano de liberação de ordens				100									
Lead time = 3; Lote = 100; ES = 20													

Período	RM-1	1	2	3	4	5	6	7	8	9	10	11	12
Necessidades brutas							40						
Recebimento programado							160						
Estoque projetado disponível	20	20	20	20	20	20	140	140	140	140	140	140	140
Plano de liberação de ordens						160							
Lead time = 1; Lote = 80; ES = 100													

Tabela 7.8: Registro do MRP para a bicicleta BK-2 *(Cont.)*

Período	HB-1	1	2	3	4	5	6	7	8	9	10	11	12
Necessidades brutas							40						
Recebimento programado							160						
Estoque projetado disponível	20	20	20	20	20	20	140	140	140	140	140	140	140
Plano de liberação de ordens						160							
Lead time = 1; Lote = 80; ES = 100													

Período	SP-1	1	2	3	4	5	6	7	8	9	10	11	12
Necessidades brutas							1280						
Recebimento programado							1500						
Estoque projetado disponível	600	600	600	600	600	600	820	820	820	820	820	820	820
Plano de liberação de ordens				1500									
Lead time = 3; Lote = 500; ES = 500; 32 raios por roda													

Período	TU-1	1	2	3	4	5	6	7	8	9	10	11	12
Necessidades brutas		120											
Recebimento programado		120											
Estoque projetado disponível	30	30	30	30	30	30	30	30	30	30	30	30	30
Plano de liberação de ordens													
Lead time = 3; Lote = 60;ES = 30 OBS: O pedido de compra do tubo metálico deve ser realizado três dias antes do início da execução do plano.													

(Continua)

Tabela 7.8: Registro do MRP para a bicicleta BK-2 *(Cont.)*

Período	MS-1	1	2	3	4	5	6	7	8	9	10	11	12
Necessidades brutas						240							
Recebimento programado						400							
Estoque projetado disponível	40	40	40	40	40	200	200	200	200	200	200	200	200
Plano de liberação de ordens			400										

Lead time = 3
Tamanho do lote: bobina de 100m; ES = 2 bobinas de 100 metros; 1,5m por aro

Período	BB11-1	1	2	3	4	5	6	7	8	9	10	11	12
Necessidades brutas						160							
Recebimento programado						200							
Estoque projetado disponível	5	5	5	5	5	45	45	45	45	45	45	45	45
Plano de liberação de ordens			200										

Lead time = 3; Lote = 50; ES = 30

Período	BO-1	1	2	3	4	5	6	7	8	9	10	11	12
Necessidades brutas						160							
Recebimento programado			100			200							
Estoque projetado disponível	40	40	40	140	140	180	180	180	180	180	180	180	180
Plano de liberação de ordens													

Lead time = 3; Lote = 100; ES = 100

Tabela 7.8: Registro do MRP para a bicicleta BK-2 *(Cont.)*

Período	HO-1	1	2	3	4	5	6	7	8	9	10	11	12
Necessidades brutas						160							
Recebimento programado						300							
Estoque projetado disponível	0	0	0	0	0	140	140	140	140	140	140	140	140
Plano de liberação de ordens			300										

Lead time = 7; Lote = 20; ES = 30

Tabela 7.9: Demanda para o produto A (o mesmo para o produto B) de todas as fontes

Fontes da demanda	Demanda semanal (em unidades)					
	1	2	3	4	5	6
Pedidos internos				20	10	10
Pedidos dos armazéns			20			
Pedidos do depto. de P&D			10	10		
Previsões e pedidos em mãos	20	20	20	20	20	20
Demanda total	20	20	50	50	30	30

    c. b1. Compute as horas de montagem final necessárias para produzir a quantidade prevista no MPS para ambos os produtos (isso é chamado "carga"). Compare a carga com a capacidade de montagem disponível em cada semana e para as 6 semanas (isso é chamado planejamento da capacidade de médio prazo – RCCP)

    d. b2. A capacidade de montagem final é suficiente para produzir o MPS? Existe subcarga ou sobrecarga em algum período?

    e. b3. Quais as mudanças no MPS você recomendaria?

2. Um fabricante de impressoras de computador trabalha com sistema de produção por encomenda (MTO). A fabricação de cada unidade demanda 40 horas de trabalho, e a fábrica usa um backlog de pedidos para elaborar um plano agregado de capacidade. Esse plano estima a capacidade semanal de 9 mil horas de trabalho. Na Tabela 7.10, apresenta-se o MPS de cinco semanas.

Tabela 7.10: Produção semanal de impressoras

Semana	1	2	3	4	5
Quantidade	210	285	285	310	370

    Pede-se:

    a. Compute as horas de trabalho reais necessárias em cada semana e para o total de cinco semanas para produzir o MPS (isso, muitas vezes, é chamado "carga"). Compare a carga com a capacidade de horas de trabalho em cada semana e para o total de cinco semanas (isso, muitas vezes, é chamado de planejamento de capacidade de médio prazo – RCCP).

    b. Existe capacidade de produção suficiente para produzir o MPS?

    c. Quais mudanças no MPS você recomendaria?

3. O produto A é formado por três unidades de B e quatro de C. B é feito de uma unidade de D e quatro unidades de E. C é feito de uma unidade de Y e três unidades de X. O tempo de ressuprimento de Y é de uma semana, de X é de duas semanas,

de D é de duas semanas, de C é de uma semana e B é de uma semana. **Pede-se:** Represente a estrutura do produto A.

4. Seja a estrutura do produto, conforme a Figura 7.9 da empresa Faz-tudo:

   Considerando a demanda de Y para as próximas 12 semanas (Tabela 7.11).

   MPS do produto acompanha a previsão de vendas (MPS é igual ao quadro de demanda).

   Pede-se: Efetue o Cálculo de Necessidades de Materiais (MRP) para o produto e seus componentes, considerando a Tabela 7.12.

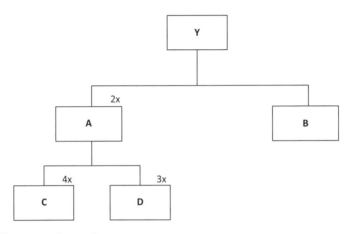

Figura 7.9: Estrutura do produto.

Tabela 7.11: Previsão para as próximas 12 semanas

Previsão para 12 semanas												
	1	2	3	4	5	6	7	8	9	10	11	12
Y	0	0	0	120	0	50	80	90	0	180	80	90

Tabela 7.12: Dados para o MRP

Semana	Y	A	B	C	D
Estoque atual	120	50	50	100	100
Lead time	1	1	2	1	2
Estoque de segurança	0	0	0	50	100
Lote mínimo	140	200	80	600	400

5. Uma empresa recebeu as ordens do pedido e as informações sobre um modelo de pá, com o seguinte programa: Período 4: 400; Período 5: 150; Período 7: 550; Período 9: 450. As informações sobre os itens da pá estão apresentadas na Tabela 7.13 (Adaptado de Corrêa e Corrêa, 2004).

Tabela 7.13: Informações sobre a pá

Nível	Descrição	Quantidade	Lote	*Lead time*	Itens em estoque
0	Pá	1	400	2	400
1	Montagem manopla	1	1.600	1	250
2	Manopla	1	600	3	650
2	Prego	2	1900	1	100
1	Cabo	1	300	1	30
1	Conector	1	800	2	200
1	Prego	4	já informado	já informado	já informado
1	Rebite	4	1.800	1	350
1	Montagem lâmina	1	300	1	50
2	Lâmina	1	100	3	10
2	Rebite	2	já informado	já informado	já informado

Pede-se: Represente a estrutura do produto e gere os registros do MRP. Comente o resultado e elabore possíveis soluções. Para efetuar os cálculos, utilize uma ficha registro de sistemas MRP (Tabela 7.14).

Tabela 7.14: Ficha de registro para o MRP

Item nº	1	2	3	4	5	6	7	8	9	10
Necessidades brutas										
Recebimentos programados										
Estoque projetado disponível										
Liberação de ordens planejadas										

Modelagem e implantação

Implantação de sistemas ERP

A implantação de sistemas de ERP possui uma vasta literatura que reflete tanto os aspectos técnicos quanto organizacionais das contingências envolvidas no processo de implantação. A proposta deste item é abordar primeiramente algumas contribuições

ELSEVIER   CAPÍTULO 7 – SISTEMAS MRP, MRPII, ERP   **253**

verificadas na literatura sobre o processo de implantação. Em seguida, apresenta-se a proposta de implantação proposta por Carvalho e Guerrini (2017).

Abordagem da literatura

Davenport (1998) afirma que a lógica de implantação dos sistemas ERP baseia-se na customização da empresa e seus processos, o que gera custos elevados. Finalizada a implantação, há em muitos casos o decaimento do uso do sistema ao longo do tempo. A maioria dos sistemas é projetada para resolver o problema da fragmentação da informação em grandes organizações – sua competência central é uma base de dados única e compreensível. A questão é que esses sistemas são pequenos pedaços complexos de softwares que necessitam de grandes investimentos financeiros, de tempo e de recursos humanos que saibam o que estão fazendo. Mas as mudanças técnicas nem sempre são o principal motivo da falha desses sistemas. O grande problema é que as empresas não entendem ou não conseguem conciliar os sistemas com as necessidades de negócio reais da organização. As empresas acabam customizando alguns processos que na verdade podem ser a fonte de vantagem competitiva delas.

Os sistemas empresariais também têm implicações em aspectos organizacionais e culturais. Em algumas realidades, a adoção do sistema, padronizando o fluxo de informação, leva a uma maior centralização e controle de informação, resultando também em maior hierarquização. Em outras situações, o sistema é utilizado como propulsor da criatividade, principalmente por permitir o conhecimento dos dados operacionais e combinar diversos tipos de informação. As cadeias de suprimentos podem ser gerenciadas por meio desses sistemas. Em gestão de unidades regionalmente dispersas, as decisões recaem sobre unificar ou customizar padrões – balanço entre o comum e variável (DAVENPORT, 1998).

Boersma e Kingma (2005) apresentam um estudo de caso sobre a implantação de um sistema ERP, evidenciando as percepções dos gestores, consultores e usuários do chão de fábrica. Algumas mudanças precisaram ser implementadas no pacote do software para atender às inconsistências percebidas após maior flexibilização da produção. Um projeto de sistema mais adaptado à realidade da empresa evidenciou que o processo de virtualização do negócio precisa integrar a organização material e a tecnologia da informação, de modo que sua definição seja dada de forma comparti-lhada.

Berchet e Habchi (2005) apresentam os cinco estágios de integração e cinco estágios de desenvolvimento de um projeto de ERP na Alcatel – empresa de telecomunicações francesa. As condições para o sucesso de um sistema de ERP são: disponibilidade de times de projeto, confiança e conhecimento, indicadores de desempenho, treinamento de usuários finais, documentação detalhada, requisições centralizadas, formalização dos processos da firma. O processo de planejamento possui um papel importante na otimização de um sistema de ERP – as firmas desejam reagir em tempo às mudanças na demanda. A integração dos estágios do projeto de um sistema ERP inclui: projeto geral e detalhado, validação do projeto e da plataforma de integração, implementação de solução e testes, checagem da base de dados, preparação para o início operacional, treinamento de usuários, início operacional. O sucesso da integração de um ERP é resultado do suporte firme e consistente da alta administração, excelência no planejamento do projeto e trabalho em equipe.

Gupta e Kohli (2006) afirmam que o uso de tecnologia de informação baseada em sistemas ERP para a gestão de operações pode auxiliar no processo de tomada de decisão relacionada com projeto de produto/processo, gestão e controle da qualidade, planejamento e programação da produção e gestão de estoques. Os processos de decisão precisam considerar diferentes horizontes de tempo e dispersões geográficas. A empresa precisa identificar quando os requisitos técnicos do sistema coincidem ou conflitam com os requisitos da empresa.

O impacto estratégico de um ERP varia conforme o tipo de negócio/organização ou mesmo internamente dentro dos processos. As estratégias de negócios ainda podem ser de imitação ou inovação (GUPTA e KOHLI, 2006).

O arranjo de processos na forma MTO indica inovação/diferenciação de produtos, requerendo alto grau de flexibilização dos processos. Assim, a implantação do ERP é modificada ou customizada para incorporar os processos que não são padrão (específicos) (GUPTA e KOHLI, 2006).

A manufatura repetitiva (MTS) acontece para produtos padronizados – estratégia da produção em massa. Nesse caso, a solução do ERP deve apoiar a missão de operações (produção a baixo custo), competência distintiva (projeto superior de processos), objetivos (eficiência, confiabilidade de entrega, qualidade e flexibilidade) e políticas (como os objetivos operacionais serão atingidos) (GUPTA e KOHLI, 2006).

Elementos para implantação de sistemas ERP

A implantação de sistemas ERP possui uma lógica intrínseca, baseada em melhores práticas de gestão, que promove uma customização dos processos de negócio da empresa, ocasionando custos elevados e um tempo considerável. Entretanto, como as implantações são realizadas pelos próprios fabricantes do software ou por empresas de consultoria especializada, ao entrar em execução, observa-se um decaimento de uso do sistema. Isso ocorre, pois, o conhecimento gerado durante o processo de implantação, não é internalizado na empresa e, concomitantemente, há dificuldade em conciliar o sistema com as necessidades reais de negócio da empresa. Para suprir essa lacuna, Carvalho e Guerrini (2017) propuseram um modelo de referência para implantação de sistemas ERP com o intuito de integrar à equipe de implantação, profissionais da própria empresa que ficam responsáveis por acompanhar o processo de evolução do sistema na empresa, a partir do momento em que ele entra em operação. Para fins didáticos, apresenta-se uma síntese do modelo de referência.

Compreendendo objetivos, regras e o processo de implantação

De forma geral, o objetivo do processo de implantação é integrar a empresa ou um processo com necessidade de sistematização, para gerar relatórios gerenciais integrados suficientes à demanda, mensurar ganhos e perdas e operar um único software. Para integrar a empresa ou processo deve-se gerar e internalizar o conhecimento, promovendo a gestão de conhecimento por meio de um sistema de informação.

É importante conduzir um processo orientado à mudança para detectar as deficiências, diminuir os custos de treinamento, atingir metas e definir indicadores. Neste caso, definem-se critérios para a formação de uma equipe multidisciplinar com profissionais do fabricante do software, da consultoria de implantação e da própria empresa usuária. Essa equipe deve possuir competências que possuem os seguintes conhecimentos: fluxo produtivo, implantação de ERP, objetivos da organização, comprometimento, dinamismo e pró-atividade, informática, custos e apropriação, estratégia da companhia, inglês técnico fluente, fiscal, tributário e legal, lista técnica e roteiros de fabricação, área técnica e produtiva, P&D, melhoria contínua e inovação, gestão de mudança, redes e ambientes ágeis de produção, processo de suprimentos e logística, redes, gestão de requisitos, técnicas de melhoria contínua, modelagem organizacional, coordenação do processo produtivo e gestão de projetos. O apoio à tomada de decisão reduz as disfunções burocráticas, parte de uma base de dados única, o que diminui o tempo de resposta à demanda gerencial. A dinâmica do processo de implantação inicia-se com a definição da equipe multidisciplinar (fabricante, consultoria e empresa usuária) que será reconfigurada após a implantação para constituir-se somente com membros da empresa usuária quando o sistema entrar em operação. O objetivo dessa equipe somente com membros da empresa é garantir a evolução do sistema ao longo do tempo, para que o sistema não tenha decaimento de uso e que o conhecimento possa ser disseminado por toda a empresa. É importante ressaltar que a equipe deve estar apta a modelar a empresa para compreender as principais variáveis a serem consideradas durante o processo de implantação. A Figura 7.10 sistematiza os aspectos apresentados.

O processo de implantação de um ERP não é simples e os impactos e resultados não costumam atender as expectativas iniciais de quem tomou a decisão de se ter uma solução integrada. A coordenação dos recursos desse processo, na maioria dos casos, ainda é obscura às empresas. O sucesso da implantação de um ERP depende da habilidade da consultoria ao longo do processo. Cada empresa que oferece o serviço possui diferentes táticas operacionais de implementação e o processo de implantação na mão de terceiros. Há uma falta do envolvimento geral, as decisões não são filtradas pelo usuário do sistema. Consequentemente, o desconhecimento dos impactos das ações pode gerar problemas tais como: não alinhamento com os objetivos da companhia, confiança exagerada no sistema, subutilização do sistema, ausência de critérios para mensurar perdas e ganhos. É importante garantir a articulação de uma equipe multidisciplinar de implantação para internalizar o conhecimento e permitir que haja o acompanhamento sistemático da evolução da utilização do sistema a partir do momento em que ele entra em operação.

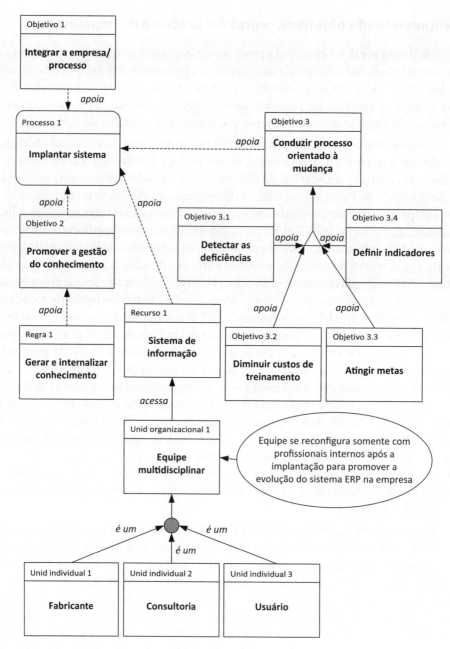

Figura 7.10: Elementos para a implantação de sistema ERP.

PCP também é cultura

Situação de guerra

O MRP é tido como o primeiro sistema de planejamento e controle de produção informatizado que surgiu. Entretanto, cabe uma ressalva: o primeiro sistema de planejamento e controle de produção comercial.

Com o final da 2ª Guerra Mundial muitos engenheiros que atuaram no desenvolvimento de métodos, técnicas e rotinas para planejar ações militares por terra, mar e ar, foram empregados em empresas industriais que, até então, planejavam a produção baseadas na carteira de pedidos firmes dos clientes, muito características de sistemas MTO.

Ao final da guerra, a economia americana convivia com duas situações divergentes: de um lado, havia uma grande escassez de recursos financeiros, o que limitava o investimento das empresas industriais em equipamentos e instalações; de outro, a demanda por produtos era crescente, o que fazia com que os pedidos pendentes ficassem nesta situação por mais de um ano. Era uma situação que exigia diminuir o tempo de planejamento com horizonte baseado em um ano, para três meses. Esse sistema ficou conhecido como Sistema de Solicitação Trimestral.

A concepção desse sistema baseava-se na premissa de que havia uma quantidade de pedidos que superava em até 6 vezes o trimestre. Neste caso, bastava mudar a lógica de planejar o atendimento de pedidos futuros para a lógica de analisar os pedidos existentes no trimestre, prevendo o carregamento, sequenciamento e a programação para que eles fossem produzidos.

Essa situação paulatinamente foi se revertendo ao longo da década de 1950 a ponto de, no início da década de 1960, os pedidos adquirirem uma dinâmica mais eventual. As empresas passaram a ter que antecipar a expectativa de demanda e a produzir para estoque, em um sistema MTS.

A necessidade de repor estoques de matérias-primas de uma forma mais balanceada com a venda de produtos finais e a adequação da capacidade de produção fez com que, a partir de 1959, surgissem sistemas baseados nas necessidades de materiais, para minimizar os tempos de espera e maximizar o atendimento dos pedidos dos clientes, a um custo baixo.

O resto da história se inicia a partir daqui.

Conclusão

No intuito de auxiliar as empresas na obtenção de integração de seus processos de negócio, as implantações dos sistemas ERP cresceram significativamente na última década. O ERP auxilia a organizar, definir e padronizar os processos do negócio necessários para planejar e controlar e integrar as informações corporativas em um banco de dados central, o que garante a conformidade das informações utilizadas por diferentes áreas da empresa.

As empresas implantam o ERP para integrar e otimizar as entradas de ordens de venda e planejamento de produção através da empresa. O ERP transmite e processa as informações para a tomada de decisão. Os sistemas ERP cobrem as atividades empresariais de manufatura, recursos humanos, finanças e gerenciamento da cadeia de suprimento. Os sistemas ERP incorporaram os sistemas de planejamento das necessidades de materiais (MRP) e os sistemas de planejamento dos recursos da manufatura (MRP II).

Os principais resultados dos sistemas ERP são a rapidez no tempo de resposta, aumento da interação na empresa, melhoria no gerenciamento das ordens de vendas, melhoria na interação com os clientes, melhoria sobre o tempo de entrega, melhoria na interação com os fornecedores, redução dos níveis de inventário, melhoria no gerenciamento do fluxo de caixa e redução dos custos operacionais.

Há investimentos em sistemas ERP para melhorar a efetividade da empresa. As implantações de sistemas ERP visam a melhoria na lucratividade das empresas e nas vendas. Os benefícios da implantação de sistemas ERP são similares tanto para empresas de manufatura quanto para empresas de serviços.

Verificação de aprendizado

O que você aprendeu? Faça uma descrição de 10 a 20 linhas do seu aprendizado

Os objetivos de aprendizado declarados no início foram atingidos? Responda em uma escala 1 a 3 (1. não; 2. parcialmente; 3. sim). Comente a sua resposta.

Referências

BERCHET, C.; HABCHI, G. The implementation and deployment of an ERP system: An industrial case study. *Computers in Industry*, v. 56, p. 588-605, 2005.

BESSANT, J.; HAYWOOD, B. Flexibility in manufacturing systems. *The international Journal of Management Science*, v. 14, n. 6, p. 465-473, 1986.

BOERSMA, K.; KINGMA, S. From means to ends: The transformation of ERP in a manufacturing company. *Journal of Strategic Information Systems*, v. 14, p. 197-219, 2005.

CARVALHO, H.L.; GUERRINI, F.M. Reference model for implementing ERP systems: an analytical innovation networks perspective. *Production Planning & Control* (Print), v. 28, p. 281-294, 2017.

CORRÊA, H. L.; CORRÊA, C. A. *Administração de produção e operações:* manufatura e serviços: uma abordagem estratégica. São Paulo: Atlas, 2004.

DAVENPORT, T. Putting the Enterprise into Enterprise System. *Harvard Business Review*, july-august, 1998.

GUPTA, M.; KOHLI, A. Enterprise resource planning systems and its implications for operations function. *Technovation*, 2006.

KATHURIA, R. Competitive priorities and managerial performance: a taxonomy of small manufacturers. *Journal of Operations Management*, v. 18, p. 627-641, 2000.

LAURINDO, F. J. B.; MESQUITA, M. A. Material Requirements Planning: 25 anos de história; uma revisão do passado e prospecção do futuro. Gestão & Produção, 7(3), p.320-337, 2000.

ORLICKY, J. *Material Requirements Planning:* the new way of life in production and inventory management. Nova York: McGraw-Hill, 1975.

RENTES, A. F. Notas de aula. São Carlos, Escola de Engenharia de São Carlos USP, 2002.

Capítulo 8

PRODUÇÃO ENXUTA

Fábio Müller Guerrini
Renato Vairo Belhot
Walther Azzolini Júnior

Resumo

A Produção Enxuta, oriunda do Sistema Toyota de Produção, baseia-se na premissa de produzir mais com os mesmos recursos, por meio de processos de melhoria que visam a eliminação de desperdícios com o envolvimento da cultura organizacional da empresa. Utiliza técnicas baseadas na autonomação, lotes pequenos, 5S, layout celular; no conceito de operário multifuncional; no kanban, como sistema de emissão de ordens. Na década de 1990 incorporou conceitos de reengenharia de processos e novas técnicas para viabilizar processos de implantação em curto prazo.

Palavras-chave: Produção Enxuta; Sistema Toyota de Produção; Kanban; Just in time.

Objetivos instrucionais (do professor)

❖ Apresentar as variáveis, a filosofia e as técnicas que envolvem a Produção Enxuta.

Objetivos de aprendizado (do aluno)

❖ Aplicar as diferentes técnicas para viabilizar a Produção Enxuta.
❖ Conhecer as políticas de reposição de estoques em um ambiente de Produção Enxuta.

Agradecemos aos professores Antônio Freitas Rentes, Dani Marcelo Nonato Marques e Larissa Elaine Dantas de Araújo que, em diferentes momentos, contribuíram para a lógica da narrativa, a indicação de referências e os exemplos neste capítulo.

Introdução

A Produção Enxuta surgiu a partir do Sistema Toyota de Produção em 1948 e consolidou-se ao longo do tempo como uma filosofia de produção orientada para a obtenção de ganhos de produtividade por meio de um processo de melhoria contínua voltado à eliminação de desperdícios ao atribuir responsabilidades a quem produz e direcionar os esforços da gerência para a produção.

O *Just in Time* é o sistema de planejamento e controle de produção que faz parte da Produção Enxuta desenvolvido pelo engenheiro Taiichi Ohno, com foco nos problemas de chão de fábrica, cujo sistema de emissão de ordens é baseado no *kanban*. Utiliza os princípios de autonomação ("automação com um toque humano"), programação puxada e nivelada e sincronização.

O termo "Produção enxuta" foi amplamente difundido por Womack, Jones e Ross (1986) com a publicação do livro *A máquina que mudou o mundo*, que apresentou os resultados da pesquisa realizada pelo Institute of Vehicle Program (IVP) do Massachussets Institute of Technology (MIT), que concluiu que as melhores práticas da indústria automobilística mundial convergiam para a Toyota Motor Company.

O sistema de Produção Enxuta utiliza menos recursos de entrada para conseguir as mesmas saídas, de forma similar ao sistema de produção em massa, mas oferecendo a vantagem da escolha para o cliente final, incorporando o conceito de melhoria radical (também conhecido pelo termo japonês *kaikaku*) para viabilizar a implantação de seus princípios em curto prazo, *Conwip* (*Constant work in process*), *Takt time* e Mapeamento de fluxo de valor (MFV).

A Figura 8.1 apresenta o modelo conceitual para a produção enxuta.

Caso

Evolução do sistema Toyota de produção para a produção enxuta

O Sistema Toyota de Produção, desenvolvido ao longo de 30 anos (até a primeira publicação dos seus princípios, na década de 1970), baseava-se em dois pilares: a produção da quantidade exata no momento exato (*Just in Time*) e na autonomação (automação com um toque humano).

A Toyota já era uma fábrica de automóveis no Japão, mas ficou conhecida por fabricar caminhões para o exército durante a guerra. Com o fim da Segunda Guerra Mundial e a necessidade de viabilizar as fábricas japonesas, principalmente, em relação a espaço físico, o engenheiro Taiichi Ohno da Toyota desenvolveu os princípios do sistema de planejamento e controle de produção que seria conhecido como *Just in Time* (JIT).

O foco principal do sistema estava na cultura organizacional, eliminação de desperdícios, minimização dos estoques e na melhoria contínua dos processos. O problema começava pelo fato de o Japão ter limitação de espaço físico.

CAPÍTULO 8 – PRODUÇÃO ENXUTA

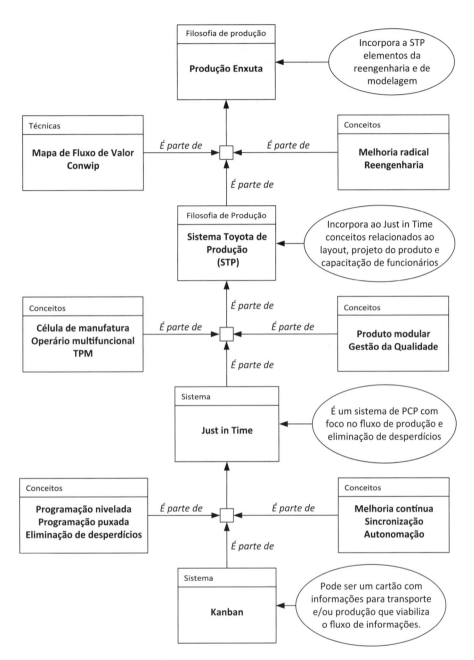

Figura 8.1: Modelo conceitual para a produção enxuta.

Taiichi Ohno idealizou um sistema que, em vez de receber itens automaticamente em função de uma programação preestabelecida, poderia ser "puxado" conforme a necessidade. Assim, desenvolveu o conceito de *kanban,* que pode ser um cartão com informações sobre origem e destino do item a ser utilizado.

Com o sistema de planejamento e controle de produção baseado no *kanban*, Taiichi Ohno queria que os problemas aparecessem. Muitos funcionários tentavam minimizar esses problemas mantendo algumas peças para substituição ao seu lado. Ohno passava pelos corredores chutando todas essas peças. O Sistema Toyota de Produção, ou o que depois ficou conhecido como *Just in Time,* só viria a ser documentado e publicado quando o professor da Universidade de Tóquio Yasuhiro Monden foi até a Toyota para fazê-lo, quase trinta anos depois do início do seu desenvolvimento. Os japoneses optaram por uma vertente na qual o aumento de produtividade poderia ser conseguido mediante melhorias contínuas incrementais no processo, com o foco na capacitação de equipes multidisciplinares de trabalho.

Na década de 1980, o Japão suplantou os Estados Unidos na venda doméstica de automóveis. Somente a partir da queda de vendas é que as empresas americanas passaram a procurar entender o funcionamento do sistema de produção enxuta. Em 1990 a Toyota oferecia tantos modelos quanto a GM, mas com uma força de trabalho significativamente menor. O *International Vehicle Program* estabelecido pelo MIT originou o livro *A máquina que mudou o mundo* e foi financiado por fabricantes de automóveis. O intuito foi realizar uma pesquisa de melhores práticas sobre fabricação de automóveis no mundo. Ao longo da pesquisa verificou-se que as melhores práticas convergiam para a Toyota, pois ela produzia um automóvel na metade do tempo, com a metade dos recursos, com um quarto dos defeitos em relação à indústria americana. Em 2007, a Toyota passou a alternar-se na liderança de produção mundial de veículos com a GM.

Compreendendo as variáveis

Princípios do Sistema Toyota de Produção

A Toyota ficou conhecida por fabricar caminhões na Segunda Guerra Mundial. Com o fim da Segunda Guerra Mundial e a necessidade de viabilizar as fábricas japonesas, principalmente, em relação a espaço físico, Taiichi Ohno foi o engenheiro responsável na Toyota Motor Company por desenvolver o Sistema Toyota de Produção que originou a Produção Enxuta. De acordo com Ohno (1997), o princípio norteador do Sistema Toyota de Produção foi "produzir muitos modelos em pequenas quantidades". Somente em mercados que havia um crescimento econômico expressivo é que observa-se a redução drástica do custo do automóvel em função da escala de produção.

Para Liker (2004), o modelo do Sistema Toyota de Produção pode ser representado por uma pirâmide. A filosofia de pensamento a longo prazo com decisões baseadas em metas pode sacrificar metas de curto prazo. A autonomação pode ser vista como uma "corda" que pode ser puxada a qualquer momento pelo funcionário e para a produção ao surgir um defeito que não possa ser resolvido imediatamente. A parada pode sacrificar a produtividade do dia, mas privilegia o sistema de produção como um todo. A eliminação de desperdícios de processo ocorre com o respeito e desenvolvimento de pessoas e parceiros, líderes, equipes e fornecedores para viver a filosofia por meio da melhoria contínua e aprendizado.

ELSEVIER   CAPÍTULO 8 – PRODUÇÃO ENXUTA   265

O Sistema Toyota de Produção desenvolveu-se baseado no *Just in Time* e na autonomação.

O *Just in Time* é um sistema de planejamento e controle de produção cujo foco é o fluxo de produção, para o qual as peças necessárias à montagem são fabricadas na quantidade exata e no momento em que forem necessárias. Em uma situação ideal, essa lógica levaria ao estoque zero.

Entretanto, para que o *Just in Time* funcione, a linha de produção deve ser considerada no sentido dos produtos acabados para a matéria-prima: informam-se a quantidade e os tipos de itens finais a serem produzidos para o processo antecedente, por meio de um cartão *kanban*. O *kanban* contém a informação de "quanto" e "quando" deve ser produzida uma ordem de fabricação. Em outras palavras, o *Just in Time* funciona com uma lógica de programação puxada.

A autonomação prevê um dispositivo de parada em uma máquina automatizada quando o operador detecta algum problema na linha de produção. A linha fica parada até que o problema seja resolvido. Tal medida minimiza continuamente a fabricação de produtos defeituosos, atribui responsabilidades a quem produz, permite que um funcionário seja capaz de atender a várias máquinas, aumentando, consequentemente, a eficiência e a eficácia da produção.

Um princípio que viabilizou que um operador atendesse a várias máquinas foi a sincronização do fluxo de produção. Em um primeiro estágio, define-se o fluxo de produção e no segundo estágio procura-se manter constante o suprimento de matérias-primas, para que as peças sejam usinadas.

Taiichi Ohno incentivava que os fornecedores externos expusessem as suas necessidades para a *Toyota* que, por sua vez, solicitava que eles cooperassem para manter o nivelamento da produção.

Tanto o *Just in Time* quanto a autonomação têm como objetivo final a eliminação de desperdícios por meio da melhoria contínua dos processos.

A melhoria contínua, conhecida pelo termo japonês *kaizen*, baseia-se em mudanças no chão de fábrica que visam pequenos incrementos de produtividade que deverão ser implementados e absorvidos pela cultura organizacional da empresa ao longo do tempo. Quando esse ganho de produtividade é consolidado, tem início um novo ciclo de melhoria, o que caracteriza um processo contínuo de melhoria e mudança.

Categorias de desperdícios

Spear e Kent (1999) comentam que as unidades da Toyota trabalhavam de forma completamente diferente entre si, mas a filosofia de produção era exatamente a mesma: eliminar desperdícios.

A Produção Enxuta, sistematicamente, procura identificar e eliminar perdas no processo de produção. Para que os objetivos sejam atingidos é necessário aumentar significativamente a responsabilidade do funcionário que será o elemento-chave para assegurar a qualidade na fonte e a manutenção preventiva de equipamentos. O nivelamento de produção requer o comprometimento do fornecedor.

Na comparação da Produção Enxuta com a Produção em massa, verificam-se os seguintes ganhos (FELD, 2001): o estoque em processo pode ter uma redução de 30% a 90%; as atividades de produção podem ter uma redução de 25% a 75%; o *lead time* de produção pode ter uma redução de 20% a 90%; a produtividade na célula pode aumentar em até 30%; as atividades que não agregam valor podem ter uma redução de 25% a 50%; o *setup* pode ter uma redução de 15% a 75%; as distâncias percorridas podem reduzir de 30% a 80%.

Os três tipos de atividades que a Produção Enxuta aborda são (HINES & TAYLOR, 2000): atividades que agregam valor, atividades que não agregam valor, atividades que não agregam valor, mas são necessárias.

As atividades que agregam valor são aquelas que, aos olhos do cliente final, tornam o produto ou serviço mais valioso. Um determinado valor para o cliente é aquilo que ele vê e reconhece no produto. Para determinados produtos, por exemplo, a embalagem não é importante.

As atividades que não agregam valor ao produto são aquelas que, aos olhos do cliente final, não tornam o produto ou serviço mais valioso e não são necessárias mesmo nas atuais circunstâncias. As atividades que não agregam valor ao produto, mas são necessárias, são aquelas que, aos olhos do cliente final, não tornam o produto ou serviço mais valioso, mas são necessárias (tais como treinamento de pessoal), a não ser que o processo mude radicalmente.

Em um ambiente de produção que não é "classe mundial", a relação entre os tempos utilizados pelos três tipos de atividades corresponde a: 5% das atividades que agregam valor; 60% das atividades que não agregam valor e 35% das atividades que não agregam valor, mas são necessárias.

Em um ambiente de processamento de informações (escritórios, engenharia, processamento de ordens etc.) que também não é "classe mundial" a relação entre os tempos utilizados pelos três tipos de atividades corresponde a: 1% das atividades que agregam valor; 49% das atividades que não agregam valor e 50% das atividades que não agregam valor, mas são necessárias (HINES & TAYLOR, 2000).

Como o foco é a eliminação de desperdícios, é importante categorizá-los. Shingo (1996) propôs uma categorização dos desperdícios para facilitar sua identificação e eliminação (ou redução) sistemática e sustentável, conhecida pelo termo japonês *Muda*. As categorias de desperdícios estão relacionadas com superprodução, transporte, produtos defeituosos, processamento, movimentação de trabalhadores, espera e estoque.

Superprodução

A superprodução significa produzir antecipadamente ou em quantidade maior do que o necessário. As causas podem estar relacionadas com grandes áreas destinadas para o depósito de matérias-primas e produtos acabados, falhas no planejamento e controle de produção como consequência da programação empurrada, custos elevados de transporte e tempos de preparação (*setups*) grandes.

ELSEVIER CAPÍTULO 8 – PRODUÇÃO ENXUTA

Os tempos de preparação não devem ser tratados somente como uma variável a ser considerada no contexto geral, pois com a sua redução é possível diminuir o tamanho dos lotes, aumentando a flexibilidade do sistema.

A superprodução por antecipação acarreta a mobilização de capital antes do necessário, diminuindo o capital de giro disponível da empresa.

Anderson e Larco (2000) relatam o caso da *Dell Computers,* que evidencia como a adoção de medidas para evitar a superprodução pode alterar a posição competitiva da empresa.

Para adquirir um computador *Dell,* basta acessar o site da empresa, escolher o modelo pretendido e customizá-lo de acordo com as necessidades do cliente. Esse sistema de venda direta ao consumidor permite à empresa atender aos pedidos com flexibilidade.

Com as informações dos clientes, a empresa está constantemente reformulando a sua base de fornecedores, criando elos cooperativos mais coesos com os fornecedores remanescentes.

Diferentemente de seus concorrentes, que trabalham com um sistema de produção orientado para estoque (MTS), a *Dell* trabalha com demanda puxada, no sistema de montagem por encomenda (ATO).

Ao receber o pedido, em duas horas, a empresa emite uma ordem de fabricação para os seus fornecedores. Com a demanda puxada, não há constituição de estoques na *Dell,* pois o fornecedor entregará o monitor em quatro ou cinco dias, por exemplo. O cliente paga pelo computador no ato da encomenda, e a *Dell* só paga a fornecedor 30 dias depois, obtendo ganhos financeiros significativos.

A empresa *Dell Computers* pratica o princípio do *Just in Time* de produzir no momento certo e na quantidade exata, evitando a superprodução.

Transporte

As perdas por transporte estão relacionadas com problemas de *layout* de fábrica em grande medida.

Normalmente, o *layout* de fábrica é funcional, ou seja, as máquinas são agrupadas por similaridade de função. Ao serem agrupadas por função, na maioria dos casos, as distâncias entre as diferentes operações são grandes, o que gera um fluxo de materiais em processo em transporte também grande.

No conceito de *layout* celular (também conhecido como minifábrica), as máquinas são agrupadas para a fabricação de submontagens completas, reduzindo significativamente o trajeto percorrido pelos materiais em processo. Como consequência, fabrica-se uma peça de cada vez, os contêineres na célula são pequenos, a célula organiza-se pelo fluxo do produto, e o *lead time* é pequeno.

A superprodução derivada da antecipação de demanda também influencia a necessidade de transporte.

Processamento

As perdas por processamento ocorrem quando um item subutiliza recursos ou é produzido por operações em excesso. Os problemas de qualidade ocorrem tanto na geração de defeitos quanto na produção de itens com qualidade acima do que é necessário.

Uma medida que a *Toyota* implantou foi a eliminação de cargos intermediários de gerência e supervisão e a consequente atribuição de responsabilidade de verificação da qualidade ao próprio funcionário. O funcionário, além de supervisionar o próprio trabalho, teve a sua função valorizada ao aprender a executar todas as etapas de produção de sua célula de manufatura. Tais medidas permitiram a compreensão da sua importância no processo como um todo.

O controle total do processo para garantir a qualidade deve ser estatístico e proativo. A visibilidade da qualidade é importante para identificar problemas rapidamente. Para que a qualidade total seja assegurada é importante o envolvimento de todos. O operador mais simples pode parar o processo. Deve haver uma disciplina da qualidade com a paralisação das linhas quando for necessária para a correção dos próprios erros, inspeção de 100%, lotes pequenos, organização e limpeza da fábrica.

Comparando uma fábrica da GM em Framinghan e a fábrica da *Toyota Takaoka* em 1986, todos os indicadores da Toyota eram, no mínimo, melhores em dobro. Desses indicadores, o estoque das partes do carro era de duas semanas na GM enquanto na *Toyota* era de duas horas. O espaço para montagem do carro na GM em relação à *Toyota* era quase o dobro (8,1/4,8). A diferença de enfoque entre os sistemas de planejamento e controle de produção dos Estados Unidos e do Japão é que o foco dos sistemas nos Estados Unidos estava na redução de custos produzindo em larga escala uma variedade menor de tipos de carros. No Japão a ideia era reduzir custos, produzir pequenas quantidades de muitos tipos de carro.

Produtos defeituosos

As perdas causadas pela fabricação de produtos defeituosos ocorrem quando os processos são inadequados, há falta de treinamento, os produtos são danificados e os materiais em si são defeituosos. O conceito de "produzir com qualidade" deixou de ser eliminar as peças com defeito para produzir sem defeito.

Como solução, deve-se utilizar mecanismos à prova de falhas (conhecidos em japonês como *pokayoke*), fazer a inspeção do material durante o recebimento, utilizando o controle estatístico de processo (CEP). Os mecanismos *pokayoke* impedem procedimentos errados durante a execução. Dessa forma, o *pokayoke* pode criar dispositivos de projeto para orientar o processo de execução.

Em uma empresa de linha branca há um sistema de avaliação de fornecedor, em que todos começam pelo nível D, fazendo inspeção total. Depois de algum tempo, se o produto não apresentou problema algum, ele passa para o nível C, que faz inspeção por amostragem, e assim sucessivamente, até atingir o nível A.

Quando a inspeção deixa de ser feita no nível A, uma fábrica de refrigeradores paga pelo produto um pouco mais. Se houver outro problema, o produto cai novamente para o nível D. O ideal é conseguir que todos os fornecedores de sua cadeia sejam nível A, mas isso não ocorre. Portanto, o importante é ter um "filtro" que bloqueie as imperfeições para o resto da cadeia. A criticidade é outro critério adotado.

Em um sistema tradicional, se uma máquina apresentar problema, a estação anterior continua produzindo. No caso do *Just in Time* eliminam-se os problemas conforme aparecem, e o nível de estoque diminui paulatinamente.

Movimentação de trabalhadores

As perdas por movimentação de trabalhadores ocorrem por problemas de *layout*, padrões ergonômicos inadequados e itens perdidos.

Em um fabricante de máquinas agrícolas, foi implementado um programa em que, de cada quatro funcionários, um sempre ficava em trânsito e andava 2.400 metros por dia. A partir dessa observação, a empresa implantou um sistema com uma pessoa que abastecia 25 montadores de forma organizada, e criou-se, dessa forma, um sistema logístico interno. Esse funcionário saía com um carrinho e montava um kit. Portanto, a solução está na organização de um *layout* celular, a partir do estudo de movimentação.

No padrão celular pode-se criar uma célula para mais de um produto em geral. O layout é em U, pois é possível fazer um balanceamento maior e estabelece um padrão em que são necessários menos trabalhadores do que a quantidade de máquinas. Supondo que o ciclo da máquina demora 10 minutos, enquanto o ciclo do trabalhador é de dois minutos. Isso aumenta o número de tarefas executadas durante o processo e capacita o trabalhador para outras funções. Tal configuração permite uma movimentação mais flexível do operário.

A célula é responsável por uma família de produtos. Isso possibilita trabalhar com um único funcionário no caso de uma demanda baixa. Normalmente, os custos de mudança de layout são superestimados. O aspecto fundamental para o funcionamento do arranjo celular em U é possuir um plano de desenvolvimento de pessoas para capacitar trabalhadores multifuncionais.

As células podem ter diferentes alocações: os trabalhadores podem variar de acordo com o *mix* de produção, as células podem ter alocações diferentes dependendo da época do ano, as alternativas de configurações podem ser feitas conforme o modelo a ser produzido.

Uma fábrica de refrigerantes de Ribeirão Preto após um treinamento adotou como princípio para a redução de movimentação, verificar, ao entrar na linha de produção, quem está se movimentando. O gerente tirou fotos com uma máquina digital a cada hora. Ao analisar as fotos, verificou que 34% das pessoas estavam se movimentando.

A matriz de capacitação da Figura 8.2 é um exemplo de identificar as habilidades de cada operador de máquina.

Departamento	3	4	3	3	4	4
Operação Funcionário	Corte inicial	Ponteamento	Fresa	Dobra	Estampa	Teste
José	●		●	○	⊙	╲
Joana			⊙		⊙	○
Paulo	⊙			●		○
Mário		○			○	╲
Carlos	⊙	⊙			●	
Sandra				╲	○	○
Tião	╲	○		⊙		●
Carol	╲	●	⊙	⊙		⊙

Legenda:

╲ Restrito   ○ Treinar   ⊙ Treinado   ● Pode treinar outros

Figura 8.2: Matriz de capacitação. *Fonte*: Adaptado de Feld (2001).

Normalmente, as empresas utilizam quadros que ficam visíveis a todos, para a programação e o acompanhamento de acordo com o número de operadores da célula. Para produtos complexos, as células podem ser ligadas por meio de sistema *kanban* ou outros métodos.

Espera

As perdas por espera ocorrem pela deficiência de movimentação de materiais em função de um layout inadequado e por imprevistos de produção. As soluções baseiam-se em sincronização do fluxo de produção, balancear as células de produção com trabalhadores multifuncionais e fazer a manutenção preventiva. O conceito de eficiência no uso de equipamentos visa eliminação dos gargalos de produção, que atrasam as operações seguintes.

Shingeo Shingo sistematizou a redução do tempo de espera na Toyota analisando e racionalizando os processos. Entre 1945 e 1954, o departamento de prensagem da Toyota tinha um tempo de preparação de 3 horas. O presidente da Toyota pediu para Shingo fazer isso em 15 minutos (1955-1964) e, em 1965-1977, ele reduziu para 3 minutos. Em 1984, o tempo de preparação em horas no Japão era de 0,2; enquanto nos Estados Unidos era de 6 horas, na Suécia, 4 horas e Alemanha, 4 horas. O tamanho do lote no Japão era em dias de uso igual a 1, enquanto nos Estados Unidos era 10 e na Suécia, 31 (MOURA & UMEDA, 1984).

Outro aspecto é a flexibilidade de produção, caso fosse necessário seria possível produzir peças em fluxo unitário.

ELSEVIER CAPÍTULO 8 – PRODUÇÃO ENXUTA

Um paralelo interessante, elaborado por Rentes (2002), pode ser feito com a troca de pneus em um Grande Prêmio de Fórmula 1 e em um carro comercial. Supondo que fure o pneu do carro convencional, quanto tempo o motorista leva para trocá-lo? De 10 minutos a 15 minutos. E a equipe Ferrari da Fórmula 1? Cinco segundos. Qual é a diferença de ambos?

Um motorista normal troca o pneu de forma artesanal. A Ferrari analisou a troca de pneu, racionalizou o processo e investiu muito dinheiro para chegar a esse nível de excelência. Entretanto, com certa prática, é possível você trocar um pneu em cinco minutos. Ou seja, é possível fazer melhoria sem investimento.

Estoques

Os estoques são vistos como uma forma de esconder os problemas de refugos, quebras, preparação de máquinas e paradas de maneira geral. Ao reduzir o nível de estoque ao mínimo possível, elimina-se o estoque em processo, o que permite identificar as causas de produtos defeituosos, quebra de máquina, demanda instável, retrabalho, despreparo dos operadores, problemas de padronização, arranjo físico inadequado, quantidade produzida acima ou abaixo do necessário.

A matéria-prima tem valor de mercado. Por exemplo, a chapa de aço tem um valor como matéria-prima, mas, ao ser cortada durante o processo de fabricação, ocorre uma depreciação, pois enquanto ela não for utilizada, é apenas sucata. Somente quando esse material for adicionado ao produto acabado, ele terá valor agregado. A situação intermediária é a pior que existe. As empresas japonesas começaram a tentar produzir sem peças intermediárias para minimizar as perdas. Dessa forma, há aceleração de lucro, pois o giro de estoque terá aumentado. Quanto maior giro de estoque, menor a necessidade de capital. Essa é a filosofia de trabalho no *Just in Time*.

Se há um consumidor interno, e o produto que ele precisa é produzido antes do necessário, o dinheiro relativo a essa submontagem fica parado. A ideia é produzir de forma sincronizada com o cliente interno. Para produzir no tempo utiliza-se o sistema de coordenação de ordens de produção *kanban* para gerenciar o fluxo de informação na empresa. Supondo que sejam vendidas 8.000 garrafas de um refrigerante a $1,20 a unidade, mas em vez de entregar por dia, resolve-se entregar a cada 2 horas, a pessoa que recebe o refrigerante já reembolsa a cada duas horas o que é entregue, e tanto o fabricante quanto o cliente teriam uma redução do capital com a mesma lucratividade, entretanto, a rentabilidade e o capital necessário ficam extremamente favoráveis. Mas se o preço do refrigerante diminuir $0,10, é possível aumentar a participação no mercado.

Esse é o princípio que a Toyota adota. O transporte da empresa utiliza um caminhão que passa pelos vários fornecedores, em dez partidas por dia, mas é um único caminhão que entrega o equivalente a dez caminhões. Há empresas que trabalham duas horas na linha. Dessa forma, a empresa fica mais sincronizada com os fornecedores. Quando há estoque, qualquer atraso pode ser compensado. A inteligência deve estar no chão de fábrica, pois favorece a adaptação.

No suprimento convencional (empurrado), a fábrica produz o Lote Econômico de Compra (LEC) para ser consumido pouco a pouco. Não se fabrica uma única peça conforme a necessidade. Supondo que sejam necessárias 1.000 peças e são fabricadas 1.200 peças, então é preciso pedir ao fornecedor que entregue 1.200 partes. E o fornecedor do fornecedor é solicitado a fabricar 1.500 para ter garantias, caso haja algum problema. Esse efeito é conhecido como *efeito Forrester* ou efeito chicote.

O fornecimento no *Just in Time* prevê a redução da base de fornecedores. Na década de 1980, fazendo-se uma comparação entre os fornecedores da GM e da *Toyota* era de 8:1. Normalmente, tendo três fornecedores do mesmo produto, fazia-se a cotação e se optava pelo que oferecia as melhores condições. No caso da *Toyota*, fazia-se um leilão *spot* para ficar com as vendas do produto por cinco anos. Além disso, ele também vendia em lotes pequenos e, com isso, seu fornecimento também reduzia o estoque, e o giro de capital era maior.

As informações comerciais são compartilhadas, pois um crescimento de mercado para o fabricante também é um crescimento para o fornecedor. O fornecedor, nesse caso, também está envolvido no desenvolvimento do produto. As especificações indicavam não só o desempenho da peça a ser fabricada pelo fornecedor, mas as especificações de tamanho, tecnologia e requisitos que o fabricante espera. Com isso, o fornecedor se adequa ao produto.

Sistema de controle do *Just in Time: Kanban*

Segundo Ohno (1997), a ideia inicial do *kanban* surgiu na década de 1950, quando começaram a aparecer os supermercados no Japão, semelhantes aos supermercados americanos. Ele conseguiu trazer para dentro da fábrica o conceito simples de funcionamento do supermercado, em que o cliente compra apenas o que está precisando, na quantidade necessária e quando é preciso. Ao implantar o sistema de supermercado na usinagem da fábrica da Toyota por volta de 1953, Ohno e sua equipe perceberam que esse sistema poderia gerenciar o movimento dos materiais e ainda fornecia informações como: quantidade de produção, tempo, método, quantidade de transferência, sequência, destino etc. Na visão de Ohno (1997), os processos posteriores eram clientes dos processos anteriores e esses clientes podiam buscar nos fornecedores as peças e os componentes de que necessitavam, e o processo só teria a quantidade de peças e/ou componentes que ele iria necessitar.

Segundo Liker (2005), o sistema *kanban* deve ser aplicado onde não há como fazer fluxo contínuo. Para Ohno (1997), o *kanban* consiste basicamente em um "pedaço de papel dentro de um envelope de vinil". Esse pedaço de papel ou ficha possui informações divididas em três categorias: 1) informação de coleta, 2) informações de transferência e 3) informação de produção (Figura 8.3).

Segundo Shingo (1996), o sistema *kanban,* além de ser um método de controle do Sistema Toyota de Produção, também é um sistema com suas próprias funções independentes. No Sistema *kanban,* os consumidores escolhem as peças e/ou compo-

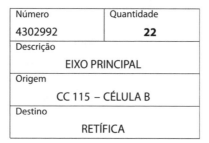

Figura 8.3: Exemplo de *kanban*. *Fonte*: Adaptado de Rentes (2002).

nentes que lhes forem necessários, e o trabalho dos empregados do setor fornecedor é menor porque os consumidores levam as peças e/ou componentes necessários em vez de utilizar um sistema de abastecimento estimado de acordo com a previsão. O setor fornecedor repõe somente o que foi consumido, reduzindo estoques, o que permite baixar preços e aumentar as vendas e o lucro.

Dinâmica de funcionamento do *kanban*

Como o conceito do sistema *kanban* surgiu de supermercados, a ideia principal desse sistema é que o processo cliente, quando necessitar de determinada peça ou componente, retire em *buffers* ou supermercados no processo fornecedor. Nesse caso, o processo cliente seria o processo puxador.

A retirada dessas peças (ou componentes), do processo fornecedor, ocorre da seguinte forma: quando o processo puxador necessitar de peças ou componentes ele colocará um *kanban* de movimentação, que estará com as peças ou os componentes já consumidos por ele, em um quadro. Esse *kanban* de movimentação é levado ao processo fornecedor por um funcionário, que retira um *kanban* de produção do supermercado e coloca em um painel. O *kanban* de movimentação que estava com ele é colocado no contenedor com as peças e transportado para o processo cliente. As regras para a utilização do *kanban* estão no Quadro 8.1.

O *kanban* de produção retirado do contenedor é colocado no painel, que serve como instrução de execução da peça ou componente em questão. A programação e o sequenciamento da produção dos *kanbans* podem ser feitos baseados em duas políticas de reposição/disparo de estoque: reposição com quantidade constante e reposição com ciclo de pedidos constante (SHINGO, 1996; OHNO, 1997; LIKER, 2005).

Política de reposição com quantidade constante

Na política de reposição com quantidade constante, no estágio inferior, a quantidade de cartões especifica o lote de produção, e não há necessidade de produzir o item. No estágio intermediário, a quantidade de cartões indica o tempo de reposição do supermercado, o que significa que é necessário produzir o item, normalmente, em

Quadro 8.1: Regras de utilização do *kanban*

Função do *kanban*	Regras para utilização
1. Fornecer informações sobre apanhar ou transportar.	1. O processo subsequente apanha o número de itens indicados pelo *kanban* no processo precedente.
2. Fornecer informações sobre a produção.	
3. Impedir a superprodução e o transporte excessivo.	2. O processo inicial produz itens na quantidade e sequência indicada pelo *kanban*.
4. Servir como uma ordem de fabricação afixada às mercadorias.	3. Nenhum item é produzido ou transportado sem um *kanban*.
	4. Serve para afixar *kanbans* às mercadorias.

Fonte: OHNO, 1997.

quantidade fixa igual ao número de cartões do estágio anterior. No estágio superior, a quantidade de cartões indica a proteção necessária, o que significa que a proteção está sendo consumida.

É possível, no entanto, ocorrer casos em que as reposições são feitas com quantidade constante, mas os períodos são indefinidos. Nesse caso, a reposição será feita no estágio intermediário e, normalmente, deverá repor uma quantidade fixa igual ao número de cartões do estágio inferior.

Política de reposição com ciclo de pedidos constante

Na política de reposição com ciclo de pedidos constante, a reposição dos *kanban*s ocorre em períodos fixos (horas, dias, semanas), mas a quantidade do pedido varia. É uma rotina inspirada no tipo de reposição adotada comumente entre as empresas e seus fornecedores externos.

Isso se justifica pela distância entre estes, que deixaria inviável as entregas a qualquer momento do dia, exigidas pelo método anterior. Porém, dentro das fábricas, esse método também pode ser usado, principalmente, em situações nas quais os *lead times* totais de ressuprimento são muito longos ou a variedade de peças e componentes é relativamente grande e difícil de gerenciar.

Para auxiliar nesse gerenciamento é introduzido o conceito de TPT (toda parte a todo período). O TPT é uma medida, geralmente em dias, que significa o ciclo de produção de todas as peças de um determinado conjunto de produtos.

A Tabela 8.1 apresenta um exemplo de TPT de três dias (itens classe A, os produtos A, B e C).

Tabela 8.1: TPT igual a 3 dias

1/ mar	2/ mar	3/ mar	4/ mar	5/ mar
A	B	C	A	B
8/ mar	9/ mar	10/ mar	11/ mar	12/ mar
C	A	B	C	A
15/ mar	16/ mar	17/ mar	18/ mar	19/ mar
B	C	A	B	C
22/ mar	23/ mar	24/ mar	25/ mar	26/ mar
A	B	C	A	B
29/ mar	30/ mar	31/ mar		
C	A	B		

Conforme sinalizado na Tabela 8.1, a peça B deverá ser produzida no dia 2. Assim, mesmo para consumo de uma peça B ao longo do dia, sinalizando no quadro a necessidade de produção ainda no dia 1. a produção das peças necessárias somente ocorrerá no dia 2.

A Tabela 8.2 inclui os itens classe C (os produtos X, Y, Z, T, W, V, M, N, P) alocados nessa sequência, com TPT de nove dias. O recurso de produção para a programação da Tabela 8.2 é compartilhado entre as classes A e C de produtos.

Tabela 8.2: TPT igual a 3 dias

1/ jun	2/ jun	3/ jun	4/ jun	5/ jun
C e P	A e X	B e Y	C e Z	A e T
8/ jun	9/ jun	10/ jun	11/ jun	12/ jun
B e W	C e V	A e M	B e N	C e P
15/ jun	16/ jun	17/ jun	18/ jun	19/ jun
A e X	B e Y	C e Z	A e T	B e W
22/ jun	23/ jun	24/ jun	25/ jun	26/ jun
C e V	A e M	B e N	C e P	A e X
29/ jun	30/ jun			
B e Y	C e Z			

Tipos de kanban

Os *kanban*s podem ser classificados como *kanban*s de produção ou de transporte. O *kanban* de produção especifica o que será produzido, a descrição, o lote, o centro de produção (célula). O *kanban* de transporte especifica, além das informações anteriores, o centro de produção de origem e o centro de produção de destino. Há três tipos básicos de sistemas de controle *kanban*: *kanban* de sinal, sistema de 1 *kanban* e sistema de 2 *kanbans*. Os sistemas *kanban* incluem *kanbans* externos e internos.

Kanban de sinal

O *kanban* de sinal contém informações relativas a quantidade do lote de produção, nome e número da peça, ponto de pedido, número do palete, estoque e especificação da máquina destinada para uso. O *kanban* de sinal trabalha com um nível mínimo de estoque. O *kanban* de requisição de material acompanha o *kanban* de sinal e contém informações dos processos precedente e subsequente, número do processo anterior, dimensão do material, quantidade do lote, capacidade e quantidade do contenedor. A dinâmica do *kanban* de sinal é a seguinte:

1. O processo cliente solicita a entrega de um item do estoque periodicamente.
2. Quando o nível de estoque atinge um nível mínimo, envia-se um *kanban* de sinal que fica aguardando até o momento de utilização.
3. O *kanban* de sinal é entregue ao fornecedor no momento de utilização do primeiro item abaixo do nível mínimo.
4. O fornecedor fabrica a quantidade especificada para a reposição de estoque.
5. Com as informações contidas no *kanban* de sinal é feita a reposição do lote correspondente ao estoque e um novo ciclo de inicia.
6. A representação da dinâmica do *kanban* de sinal é apresentada na Figura 8.4, conforme os itens descritos.

Sistema de 1 kanban

No sistema de 1 *kanban*, utiliza-se o conceito de supermercado. A dinâmica do *kanban* simples pode ser sumarizada da seguinte maneira:

1. Um processo cliente necessita um item do processo fornecedor e retira esse item do supermercado intermediário aos dois processos.
2. Para cada item solicitado é enviado um *kanban* de produção para o quadro *kanban* de prioridades, que passa a compor a programação de *kanban* da célula.
3. Ao chegar a sua vez de produção, o *kanban* é enviado ao processo fornecedor que produz o item.
4. O processo fornecedor envia o item novamente para o supermercado com um *kanban* de transporte. Esse item é armazenado no supermercado, até o cliente solicitá-lo.

A representação da dinâmica do sistema de 1 *kanban* é apresentada na Figura 8.5, conforme os itens descritos.

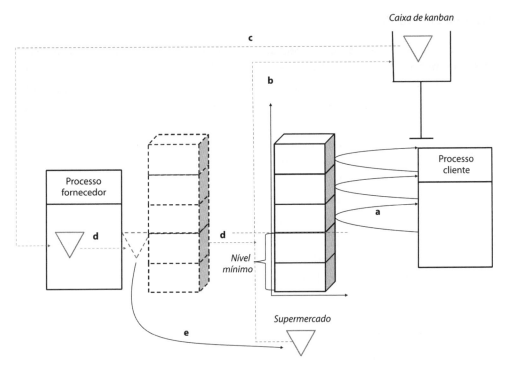

Figura 8.4: Dinâmica do *kanban* de sinal.

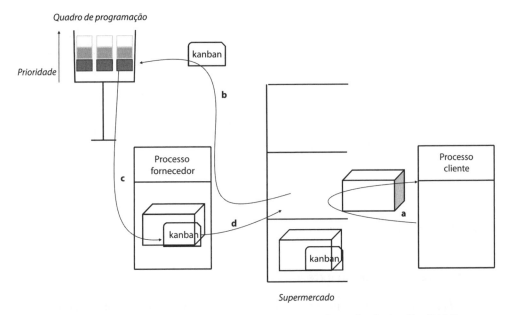

Figura 8.5: Dinâmica do sistema de um *kanban*. *Fonte*: Adaptado de Araújo (2009).

Sistema de 2 kanbans

No sistema de 2 *kanbans* também se utiliza o conceito de supermercado, mas ele é auxiliado por um *kanban* de retirada. A dinâmica do sistema de 2 *kanbans* é a seguinte:

1. No sistema de 2 *kanbans*, para que seja retirado um item do supermercado, é necessário enviar um *kanban* de retirada a partir do qual se fornece o item para o cliente.
2. Concomitantemente, envia-se um *kanban* de produção para compor a programação do quadro de programação.
3. O *kanban* de produção é enviado para o fornecedor, que produz o item e entrega ao supermercado.
4. O item é armazenado no supermercado.
5. O *kanban* de retirada que estava com o cliente retorna e é colocado novamente à disposição para atender a uma nova solicitação de item do supermercado.

A Figura 8.6 apresenta a dinâmica do sistema de 2 *kanbans* correspondente aos itens descritos.

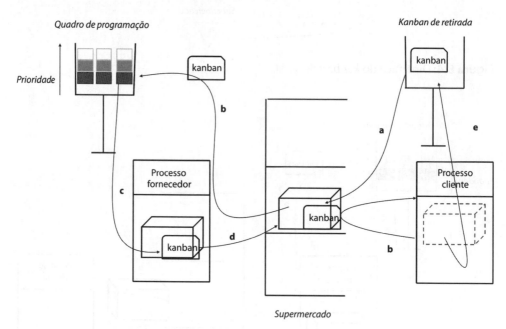

Figura 8.6: Sistema de 2 *kanbans*.

Kanban interno e kanban externo

O *kanban* interno é utilizado para itens fabricados internamente pela unidade produtiva. O *kanban* externo é utilizado para itens fabricados pelos fornecedores externos e para atender à solicitação de clientes externos.

ELSEVIER | CAPÍTULO 8 – PRODUÇÃO ENXUTA | 279

Dimensionamento de kanban

Para o dimensionamento do tamanho do *kanban* há diversas fórmulas que podem ser utilizadas. Normalmente são baseadas em regras práticas associadas ao *lead time* de fornecimento, número máximo de horas, dias ou semanas de estoque desejável no chão de fábrica e tempo disponível para a realização de *setups* no chão de fábrica. A maioria das implementações de sistemas *kanban* falha por falta de disciplina ou de treinamento, não por causa de cálculos errados. Para determinar a quantidade de *kanbans*, seguem-se os passos: (FELD, 2001)

Passo 1: Determinar a quantidade do supermercado. O *lead time* e o tempo disponível é dado em horas

$$Q = \frac{(\text{Taxa de produção diária projetada} \times Lead\ time\ \text{de fornecimento})}{\text{Tempo disponível por dia}}$$

Passo 2: Determinar o número de *kanbans*

$$N^o\ kanban = \frac{\text{Quantidade no supermercado}}{\text{Tamanho do contêiner}}$$

Sistemas híbridos

Um caso particular de utilização de supermercados de produção é a integração da lógica do sistema puxado de produção com a lógica do MRP, que envia uma programação de montagem para o setor de montagem final. Em casos como esse em que se constituem sistemas híbridos de produção, a programação mestre de produção envia informações para o planejamento das necessidades de materiais que é acionado por ordens de compra. Essas ordens são enviadas para os fornecedores que entregam os itens de matéria-prima. As células de produção processam os itens e os supermercados de produção são posicionados entre uma célula e outra até a montagem final.

A utilização de *kanban* no MRP é feita criando-se itens fantasmas na estrutura do produto que acionam a produção puxada. Enquanto na lógica do MRP o cumprimento das etapas ocorre de baixo para cima, os itens fantasmas funcionam como *kanbans* para puxar a produção. A Produção Enxuta se aplica a situações com alta variedade de produto. É preciso identificar as diversas subfamílias, dando um tratamento específico para cada uma. O sistema enxuto normalmente é um sistema híbrido. MRP e *kanban* são naturalmente integráveis e podem ser parte de um único sistema de controle. No caso dos sistemas híbridos, são utilizados parâmetros de controle baseados em volume, frequência e custo.

A solicitação de um item dispara automaticamente as necessidades dos itens finais (menores níveis de agregação da estrutura do produto) de modo que os itens de submontagens/subcomponentes são tratados como itens fantasma. A gerência destes últimos é feita segundo políticas do sistema de produção enxuta implantado, com estoques tendendo ao menor volume possível.

Aplicação

Mapeamento de fluxo de valor

O mapeamento de fluxo de valor (MFV) é uma metodologia de modelagem do chão de fábrica que foi apresentada por Rother e Shook (2000), com o objetivo de difundir uma prática comum na Toyota. O mapeamento de fluxo de valor é uma representação de etapas envolvendo os fluxos de material, informações e controle, necessários para atender aos pedidos dos clientes. O fluxo de valor é o conjunto de atividades necessárias (que agregam ou não valor) para transformar a matéria-prima em produto acabado. A terminologia "fluxo de valor" pode ser utilizada como sinônimo de processo de negócio.

Na manufatura, o fluxo de valor inicia-se na matéria-prima e termina com a entrega do produto. O fluxo de manufatura também pode ser desagregado. Se o fluxo de manufatura geral envolve do fornecedor de matéria-prima até o cliente final, o fluxo de valor da empresa X pode representar o fluxo de materiais e informações que vão da Planta A até a Planta C, por exemplo. Já o fluxo da Planta B pode representar as etapas de torneamento, furação e montagem.

Portanto, o mapeamento do fluxo de valor permite que se realize um processo de análise para melhorar o sistema, identificando e eliminando desperdícios. A metodologia favorece a otimização global que alinha os objetivos de todos os envolvidos no processo, buscando uma solução para o todo. A otimização local pode servir para a melhoria específica de um setor, mas ao não alinhar objetivos, pode causar problemas de nivelamento e sincronização do processo de produção.

No estágio atual do desenvolvimento da metodologia, o mapeamento externo referente a outras plantas deve observar a evolução conceitual da filosofia da Produção Enxuta. Portanto, a abordagem diz respeito somente às atividades internas da planta da fábrica, do pedido do cliente até a chegada de materiais que a empresa adquire de terceiros para fabricar o produto final.

O processo de modelagem envolve a utilização de ferramentas para a visualização do processo, identificando as atividades que agregam valor ou não. A equipe que está trabalhando no projeto deve possuir uma visão objetiva do processo, uma percepção comum. Quando há uma empresa com um fluxo complexo, uma pessoa da área de compras não consegue enxergar o processo como um todo, e todas as melhorias que ele vai enxergar são problemas que afetam a área dele. Quando há o mapeamento de processo, o objetivo é obter um consenso dos pontos a serem atacados tanto no mapa da situação atual quanto no mapa da situação futura.

O Mapeamernto de Fluxo de Valor (MFV) tem a vantagem de ser uma metodologia muito intuitiva e visual que permite identificar como são disparadas as ordens de fabricação. A abordagem qualitativa descreve a operação atual de um processo e de como poderia operar no futuro.

Para elaborar o Mapeamento do Fluxo de Valor há uma sequência recomendada. O primeiro passo é a identificação da família de produtos que será mapeada, porque mapear todos os produtos é inviável, a menos que se tenha uma pequena planta ou uma planta dedicada a um único produto. Essa família é caracterizada por um grupo de produtos que passa pelo mesmo processo ou por equipamentos comuns. Uma família de produtos possui produtos que passam por um caminho similar de processos e equipamentos. Antes de iniciar o MFV, define-se o produto considerando-se tipos de componentes, quantidade de demanda e frequência.

O próximo passo é o desenho do estado atual, identificando as etapas do processo de produção no chão de fábrica.

A seguir, desenha-se o estado futuro, no qual se representa a nova configuração do chão de fábrica com vistas à eliminação de perdas e de gargalos de produção. O quarto e último passo é estabelecer um plano de trabalho e implementação que discrimine detalhadamente as ações a serem empreendidas.

A Tabela 8.3 é um exemplo de etapas do processo e equipamento para a identificação da família.

Tabela 8.3: Exemplo de identificação de família

		Etapas do processo e equipamentos				
		Torno	Fresa	Polimento	Acabamento	Pintura	
Produtos	A	x			x	x	x
	B		x		x	x	x
	C	x				x	x
	D				x		x

Os produtos representados e as etapas envolvidas de acordo com o processo/equipamento utilizado permitiram, por exemplo, agrupar os itens em duas famílias de produtos. Os produtos A e C comporiam uma família; e os produtos B e D, outra família. À medida que a matriz de produtos e processos cresce, a dificuldade do agrupamento em famílias também cresce, não sendo mais possível fazê-lo apenas visualmente. Há técnicas matemáticas simples que auxiliam nesse processo.

As recomendações para o mapeamento de fluxo de valor do estado atual dizem respeito aos seguintes passos: documentar as informações do cliente; fazer uma rápida visita ao chão de fábrica para identificar os principais processos (quantas caixas de processo); preencher as caixas de dados, desenhar os triângulos de estoque e fazer uma contagem de estoques; obter os dados de tempo direto no chão de fábrica; não utilizar o tempo padrão histórico; desenhar manualmente, a lápis; documentar informações de fornecedores; desenhar o fluxo de informações: o que se faz em processo; identificar como o material está sendo movimentado; quantificar os *lead times* de produção *versus* tempos de processamento.

Os ícones básicos utilizados para a modelagem do mapa do fluxo de valor são apresentados na Figura 8.7. Outros ícones podem ser criados.

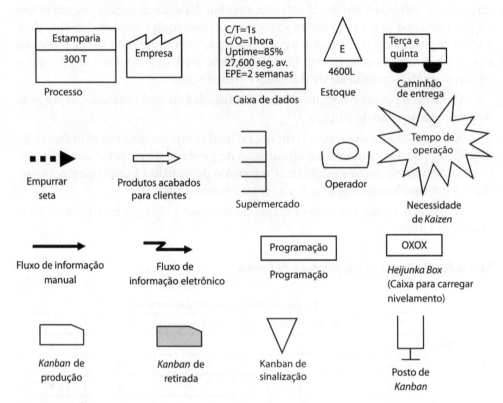

Figura 8.7: Ícones utilizados para o mapeamento do fluxo de valor. *Fonte*: Rother e Shook (2000).

Visões do mapa do fluxo de valor

O mapa de fluxo de valor pode ser compreendido a partir de cinco visões (ROTHER & SHOOK, 2000, 2002).

A primeira visão do mapa do estado atual mostra o cliente. Especifica-se o que o sistema vai atender.

A segunda visão do mapa do estado atual representa todos os processos, caixas de dados e triângulos de estoque. Os estoques são contabilizados a partir da aferição dos tempos novamente.

A terceira visão mostra o fluxo de materiais. Os fornecedores do tipo Classe A devem ser representados, os demais não são necessários. O detalhamento das informações, em termos de processo, deve ser possível de ser representado no A3. Em média representam-se de 5 a 20 caixinhas. Se for necessário detalhar mais, detalha-se em outro nível. A parte superior representa o fluxo de informações da empresa e a parte inferior, o fluxo de materiais. Logo abaixo de cada processo são colocadas informações sobre o processamento, dispostas em caixas chamadas Caixas de Dados. Portanto, primeiro mapeia-se o fluxo de material e preenche-se as caixas de dados.

A quarta visão mostra o mapa de estado atual com fluxo de informação e setas de empurrar. As previsões são feitas por períodos determinados (mensais, bimestrais ou trimestrais), e as informações são enviadas para os fornecedores. O MFV tem uma capacidade de síntese, pois em uma folha é possível discutir todo o processo. Nessa etapa, mapeia-se o fluxo de informações. É necessário coletar dados como tempo de ciclo (T/C), tempo de agregação de valor (VA) e *Lead Time* (L/T).

A visão completa do mapa do estado atual inclui os *lead times* e tempos de fabricação. A quinta visão é a do *lead time*, que é a principal informação do seu fluxo de valor. A somatória dos tempos de processamento é o *lead time* do processo. Na parte inferior do mapa desenha-se a linha do tempo para poder medir o *lead time* total do componente no fluxo desenhado, e também para saber o tempo de agregação de valor desse componente.

Os valores contidos nas linhas mais acima da contagem do *lead time*, geralmente expresso em dias, são calculados pela divisão do número de peças em estoque pela demanda diária de tais peças e/ou pelo tempo de deslocamento do item de um processo a outro. Os valores contidos nas linhas mais abaixo são valores expressos nas caixas de dados dos processos, geralmente em segundos ou minutos, correspondendo ao tempo de ciclo da peça ou lote.

Modelando o Estado Futuro

Para Rother e Harris (2002), o fluxo contínuo é o objetivo principal da Produção Enxuta. Portanto, ao pensar em promover o estado futuro é necessário pensar nos seguintes pontos: eliminar os excessos de produção para que os materiais não fiquem parando ao longo do processo em estoques intermediários e fazer o cálculo do *takt time*, para que o ritmo da linha de produção seja o mesmo que o ritmo da demanda.

O *takt time* é calculado considerando-se o tempo de trabalho por turno e a demanda do cliente pelo mesmo período de tempo, ou seja:

$$Takt\,time = \frac{Tempo\,de\,trabalho\,disponível\,por\,turno}{demanda\,do\,cliente\,por\,turno}$$

Um produto, por exemplo, com demanda igual a 856 peças/dia a ser fabricado por meio de um recurso de manufatura com tempo total disponível de 7 horas (25.200 segundos) tem seu *Takt-time* calculado desta forma: 25.200 segundos/856 peças = 29,44 segundos/peça. Significa que a cada 29,44 segundos uma peça ou componente pronto deve deixar o recurso de manufatura para o qual o Takt Time foi calculado.

Para atingir o estado futuro é necessário implementar melhorias ao longo do processo. Marchwinski e Shook (2003) identificam dois níveis de *kaizen*: o *kaizen* de sistema ou de fluxo, que enfoca o fluxo total de valor, dirigido ao gerenciamento; e o *kaizen* de processo, que enfoca os processos individuais e é dirigido às equipes de trabalho e aos líderes de equipe.

O mapa do estado futuro deve ser desenhado levando em consideração o mapa do estado atual e os *kaizen*s identificados no processo. O objetivo do mapeamento do fluxo de valor é identificar, destacar as fontes de desperdício e então eliminá-los no estado futuro.

Os passos para a definição do projeto da situação futura, partindo do mapa do estado atual, podem ser sumarizados da seguinte maneira: produção para fluxo específico de família de produtos; taxa de produção conforme as necessidades dos clientes; fluxo contínuo sempre que possível; produção puxada sempre que fluxo contínuo for impossível; *layouts* com células em U sempre que possível; padrão "montagem sob encomenda" em vez do padrão "fabricação por encomenda" ou "fabricação para estoque"; trabalhadores multifuncionais e atribuição de responsabilidade a quem produz nas células de produção; controle de produção visual; fluxo contínuo ou produção puxada com fornecedores.

O projeto do estado futuro deve buscar a redução de estoques intermediários e uma aproximação entre os processos de produção com a criação de células de manufatura, proporcionando a redução do *lead time*, substituição de estoques intermediários por supermercados com peças prontas a espera de serem puxadas pelo processo posterior.

Para Marchwinski e Shook (2003), o mapa do fluxo de valor é uma ferramenta para identificar o fluxo de valor e determinar que pontos são cabíveis de melhorias. O mapeamento do fluxo de valor é um cíclico. Sempre que se atinge o estado futuro, essa situação passa a ser o "estado presente", e um novo ciclo de melhorias se iniciará com vistas à diminuição de gargalos e estoque (ROTHER & HARRIS, 2002).

Os principais dados típicos do processo que compõem uma análise do processo de fabricação para a transformação de um sistema de produção em um sistema enxuto buscam minimizar:

C/T (*Cycle Time*) Tempo de ciclo – tempo para processar uma unidade numa etapa do processo.

VA (*Value Added Time*) Tempo de Valor Agregado – tempo gasto no trabalho e que é transformado em produto de maneira que o cliente está disposto a pagar.

L/T (*Lead Time*) – tempo que uma peça leva para percorrer todas as etapas de um processo (ou uma cadeia de valor) do começo ao fim.

S/U (*Set Uptime*) – tempo de troca – tempo para comutar de um setup para outro (tempo desde a última peça boa para a primeira peça boa).

U/T (*Uptime*) – disponibilidade de máquina – tempo disponível para processar o produto num dia menos o tempo de parada da máquina não planejada, ou seja, o Uptime é o tempo durante o qual um dispositivo está funcionando ou disponível para uso no caso para o produto ou família de produto no mapa.

Downtime – indisponibilidade ou ocupação.

Avail – tempo de trabalho disponível – tempo total disponível num dia; turnos por dia x tempo do turno menos paradas.

EPE – Every Part Every – frequência da produção, usado como medida do tamanho do lote.

De acordo com Seth e Gupta (2005), deve estar bem claro que o tempo de ciclo conceitualmente se refere a "execução" de um ato ou processo, *lead time* refere-se ao "planejamento" de um ato ou processo, *takt time* refere-se a "sincronização" do ritmo de um processo ou ato com o ritmo de outro processo ou ato. Portanto, às vezes é também conhecido como taxa de saída ou taxa de produção.

A partir dos dados de processo descrito é possível calcular a taxa de fluxo do processo, de acordo com a Tabela 8.4 com os tempos 1.

Tabela 8.4: Taxa de fluxo do processo

Caixa de dados		Informações do processo		Montagem (*Box* do VSM)
Tempo total disponível	600 min./dia	Um turno de:	10 horas/dia 00000▶	10 ◯
Almoço & paradas	- 120	*Setup*	45 minutos	
Tempo disponível	480 min./dia	2 S/U	Por dia	
* (*uptime* %)	* 0,94	Almoço & paradas	120 minutos	
* (1 – refugo %)	* 0,97	*Scheduled dt*	Zero	C/T = 10 minutos
* (1 – retrabalho %)	* 0,90	*uptime*	94%	S/U = 45
Tempo *Avail* líquido	**394 min/dia**	Refugos	3%	*Uptime*= 94%
		Retrabalho	10%	*Scrap*= 3%
		Tempo de ciclo	10 minutos	*Rework*= 10%
		Pessoas	10	*Avail*= 480

Taxa Bruta de Fluxo = (tempo *Avail* líquido/tempo de ciclo) = 394 10 = 39,4 unidades dia

Taxa Líquida de fluxo ® (tempo *Avail* líquido – perdas devido ao S/U) tempo de ciclo = 304 10 = 30,4 unidades dia

Este resultado satisfaz a demanda do cliente?

A eficiência no ciclo dos processos, *process cycle efficiency* (PCE), é calculada pela divisão do tempo de ciclo do processo (tempo de valor agregado) pelo *lead time* total do processo, de acordo com a Equação 2.

$$PCE = \frac{ciclo\,do\,processo}{lead\,time\,total}$$

$$Process\,Cycle\,time = 600\,segundos$$

$$Lead\,time\,total = 20\,dias = 1.728.000\,segundos$$

$$PCE = \frac{600}{1.728.000} = 0,0003472 = 0,035\%$$

O PCE (*Process Cycle Efficiency*) para muitos processos de manufatura em massa será tipicamente menor que 1%. Processos de manufatura Enxuta classe mundial devem ter PCEs em torno de 15% a 25%. A Toyota tem PCE em torno de 27%.

Esses conceitos são desenvolvidos principalmente com dois propósitos:

a. Entender a interdependência de uma função, departamento ou uma unidade inteira de produção de produtos ou serviços no todo de modo integrado.

b. Capturar uma visão holística sobre uma situação em que ferramentas de controle industrial convencional não ajudam muito.

Questões

1. Explique as diferenças entre os conceitos de *kanban*, *Just in Time* e Produção Enxuta.

2. Explique a origem e a diferença dos conceitos de melhoria contínua (*kaizen*) e melhoria radical (*kaikaku*).

3. Um dos objetivos da Produção Enxuta é atingir um nível de estoque "zero" e o número de defeitos "zero". Tais objetivos são viáveis na prática? Elabore as suas considerações.

4. Os princípios da Produção Enxuta relativos à eliminação de perdas possuem um paralelo com o nosso cotidiano. Considerando que uma pessoa normal fica acordada durante 16 horas, faça uma estratificação de como o tempo é utilizado nesse período e identifique as principais causas de desperdício de tempo. Quanto do tempo total de um dia de uma pessoa pode ser considerado como de valor agregado?

5. Explique as diferenças de programação puxada e empurrada, abordando o exemplo do café de garrafa e do café expresso da cantina da universidade.

6. Explique o conceito de *kanban* utilizando o exemplo do café expresso. Como poderiam ser implementados os sistemas de *kanban* de sinalização 1 cartão *kanban* e de 2 cartões *kanban*. Qual deles seria mais eficiente?

ELSEVIER CAPÍTULO 8 – PRODUÇÃO ENXUTA 287

7. O que significa produção nivelada e produção sincronizada considerando os elos entre fornecedores, unidade produtiva e clientes?

8. Procure na literatura o que é o Efeito Forrester (também conhecido como Efeito Chicote) e explique como ele ocorre na relação entre fornecedores, unidade produtiva e clientes. Como a Produção Enxuta procura evitar esse efeito?

9. Em um restaurante de comida "por quilo", como os princípios de produção puxada e de eliminação de desperdício por superprodução podem ser implantados?

10. Explique a semelhança entre o conceito de compras em um supermercado e o supermercado no sistema *kanban*.

11. Quais são os elementos que compõem o Mapa do Fluxo de Valor?

Exemplo de aplicação

Mapa de Fluxo de Valor de uma empresa de máquinas agrícolas

Fonte: Marques e Guerrini (2012)

Devido à sazonalidade do mercado agrícola, que depende de ciclos das culturas, a empresa produz tanto para pedido quanto para estoque. O estoque acumulado nos períodos de baixa demanda é utilizado nos períodos de alta demanda, nivelando a produção da fábrica, evitando picos ou depressões muito grandes de capacidade de produção. Essa variação da demanda poderia acarretar em atrasos de entrega ou demissão de funcionários.

O setor de vendas informa ao PCP as previsões de vendas dentro do horizonte de um ano, para que a empresa faça o seu planejamento estratégico. Essa previsão passa por revisões mensais ao longo do ano. Nessas revisões, o horizonte é de três meses, sempre tendo o mês subsequente como uma previsão firme, que não se altera. As previsões são para fazer a compra de materiais e acionar produção interna de itens com tempos de ressuprimento longos. Os itens com tempos de ressuprimento menores são atendidos conforme o ritmo da linha (*Takt Time*).

Os produtos produzidos para estoque são incluídos nas previsões, mas são acionados diariamente da mesma forma que os produtos produzidos contra pedidos. O setor de vendas aciona a fábrica diariamente com pedidos dos clientes (ou itens para estoque).

O total acionado no mês não pode ultrapassar a última quantidade planejada. À medida que os pedidos chegam, o setor de vendas os empenha para serem produzidos em um horizonte de 8 dias. Caso o oitavo dia já esteja com a capacidade tomada, esses pedidos são alocados para o nono dia, então para o décimo e assim por diante. Os pedidos são organizados de modo que a linha de montagem utilize a sua capacidade da melhor forma.

Essa atividade de determinação do *mix* de produção é realizada no PPCP que, de posse da informação de quais produtos o setor de vendas irá precisar, os planejadores de produção montam a melhor sequência de produção para esses itens.

A Figura 8.8 apresenta o mapa do estado atual da empresa.

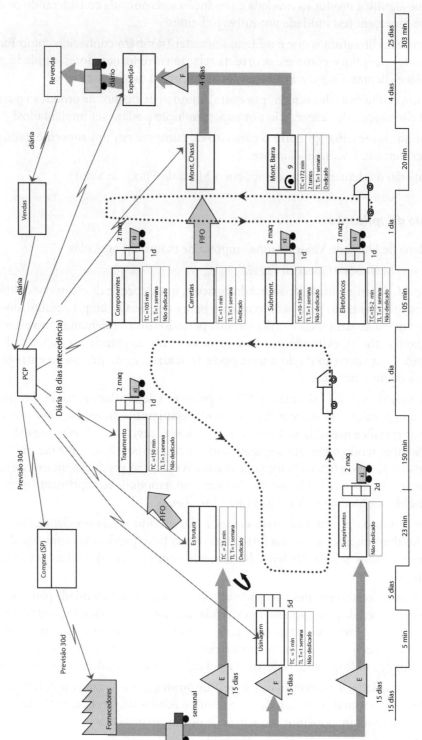

Figura 8.8 Exemplo do mapa do Estado Atual.

Modelagem e implementação

Evento Kaizen

Fonte: Adaptação de Araújo e Rentes (2006)

A tradução direta do termo japonês *Kaizen* é o processo de melhoria contínua para a eliminação de desperdícios no processo produtivo que compartilha responsabilidades com todos os funcionários envolvidos.

O evento kaizen é uma metodologia de mudança radical para a implantação dos princípios da Produção Enxuta. Durante o evento é dada atenção especial a formação da equipe que deve contar com as pessoas-chave envolvidas nos processos: pessoas especialistas nos processos da área; pessoas relacionadas com a área (clientes e/ou fornecedores internos); pessoas de fora da área (com o intuito de disseminação de conceitos e cultura); facilitadores/coordenadores; líderes; especialistas e assessores externos (que devem ser consultados conforme a necessidade).

A equipe tem como função agir como uma força tarefa para cumprir o programa de cinco dias do evento *kaizen*. Os processos de mudança dependem de uma gestão eficaz e precisam contar com a colaboração, compreensão de todos os envolvidos.

O programa do evento *kaizen* pode ter a seguinte composição, conforme o Quadro 8.2

Quadro 8.2: Programação do evento *kaizen*

	Segunda	Terça	Quarta	Quinta	Sexta
Manhã	Treinamento	Ação kaizen	Implementação e teste	Treinamento	Apresentação
Tarde	Planejamento	Ação kaizen	Aprimoramento e ajustes	Consolidação	Celebração

Primeiro dia

Período da manhã: treinamento

No primeiro período do evento, a equipe participa de um treinamento sobre os principais conceitos da metodologia *kaizen* e alguns dos elementos da manufatura enxuta que podem vir a ser utilizados durante os trabalhos.

Este treinamento ressalta a importância do foco da equipe na missão a ser cumprida, no período de tempo designado (cinco dias), com dedicação exclusiva para o evento.

Apesar do evento *kaizen* ter uma força-tarefa para a implementação de kaizens, é importante que todos os membros da organização sejam constantemente comunicados das atividades a serem desenvolvidas. O processo envolve (direta e/ou indiretamente) todos os níveis hierárquicos da organização, uma vez que o time de *kaizen* durante o evento tem prioridade no uso de recursos da fábrica (por exemplo, empilhadeiras, serviços de pintura, estamparia etc.) e na coleta de informações, conforme a necessidade.

É usual a equipe de *kaizen* receber um uniforme diferenciado do restante da fábrica, com o termo *kaizen* escrito.

Período da tarde: planejamento

No período de planejamento, definem-se os objetivos principais do time, como, por exemplo, o objetivo do evento *kaizen* pode ser a implantação da programação puxada por meio de cartões kanban e a melhoria do layout na área de montagem, visando eliminação ou redução de desperdícios.

No planejamento verifica-se a situação atual do setor (incluindo detalhamento do layout atual), bem como a divisão das tarefas entre os membros da equipe e a definição formal do cronograma de atividades.

Segundo: ações *kaizen*

As ações do *kaizen* podem envolver diversos aspectos da empresa, tais como a organização da área de trabalho com a identificação dos itens utilizados, a separação destes itens e a definição dos locais de armazenamento dos mesmos, a construção e implantação de quadros de kanbans e quadros de nivelamento de produção para os diversos postos de trabalho, além da preparação para demarcação das áreas de trabalho.

O levantamento e distribuição de atividades balanceadas entre os postos de trabalho deve observar o ritmo do mercado (*takt-time*). Esta padronização deve ser formalizada, documentada, descrita e esquematizada na área de aplicação.

Terceiro dia

Período da manhã: implementação e teste

A análise da movimentação dos operadores (uma das categorias de desperdícios) durante o processo com métricas de quantidade de movimentações realizadas, passos e distância percorrida. Os dados a serem obtidos auxiliam na definição de um novo *layout* com realocação dos postos de trabalho, definição de rotas de transporte na linha de produção, definição do reposicionamento de máquinas e de locais de armazenamento de materiais.

A implantação da programação puxada, por meio da implantação de cartões kanban, para a redução dos sete tipos de desperdícios de produção. Ressalta-se que a implantação de programação puxada com kanban não precisa necessariamente ser feita para todas as peças, mas sim para aquelas que apresentam problemas. Os seus respectivos processos de fabricação são mapeados para o dimensionamento dos supermercados, considerando-se a disponibilidade atendimento do fornecedor. Para o evento *kaizen* devem ser providenciados os cartões, quadros de nivelamento de produção, e as peças devem estar em contenedores dos supermercados.

Período da tarde: aprimoramento e ajustes

Dentre os itens que devem ser observados na fase de aprimoramento e ajustes, a ergonomia deve merecer atenção especial durante um evento kaizen. Grande parte dos problemas de afastamento por motivo de saúde, ou mesmo deficiência nos processos de fabricação ocorrem por problemas ergonométricos.

A Toyota, no final da década de 1990, concluiu que o processo de automação nas fábricas era muito caro, pois a cada mudança das características dos produtos, todos os robôs tinham que passar por reprogramações e adaptações. A partir dessa constatação, a Toyota começou a desenvolver ferramentas e equipamentos ergonometricamente adaptados ao ser humano para que os níveis de produtividade fossem os mesmos dos robôs.

Quarto dia

Período da manhã: treinamento

Para a implantação do sistema de programação puxada por meio de cartões kanban é importante estabelecer um programa de treinamento dos operadores e fornecedores internos do processo, enfatizando-se os resultados esperados com a mudança que se refletirá tanto na produção, com uma melhoria na sincronização e no nivelamento de produção entre operadores e fornecedores, quanto em melhorias no desempenho da empresa como um todo.

Conforme apontando anteriormente, os processos de melhoria e de mudanças têm que ser continuamente implementados e mantidos. Apesar do evento *kaizen* durar somente 5 dias, os processos de melhoria e mudança são perenes, pois sempre há possibilidade de se implementar novas melhorias.

Período da tarde: consolidação

Na fase de consolidação, a ancoragem da melhoria deve ser realizada por meio de auditorias, na forma de gerenciamento por rondas. Pode-se utilizar um *check-list* de verificação, que contemple itens de organização e limpeza da área, o uso de equipamentos individuais de proteção, gestão visual (aplicação e devida atualização dos indicadores) e a programação puxada (correta utilização do sistema kanban implantado).

As auditorias podem prevenir retrocessos e manter a melhoria, e devem ser feitas rotineiramente pelos operadores, líderes de time, supervisores de linha e gerente da planta.

Quinto dia

Período da manhã: apresentação

Ao final do evento *kaizen*, realiza-se a apresentação das atividades e resultados obtidos para os principais executivos da empresa (incluindo diretores, superintendentes e presidente). A apresentação também é uma forma da equipe de implantação prestar contas do evento em si e de ser reconhecida pelos resultados alcançados.

Como um evento *kaizen* deve ser extremamente focado para que se obtenha resultados em um curto espaço de tempo, outros eventos podem dar sequência ao processo de melhoria contínua. Durante a apresentação dos resultados é importante que todos os funcionários que poderão envolver-se em futuros eventos *kaizen* estejam presentes para assimilar a dinâmica do processo e dirimir as dúvidas.

A apresentação também pode incluir uma visita aos locais nos quais as mudanças foram implementadas para que possa ser realizada uma avaliação in loco.

Período da tarde: celebração

Normalmente é prevista para o encerramento do evento uma celebração, cujo orçamento pode ser definido previamente ao evento *kaizen*. A celebração envolve o time do evento *kaizen* e deve ocorrer para comemorar e valorizar os resultados bem-sucedidos, avaliados durante a apresentação dos resultados e visita ao local da implantação.

PCP também é cultura

As três perguntas de Taiichi Ohno

Fonte: Ohno (1997)

Conforme já foi abordado, Taiichi Ohno foi o engenheiro responsável pelo desenvolvimento do Sistema Toyota de Produção. Grande parte de suas inovações no processo de produção foram o resultado de um longo processo de observação, reflexão, análise e síntese. Ele havia trabalhado na tecelagem da Toyota e isso ajudou-o bastante na identificação dos problemas que deviam ser superados para a melhoria da produção.

Taiichi Ohno sistematizou a compreensão da distribuição do tempo na manufatura. Há a categoria do desperdício que é totalmente desnecessário ao fazer o trabalho. O desperdício corresponde ao tempo disponível, transporte sem necessidade, empilhar estoques de produtos intermediários, trocar de mãos, transportar para local que não é o destino final. Há a categoria do trabalho necessário, mas que não agrega valor, que corresponde a caminhar de um lado para outro para receber peças, remover embalagens de produtos comprados, remover pequenas quantidades de peças de uma caixa grande, manipular botão de pressão já posicionado. O que sobra do tempo total, para ser gasto efetivamente com a produção, que ele chamou de trabalho líquido, praticamente, é menos de um quarto do tempo total.

Mas ele era um engenheiro que estava sempre atento à possibilidade de melhorar. Observando a linha de produção, Ohno fez três perguntas e obteve as respectivas respostas e consequências:

1. Por que uma pessoa na Toyota Motor Company pode operar apenas uma máquina, enquanto na tecelagem Toyota uma moça supervisiona de 40 a 50 teares?

Resposta: As máquinas na Toyota são programadas para parar quando a usinagem é completada.

Consequência: Implementou-se a autonomação com um toque humano.

2. Por que não podemos fazer um componente *Just in time*?

Resposta: O processo anterior os produz tão rapidamente que não sabemos quantos são feitos por minuto.

Consequência: Implementou-se a sincronização da produção.

3. Por que estamos produzindo componentes em demasia?

Resposta: Porque não existe um jeito de manter baixa ou prevenir a superprodução.

Consequência: Implantou-se o controle visual, que conduziu ao kanban.

Mais importante do que saber a solução, é saber formular as perguntas corretas.

Conclusão

A Produção Enxuta desenvolveu-se progressivamente desde o final da década de 1940 e se transformou no principal paradigma de produção. Várias técnicas e metodologias foram desenvolvidas durante esse período, tais como o mapeamento de fluxo de valor, o pensamento A3 da Toyota, dentre outros.

A melhoria contínua, conhecida pelo termo japonês *kaizen*, foi e é utilizada pela Toyota como filosofia de aprimoramento, em uma visão de longo prazo. Já a melhoria radical, designada pelo termo japonês *kaikaku*, é utilizada pelas empresas que querem implantar a Produção Enxuta em um horizonte de curto prazo. Portanto, a filosofia de implantação da Produção Enxuta em empresas que até então adotaram outra concepção é totalmente diferente, pois a implantação é rápida. De certa forma, a melhoria radical incorpora a filosofia da reengenharia.

As críticas à reengenharia ou à forma errada de sua aplicação deram-se em função da premissa de fazer o mesmo com menos recursos.

A racionalização pela reengenharia visa diminuir o pessoal envolvido. Nesse processo de racionalização baseado na reengenharia, ao fazer o mesmo com menos, muitos funcionários eram demitidos, e com isso havia uma relação ganha-perde, causando desestímulo à participação da administração, centralização e clima ruim para mudança.

A racionalização segundo a Produção Enxuta começa pelo mapeamento das atividades do chão de fábrica. O objetivo é mudar um conjunto de crenças e valores dos funcionários. Por exemplo, existe a crença de que produzir um lote grande é bom. Para quebrar essa ideia, é necessário mudar o comportamento das pessoas. Isso significa fazer com que elas deixem de apenas seguir ordens e aprendam a pensar e decidir como implementar melhorias para o produto a ser fabricado.

Nesse contexto, a Produção Enxuta faz mais com o mesmo recurso. Existe uma relação ganha-ganha, pois a mudança é feita criando as condições para que o funcionário seja aproveitado de forma adequada. Isso estimula a participação, e há um clima bom para a mudança, pois todos se sentem motivados para que as alterações deem certo. Portanto, implementar é um problema de gestão de mudanças, pois o desafio está em alterar as crenças e os valores, o comportamento e a motivação das pessoas ao adotar a melhoria radical (*kaikaku*).

Os principais desafios da produção enxuta estão relacionados com a compatibilização da produção enxuta com os sistemas ERP, constituindo-se os sistemas híbridos ou mistos.

Exercícios

1. Em uma empresa fabricante de máquinas agrícolas, foi implementado um programa em que, de cada quatro funcionários, um sempre ficava em trânsito e andava 2.400 metros por dia. A partir dessa observação, a empresa implantou um sistema com uma pessoa que abastecia 25 montadores de forma organizada, e criou-se, dessa forma, um sistema logístico interno. Esse funcionário saía com um carrinho e montava um *kit*.

    Pede-se: Qual é o impacto do layout nesse caso?

2. Após um treinamento, uma empresa fabricante de refrigerantes adotou como princípio para a redução de movimentação verificar ao entrar na linha de produção quem está se movimentando. O gerente tirou fotos com uma máquina digital a cada hora. Ao analisar as fotos, verificou que 34% das pessoas estavam se movimentando.

    Pede-se: Que melhorias podem ser implementadas neste caso?

3. Uma empresa fabricante de computadores possui um intermediário entre a empresa e o cliente que é a loja de varejo. Neste caso, o cliente vai até a loja que possui produtos baseados em previsão de vendas. A loja emite uma ordem de compra para a empresa, que produz o que é solicitado também baseado em uma previsão de vendas. A previsão de vendas é gerada a partir de uma percepção de consumo. A empresa, por sua vez, envia uma ordem de compra aos seus fornecedores baseada na previsão de vendas.

    Pede-se: Identifique os gargalos existentes nessa operação sob a ótica da Produção Enxuta.

Estudo de caso

Redução de setup da máquina A

As empresas estão atrás de profissionais que saibam aplicar conceitos e técnicas.

Smed é uma técnica de troca rápida cuja ideia é diminuir o tempo de *setup* da máquina A. Essa máquina era o gargalo, pois ela trabalhava três turnos para atender dois. O tempo de *setup* era de 20 minutos, e conseguiu-se baixar para 4 minutos. Todas as mudanças foram implementadas em três semanas. A última peça boa que sai da máquina até a primeira era a troca. O primeiro tempo era de 75 minutos. Foram obtidas outras medidas e aplicou-se o Smed.

Por dia ocorriam dois *setups,* e após a melhoria, há liberdade para realizar o número de *setups* que for necessário. Não havia histórico de tempos, mas é política da empresa medir o tempo dos *setups.* Essa máquina era utilizada na fabricação de duas linhas de produtos distintas. O requisito de negócio era a redução de *setup* em 50%. Para obter esses resultados foram verificadas várias possibilidades sem gastar dinheiro. A aplicação do 5S permitiu baixar o *setup* em 50%. O *setup* consistia em tirar algumas peças e colocar outras. Era necessário tirar as peças 1, 2, 3 e 4 do produto A, por exemplo, mas os funcionários esqueciam-se de tirar a peça 2, para fazer o produto B. Para resolver esse problema as peças foram pintadas para que a pessoa possa se certificar de que todas as peças foram tiradas.

Na operação de locomoção a pessoa se deslocava várias vezes para o mesmo local para pegar as ferramentas e voltava. A caixa de ferramentas dos funcionários era uma bagunça, e havia vários equipamentos que eles nem utilizavam. Outro aspecto importante foi que de cinco funcionários que operavam a máquina apenas dois sabiam fazer o *setup.* Então quando era a vez do funcionário que não sabia, ele parava a máquina, ia até a outra fábrica, ficava cobrindo o funcionário que ia fazer o *setup* para ele e voltava para operar a máquina. Só nessa melhoria foi possível reduzir 20 minutos.

A partir das informações fornecidas, discuta as seguintes questões:

1. Quais características alinham-se com os princípios de Produção Enxuta?
2. Em quais situações relatadas podem-se obter melhorias?
3. Como tais melhorias podem ser implementadas?

PCP multimídia

Filme

Fábrica de loucuras (Gung Ho, Estados Unidos, 1986). DIR: Ron Howard. O filme satiriza o efeito da produção japonesa de automóveis no mercado americano. Motivo: permite compreender o que significou a Toyota superar as empresas automobilísticas americanas em vendas no mercado americano na década de 1980.

Verificação de aprendizado

O que você aprendeu? Faça uma descrição de 10 a 20 linhas do seu aprendizado

Os objetivos de aprendizado declarados no início foram atingidos? Responda em uma escala 1 a 3 (1. não; 2. parcialmente; 3. sim). Comente a sua resposta.

Referências

ARAÚJO, L.E.D. *Nivelamento de capacidade de produção utilizando quadros heijunka em sistemas híbridos de coordenação de ordens de produção.* Dissertação (Mestrado) – Escola de Engenharia de São Carlos, Universidade de São Paulo, 2009.

ARAÚJO, C.A.C.; RENTES, A.F. (2006). A metodologia kaizen na condução de processos de mudança em sistemas de produção enxuta, *Revista Gestão Industrial,* v.2, n.2: p.1333- 142.

FELD, W.M. *Lean Manufacturing: tools, techniques and how to use them.* Boca Raton Florida, Estados Unidos, CRC Press, 2001.

HINES, P.; TAYLOR, D. *Going Lean.* Lean Enterprise Research Centre, Ed,. Text Matters, Cardiff, UK, 2000.

LIKER, J. K. *O Modelo Toyota: 14 princípios de administração do maior fabricante do mundo.* Porto Alegre: Bookman, 2005.

LIKER, J. K.; MEYER. *Manual de aplicação do modelo Toyota.* Porto Alegre: Bookman, 2005.

MARCHWINSKI, SHOO. *Lean lexicon: a graphical glossary for lean thinkers.* Brookline: Lean Enterprise Institute, 2003.

MARQUES, D. M. N. ; GUERRINI, F. M. . Reference model for implementing an MRP system in a highly diverse component and seasonal lean production environment. *Production Planning & Control* (Print), v. 23, p. 609-623, 2012.

MOORE, R.; SCHEINKOPF, L. *Theory of Constrains and Lean Manufacturing: Friends or Foes?* Chesapeake, 1998.

MOURA, R. A.; UMEDA, A. *Administração da Produção Sistema Kanban de manufatura Just-in Time: uma introdução ás técnicas de manufaturas japonesas.* São Paulo: Instituto de Movimentação e Armazéns de Materiais, 1984.

OHNO, T. *O Sistema Toyota de Produção: além da Produção em Larga Escala.* Porto Alegre: Bookman, 1997.

RENTES, A.F. Notas de aula. São Carlos, Escola de Engenharia de São Carlos – USP, 2002.

ROTHER, M.; HARRIS, R. *Criando Fluxo Continuo*. Versão 1.0. São Paulo: Lean Institute Brasil, 2002.

ROTHER, M.; SHOOK, J. *Aprendendo a enxergar*. São Paulo: The Lean Institute Brasil, 2000.

SCHONBERGER, R. J. *Técnicas Industriais Japonesas: Nove Lições Ocultas Sobre Simplicidade*. São Paulo: Pioneira, 1992.

SHINGO, S. *Sistema Toyota de Produção do Ponto de Vista da Engenharia de Produção*. Porto Alegre: Bookman, 1996.

SPEAR, S.; KENT, B. Decodificando o DNA do sistema Toyota de produção. *Harvard Business Review*, setembro-outubro, 1999.

WOMACK, J.; JONES, D.; ROOSS, D. *Lean Thinking: Banish Waste and Create Wealth in your Corporation*. Nova York: Simon & Schuster, 1996.

WOMACK, J.; JONES, D.; ROSS, D. *A máquina que mudou o mundo*. Rio de Janeiro: Campus-Elsevier, 2004.

Apêndice

PROJETOS DE APLICAÇÃO DIDÁTICA

Fábio Müller Guerrini
Renato Vairo Belhot
Walther Azzolini Júnior

Resumo

Os projetos de aplicação didática são uma possibilidade do aluno consolidar os conhecimentos adquiridos, atingindo o nível de aprendizado de síntese. O primeiro, um projeto de caráter integrativo, permite verificar como as atividades do PCP se integram para a solução de um caso prático. O segundo projeto, direcionado para o perfil do aluno da área de Sistemas de Informação, prevê o desenvolvimento de um projeto de Engenharia de Software para um sistema MRP, cujo produto final é uma bicicleta.

Palavras-chave: Projeto de aplicação didática; PCP.

Objetivos instrucionais (do professor)

- ❖ Consolidar os conhecimentos adquiridos ao longo do livro.
- ❖ Desenvolver as capacidades de análise e síntese.
- ❖ Evidenciar a relação entre diferentes áreas de conhecimento (Engenharia de Produção e Ciência da Computação).

Objetivos de aprendizado (do aluno)

- ❖ Ser capaz de compreender as variáveis envolvidas.
- ❖ Ser capaz de escolher as técnicas apropriadas para a solução.
- ❖ Ser capaz de aplicar as técnicas.
- ❖ Perceber o caráter interdependente de cada etapa dos projetos.

PROJETO 1:
Relacionamento das atividades de PCP e sistema MRP
Motivação do projeto de aplicação didática

De uma maneira geral, os conceitos relativos às atividades do planejamento e controle de produção são desenvolvidos a partir de exercícios e situações específicas para que o aluno compreenda como aplicar um determinado mecanismo de cálculo. Os dados são normalmente apresentados de forma que o aluno não necessite raciocinar como ele foi obtido, mas como ele pode ser utilizado. Tanto os métodos quanto as técnicas aplicadas para resolver problemas de previsão de vendas, planejamento de recursos, administração de estoques e programação de atividades são apresentados na perspectiva de um fluxo de informações, que se baseia em um horizonte de tempo e uma hierarquia de planejamento que permite um processo de desagregação destas informações.

Entretanto, este discurso é apresentado para o aluno, mas na prática, os métodos e técnicas são vistos de forma compartimentada.

Para suprir essa lacuna, a motivação do projeto é permitir que o aluno sinta a necessidade de relacionar os diferentes níveis de planejamento e de horizonte de tempo, e compreenda como as informações se relacionam.

Apresentação do projeto

A Marcenaria Artesanato em Madeira Ltda. fabrica, atualmente, três tipos diferentes de porta-retratos, identificados como PR_1, PR_2 e PR_3. As vendas ocorridas, em anos passados, de cada um dos produtos são apresentadas na Tabela A.1. O último produto lançado no mercado foi o PR_3.

Estoque disponível ao final do mês de dezembro do ano 3

PR_1 = 04 unidades

PR_2 = 07 unidades

PR_3 = 02 unidades

CUSTOS VARIÁVEIS

Custos de mão de obra (médio)

PR_1 = R$8,00 por unidade do produto

PR_2 = R$12,00 por unidade do produto

PR_3 = R$10,00 por unidade do produto

Observação: Não é permitido trabalhar em hora extra.

Custos de armazenagem (médio)

PR_1 = R$10,00 por unidade do produto, por mês

PR_2 = R$8,00 por unidade do produto, por mês

PR_3 = R$15,00 por unidade do produto, por mês

Tabela A.1: Vendas de produtos nos últimos anos

ANO	MÊS	Quantidade Vendida		
		PR_1	PR_2	PR_3
Ano 1	Agosto	7		
	Setembro	5		
	Outubro	11		
	Novembro	4		
	Dezembro	10		
Ano 2	Janeiro	5	7	
	Fevereiro	5	12	
	Março	5	11	
	Abril	3	10	
	Maio	8	12	2
	Junho	6	17	5
	Julho	11	8	4
	Agosto	11	9	1
	Setembro	8	9	3
	Outubro	6	10	2
	Novembro	5	9	1
	Dezembro	3	13	3
Ano 3	Janeiro	8	12	6
	Fevereiro	8	3	2
	Março	6	13	3
	Abril	6	8	3
	Maio	6	17	2
	Junho	5	8	3
	Julho	7	16	3
	Agosto	12	16	5
	Setembro	8	5	5
	Outubro	11	8	6
	Novembro	4	16	5
	Dezembro	3	11	4
Ano 4	Janeiro			

Custos da hora-máquina regular

MA: R$3,00/hora

MB: R$2,00/hora

MC: R$2,00/hora

CUSTOS FIXOS

Os demais custos têm um valor total de R$800,00/mês

Informações de mercado

Cada produto tem uma certa parcela do mercado total, que é mantida através de uma política de preços, que é seguida por todas as empresas. O produto PR_1 tem um preço de venda de R$38,00, o PR_2 de R$48,00 e o PR_3 de R$41,00.

Sequência e tempos de fabricação

Sequência de fabricação

$PR_1 = M_A$ depois M_B

$PR_2 = M_C$ depois M_A

$PR_3 = M_B$ depois M_C depois M_A

Tabela A.2: Tempos de fabricação (em horas)

Produtos finais Máquinas	PR_1	PR_2	PR_3
M_A	5	5	3
M_B	4	-	2
M_C	-	7	4

Observação: Horas necessárias para **produzir 01 unidade** do respectivo produto.

Capacidade de produção

Considere: 20 dias úteis de segunda a sexta de cada mês, e dia com 8 horas de trabalho (normais, sem hora extra). Assim, a capacidade de produção pode ser estabelecida em horas de produção de cada máquina, estando limitada a 160 horas/mês.

Com base nessas informações, a programação de desenvolvimento do projeto é a seguinte:

Previsão de vendas

Faça uma previsão de venda para os meses de janeiro e fevereiro do ano 4, para os 3 produtos. Defina, utilizando critérios compatíveis com a demanda histórica e custos de estocagem, a quantidade a fabricar/produzir de cada um dos produtos. Justifique.

ELSEVIER APÊNDICE – PROJETOS DE APLICAÇÃO DIDÁTICA 303

Para prever é necessário escolher o método a ser adotado. A escolha depende do comportamento dos dados, que pode ter uma característica estacionária (cujos pontos flutuam em torno de uma média) não estacionária (cujos pontos apresentam claramente uma tendência crescente ou decrescente).

Para realizar essa avaliação é interessante plotar os dados em um gráfico, observar o comportamento e, a partir daí, decidir sobre o método mais adequado.

Mas, como será visto, há produtos que possuem uma flutuação grande, o que não permite identificar um padrão coerente de dados. Neste caso, deve-se procurar analisar conjuntos menores de dados ou mesmo fazer a simulação de agregar as informações dos três porta-retratos. Os dados sempre revelam algo, a questão é como delimitar a observação para tentar enxergar algum padrão.

Alguns métodos simples de previsão de vendas foram apresentados, mas quanto mais aderente for o método ao padrão de dados, melhor será a previsão. Em uma situação ideal, pode-se pensar em encontrar uma expressão matemática (por exemplo, em forma polinomial) que capture o comportamento dos dados para projeções futuras ou utilizar softwares disponíveis no mercado com métodos de previsão mais sofisticados.

Caso a indicação seja para utilizar as médias móveis, para calcular a previsão do mês de março, assuma a previsão do mês de fevereiro como dado observado para as médias móveis simples e ponderada simples. No caso da média ponderada exponencialmente, utilize a média corrida de todas as observações como dado de fevereiro do ano 4 para calcular a previsão de março.

1. Assumindo que a sua previsão foi igual às vendas dos meses de janeiro e fevereiro do ano 4 (foi vendido exatamente o que previu), calcule o estoque remanescente de cada produto no final de janeiro e de fevereiro.

2. Recalcule os estoques de cada um dos produtos, no final dos meses de janeiro e de fevereiro, sabendo que a demanda real foi:

Tabela A.3: Demanda real

	Janeiro – Ano 04	Fevereiro – Ano 04
P.R. 1	9	8
P.R. 2	6	13
P.R. 3	6	3

O estoque no período seguinte é dado pela seguinte expressão:

$$E_{t+1} = E_t + P_t - D_t$$

(1)

Onde:

E_{t+1} é o estoque no período futuro

E_t é o estoque no período

P_t é a previsão do período

D_t é a demanda do período

Para facilitar a compreensão da dinâmica de produção, estoque e demanda, considere a Figura A.1.

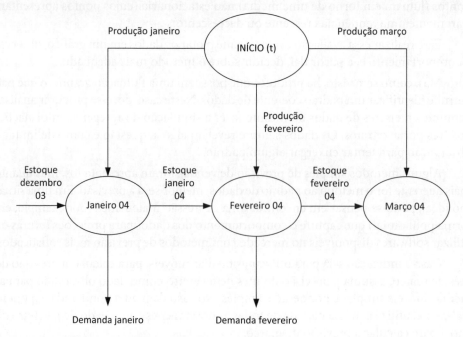

Figura A.1: Dinâmica de produção, estoque e demanda.

É importante notar que o estoque final do período anterior corresponde ao estoque inicial do período subsequente. Para facilitar a compreensão desta dinâmica, pode-se utilizar a Tabela A.4 para raciocinar para cada porta-retratos, a partir da Equação 1.

Tabela A.4: Balanceamento de estoque

Mês	Et	Pt (fabricação)	Dt	Estoque final
Dezembro 03	----------	----------	----------	
Janeiro 04				
Fevereiro 04				

Quando ocorrer do estoque final ser negativo, isso significa que houve ruptura de estoque. Quando há ruptura, significa que a previsão falhou e a fabricação precisará compensar o que deixou de ser atendido no período anterior. Por isso, adota-se a prática de fazer a previsão de pelo menos três períodos à frente, detalhando o primeiro período, de modo a facilitar a incorporação dessas ocorrências em períodos futuros. Quanto mais aderente for o método à flutuação dos dados, melhor será a previsão e a possibilidade de ruptura será menor. É oportuno lembrar que há um custo associado à falta de produto em estoque, que em alguns casos pode ser muito alto. Imagine

ELSEVIER APÊNDICE – PROJETOS DE APLICAÇÃO DIDÁTICA

que um container, para exportação, não pode ser enviado porque faltaram algumas unidades de um produto.

Plano de produção

Estabeleça um Plano de Produção para o mês de março do ano 4 para os três produtos, atendendo à demanda, minimizando os custos, e que seja viável em termos de capacidade produtiva. Desenvolva um Modelo de Programação Linear para Minimizar os Custos Totais e resolva usando o software LINDO ou o *Solver* da planilha Excel.

A modelagem matemática do projeto é fornecida com três níveis de detalhamento: 1) a modelagem genérica, que define a função objetivo e as restrições; 2) a modelagem com as variáveis do projeto, o que significa substituir PR1, PR2 e PR3 na função objetivo e nas restrições; e, finalmente, 3) a modelagem final do projeto que substitui os valores relativos à previsão, estoques e custos para PR1, PR2 e PR3. Portanto, a função objetivo e as restrições da modelagem final do projeto podem ser implementadas no software LINDO ou na planilha Excel para determinar o plano de produção para o mês de março do ano 4 e o custo desse plano.

Mas o que significa estabelecer um plano de produção? Se já é conhecida a previsão, o que precisa ser calculado afinal?

A previsão é um indicativo de quanto precisará ser produzido para atender a demanda esperada, mas o que efetivamente será fabricado depende de condicionantes relacionados com o número de máquinas disponíveis para realizar as operações; disponibilidade de mão de obra e avaliação da necessidade de horas extras ou mesmo subcontratação em função do prazo para entrega; recursos financeiros disponíveis para arcar com os custos de produção e estoques remanescentes de outros períodos e da própria incerteza associada à previsão da demanda (o que pode levar à decisão de produzir uma quantidade maior que a determinada pela previsão).

A própria ideia de ajuste do que será efetivamente fabricado, em função de uma eventual ruptura de estoque em um período anterior, é uma variável que precisa ser considerada. Ao mesmo tempo, toda empresa possui uma capacidade limite para atender a demanda, o que definirá a política de capacidade a ser considerada (acompanhamento de demanda, capacidade constante ou gestão de demanda).

Como analogia do nosso cotidiano, sempre que uma pessoa viaja, faz uma estimativa de gastos, considerando passagens, hotel, alimentação e gastos com presentes. Mas, durante a viagem alguns gastos podem ser maiores do que o planejado inicialmente e o cartão de crédito pode ser uma opção para amortizar, ao longo do tempo, os gastos extras. O que essa pessoa gastou efetivamente pode ser considerado como o que foi fabricado na empresa. É importante compreender que a capacidade de 160 horas mensais obtida a partir das 8 horas diárias de trabalho por 20 dias por mês é a capacidade teórica. Deve-se considerar que a partir dessa capacidade teórica pode-se identificar uma capacidade prática, na qual se consideram **fatores previsíveis** que diminuem o tempo disponível para produção, como, por exemplo, a preparação de uma máquina para fabricar outro produto, os tempos ociosos que surgem devido a sequência da produção ou uma parada programada da máquina para manutenção preventiva. E, finalmente, a capacidade real, que além de incorporar os fatores previsíveis, também considera os fatores imprevisíveis, tais como uma queda de energia ou atraso na entrega de matéria-prima.

Programação de atividades

No item anterior, você definiu a quantidade a ser produzida de cada um dos três produtos, através do plano de produção. Para esta quantidade, faça a Programação da Produção para o mês de março do ano 4, construindo um gráfico de Gantt. Para elaborar o gráfico de Gantt considere as seguintes situações:

❖ **Cenário 1**: Livre escolha para o tamanho de lote. Indicar como o tamanho do lote foi definido. O tamanho do lote pode ser a quantidade total a ser fabricada, por exemplo, 7 produtos. Ao adotar esse lote e supondo que cada item leve 6 horas, assume-se que a máquina ficará indisponível por 42 horas. Se a opção for por um lote de 2 unidades, a máquina só ficará indisponível por 12 horas. Entretanto, neste caso, o tamanho do lote modificará a quantidade a ser produzida, pois como o lote é de 2 unidades, deverão ser produzidos 4 lotes, totalizando 8 itens, ou seja, será fabricado um item adicional que se converterá em estoque.

❖ **Cenário 2**: Suponha o seguinte padrão de consumo: PR1 vende tudo na 1ª quinzena; PR2 vende de forma distribuída ao longo do mês; PR3 vende tudo na última semana. Lembrete: o que está sendo produzido vai para o estoque (como reposição). É esse estoque que atende a esse padrão de consumo.

❖ **Cenário 3**: Como já deve ter observado, surgiram tempos ociosos devido a sequência adotada na elaboração do cenário 2. Estabeleça uma nova programação respeitando o padrão de consumo (cenário 2), procurando minimizar o tempo ocioso das máquinas. Para isso, modifique a sequência de produção.

A partir do gráfico de Gantt, suponha que no início do terceiro dia de produção a Máquina A não ligou e o tempo de reparo é de dois dias, voltando a estar disponível somente no início do quinto dia de produção. Faça a reprogramação da produção e avalie as consequências em termos de prazo.

MRP

A partir da série histórica apresentada na Tabela A.7, faça uma previsão de consumo de todos os materiais que entram na composição dos porta-retratos, supondo que a demanda por eles é independente. Isto é, faça a previsão do mesmo modo que fez para os porta-retratos (identifique o padrão dos dados e escolha a técnica mais adequada). Depois de feita a previsão e levando em conta os estoques, determine a quantidade a comprar de cada um desses materiais.

ELSEVIER APÊNDICE – PROJETOS DE APLICAÇÃO DIDÁTICA 307

Usando os conceitos de MRP, elabore a Árvore dos Produtos.

A partir das árvores de produtos e considerando a quantidade a produzir de cada porta-retratos (resultado do plano de produção), faça o cálculo das necessidades de materiais, considerando os dados disponíveis na Tabela A.5. Defina a quantidade a comprar de cada material considerando a posição dos estoques, conforme Tabela A.6

Tabela A.5: Quantidades de material

Produto/material	PR1	PR2	PR3
Ripa	0,60 m	1,0 m	1,20 m
Sachê de cola para madeira	1	2	3
Vidro redondo	1 unidade	-----	----
Vidro retangular		1 unidade	----
Vidro quadrado		-----	2 unidades
Moldura decorativa tipo 1	4 unidades	-----	----
Moldura decorativa tipo 2	----	4 unidades	----
Moldura decorativa tipo 3	----	----	4 unidades
Suporte de parede pequeno	1	----	----
Suporte de parede médio	----	1	2

Tabela A.6: Posição dos estoques

Ripa	15 ripas de 3 m
Sachê de cola	24
Vidro redondo	6 unidades
Vidro retangular	9 unidades
Vidro quadrado	18 unidades
Moldura decorativa tipo 1	94 unidades
Moldura decorativa tipo 2	128 unidades
Moldura decorativa tipo 3	94 unidades
Suporte de parede pequeno	16
Suporte de parede médio	47

Compare a quantidade a comprar de materiais considerando a demanda independente com as quantidades considerando o MRP. Qual a diferença?

Cada um dos porta-retratos utiliza as seguintes matérias-primas e quantidades (Tabela A.5).

A situação de estoque de cada um desses insumos, no mês de dezembro do ano 3, é a seguinte (Tabela A.6 e A.7):

Tabela A.7: Dados sobre os materiais

Ano	Mês				Ripas de madeira	Sachê de cola	Ripas de madeira (ajustada)	Sachê de cola
1	Agosto	7			4,2	6	5	6
	Setembro	5			3	5	3	5
	Outubro	11			6,6	10	7	10
	Novembro	4			2,4	5	3	5
	Dezembro	10			6	10	6	10
2	Janeiro	5	7		10	19	10	19
	Fevereiro	5	12		15	29	15	29
	Março	5	11		14	27	14	27
	Abril	3	10		11,8	23	12	23
	Maio	8	12	2	19,2	38	20	38
	Junho	6	17	5	26,6	55	27	55
	Julho	11	8	4	19,4	39	20	39
	Agosto	11	9	1	16,8	32	17	32
	Setembro	8	9	3	17,4	35	18	35
	Outubro	6	10	2	16	32	16	32
	Novembro	5	9	1	13,2	26	14	26
	Dezembro	3	13	3	18,4	38	19	38
3	Janeiro	8	12	6	24	50	24	50
	Fevereiro	8	3	2	10,2	20	11	20
	Março	6	13	3	20,2	41	21	41
	Abril	6	8	3	15,2	31	16	31
	Maio	6	17	2	23	46	23	46
	Junho	5	8	3	14,6	30	15	30
	Julho	7	16	3	23,8	48	24	48
	Agosto	12	16	5	29,2	59	30	59
	Setembro	8	5	5	15,8	33	16	33
	Outubro	11	8	6	21,8	45	22	45
	Novembro	4	16	5	24,4	51	25	51
	Dezembro	3	11	4	17,6	37	18	37
4	Janeiro	9	6	6	18,6	39	19	39
	Fevereiro	8	13	3	21,4	43	22	43
	Março	5	8	5	17	36	17	36
	Abril	4	9	4	16,2	34	17	34
	Maio	7	15	6	26,4	55	27	55
	Junho	6	8	2	14	28	14	28
	Julho							

Observação: As ripas de madeira só podem ser compradas por unidade (inteiras).

ELSEVIER   APÊNDICE – PROJETOS DE APLICAÇÃO DIDÁTICA

A seguir, apresenta-se a modelagem matemática do projeto genérica, com as variáveis do projeto e com os valores do projeto (final).

Modelagem do projeto - genérica

Variáveis de decisão (variáveis que irão assumir valores na otimização)

CMO_i = custo de mão de obra do produto i

CHM_k = custo da hora da máquina k

$X_{i,t}$ = quantidade produzida (fabricada) do produto i, no período t

$EF_{i,t}$ = estoque do produto i, no final do período t

Função Objetivo

$$\text{Min} Z = \sum_{i=1}^{n} \sum_{t=1}^{T} \left(CMO_i \cdot X_{i,t} + CHM_{t,k} \cdot X_{i,t} \cdot THM_{i,k} + CE_{i,t} + CE_{i,t} \cdot EF_{i,t} \right)$$

$$\left(\text{no projeto } i = PR_1, PR_2 \text{ e } PR_3 \text{ e } t = \text{março e } k = \text{máquina A, B ou C} \right)$$

Observação: O custo total de armazenagem do período será calculado com base no estoque existente no final do período t. Na formulação adotou-se o custo de armazenagem fixo por período, mas o custo de mão de obra $(CMO)_i$ pode ser diferente para cada produto, a cada período, assim como o custo da hora-máquina $(CHM_k)_{i,t}$.

Sujeito a:

1. **Restrição da Equação de Equilíbrio de Estoques (restrição que garante o atendimento da demanda que será representada por $\lambda_{i,t}$)**

$EF_{i,t} = EF_{i, t-1} + X_{i,t} - \lambda_{i,t}$ onde i = 1, 2, ..., n ; t = 1, 2, ..., T

2. **Restrição da capacidade de trabalho das máquinas A, B e C**

$$\sum_{i=1}^{n} \sum_{t=1}^{T} X_{i,t} \cdot THM_{i,k} \leq HDM_{t,k} \quad t = 1,2,...,T \text{ e } k = A, B, C \text{ onde}$$

$HDM_{t,k}$ é a quantidade de horas de trabalho (normal) disponível no período t - na máquina (K = A, B e C).

$THM_{i,k}$ = tempo unitário de produção do produto i, na máquina k.

Uma forma alternativa de escrever as restrições de capacidade das máquinas é apresentada a seguir:

$$\sum_{i=1}^{n} \sum_{t=1}^{T} X_{i,t} \cdot KMA_i \leq HDMA_t$$

$$\sum_{i=1}^{n} \sum_{t=1}^{T} X_{i,t} \cdot KMB_i \leq HDMB_t$$

$$\sum_{i=1}^{n} \sum_{t=1}^{T} X_{i,t} \cdot KMC_i \leq HDMC_t \quad \text{para } i = 1,2,...,T \text{ onde:}$$

KMA_i, KMB_i e KMC_i são os tempos que cada produto (1, 2 e 3) usa de cada máquina A, B e C.

$HDMA_t$, $HDMB_t$ e $HDMC_t$ são respectivamente o total de horas disponível em cada máquina A, B e C no período t (em março)

3. **Restrição de quantidade de estoque exigido no final do período t de cada produto**

$EF_{i,t} \geq K_{i,t}$ onde K é o estoque final do produto i no período t.

Modelagem do projeto com as variáveis do projeto

Variáveis de decisão

$X_{PR1,03}$, $X_{PR2,03}$; $X_{PR3,03}$ (Quantidade dos produtos PR_1, PR_2 e PR_3 a ser produzida no mês de março)

$EF_{PR1,03}$, $EF_{PR2,03}$; $EF_{PR3,03}$ (Estoque final dos produtos PR_1, PR_2 e PR_3 no final do mês de março)

Função Objetivo

$$Min Z= \begin{bmatrix} \left(CMO_{PR1} \cdot X_{PR1,03}\right)+\left(CHMA \cdot X_{PR1,03} \cdot THM_{PR1,MA} \cdot\right)+\left(CHMB \cdot X_{PR1,03} \cdot THM_{PR1,MB} \cdot\right) \\ +\left(CE_{PR1} \cdot EF_{PR1,03}\right) \end{bmatrix} +$$
$$\begin{bmatrix} \left(CMO_{PR2} \cdot X_{PR2,03}\right)+\left(CHMA \cdot X_{PR2,03} \cdot THM_{PR2,MA}\right)+\left(CHMC \cdot X_{PR2,03} \cdot THM_{PR2,MC}\right) \\ +\left(CE_{PR2} \cdot EF_{PR2,03}\right) \end{bmatrix} +$$
$$\begin{bmatrix} \left(CMO_{PR3} \cdot X_{PR3,03}\right)+\left(CHMA \cdot X_{PR3,03} \cdot THM_{PR3,MA}\right)+\left(CHMB_{03} \cdot X_{PR3,03} \cdot THM_{PR3,MB}\right) \\ +\left(CHM \cdot X_{PR3,03} \cdot THM_{PR3,MC}\right)+\left(CE_{PR3} \cdot EF_{PR3,03}\right) \end{bmatrix} +800$$

Sujeito a

1. **Restrição de Equilíbrio de Estoques (equação de balanço de estoques - garante atendimento de demanda)**

$EF_{PR1,03} = EF_{PR1,02} + X_{PR1,03} - \lambda_{PR1,03}$
$EF_{PR2,03} = EF_{PR2,02} + X_{PR2,03} - \lambda_{PR2,03}$
$EF_{PR3,03} = EF_{PR3,02} + X_{PR3,03} - \lambda_{PR3,03}$

onde

$EF_{PR1,03}$, $EF_{PR2,03}$, $EF_{PR3,03}$ = variáveis

$EF_{PR1,02}$, $EF_{PR2,02}$, $EF_{PR3,02}$ = valores conhecidos (referem-se ao mês de fevereiro)

$X_{PR1,03}$, $X_{PR2,03}$ $X_{PR3,03}$ = variáveis

$\lambda_{PR1,03}$, $\lambda_{PR2,03}$, $\lambda_{PR3,03}$ = valores previstos (ou fornecidos)

ELSEVIER APÊNDICE – PROJETOS DE APLICAÇÃO DIDÁTICA

2. Restrição de limite de capacidade de trabalho em cada máquina A, B e C

Máquina A : $\text{THM}_{PR1,MA} \cdot X_{PR1,03} + \text{THM}_{PR2,MA} \cdot X_{PR2,03} + \text{THM}_{PR3,MA} \cdot X_{PR3,03} \leq \text{HDM}_{03,A}$
Máquina B : $\text{THM}_{PR1,MB} \cdot X_{PR1,03} + \text{THM}_{PR3,MB} \cdot X_{PR3,03} \leq \text{HDM}_{03,B}$
Máquina C : $\text{THM}_{PR2,MC} \cdot X_{PR2,03} + \text{THM}_{PR3,MC} \cdot X_{PR3,03} \leq \text{HDM}_{03,C}$

onde $\text{THM}_{PRi,K}$ é o tempo que o produto i (1, 2, 3) passa pela máquina K (A, B, C)

3. Restrição de quantidade de estoque exigido no final do mês de março. Essa quantidade deve ser definida em compatibilidade com os custos de armazenagem e a demanda

$EF_{PR1,03} \geq K_{PR1,03}$, onde $K_{PR1,03} > 0$ é um número, uma constante para o modelo. Em outras palavras, significa o estoque final desejado para o produto 1, no final de março. (Definido pelo aluno)

$EF_{PR2,03} \geq K_{PR2,03}$, onde $K_{PR2,03} > 0$ é um número, uma constante para o modelo. Em outras palavras, significa o estoque final desejado para o produto 2, no final de março. (Definido pelo aluno)

$EF_{PR3,03} \geq K_{PR3,03}$, onde $K_{PR3,03} > 0$ é um número, uma constante3 para o modelo. Em outras palavras, significa o estoque final desejado para o produto 3, no final de março. (Definido pelo aluno)

As restrições de negatividade são as seguintes:

$$X_{PR1,03}, X_{PR2,03}, X_{PR3,03} \geq 0$$
$$E_{PR1,03}, E_{PR2,03}, E_{PR3,03} \geq 0$$

Modelagem matemática final do projeto

Observação: Quando o modelo for inserido no software LINDO, não é preciso usar parênteses ou colchetes. Aqui aparecem para facilitar a identificação dos produtos 1, 2 e 3. No caso do Excel basta utilizar o *Solver*.

Função Objetivo

Mão de obra   Máquina A   Máquina B   Estoque

$$
\begin{aligned}
\text{Min } Z = & \left[\left(8,00 \cdot X_{PR1,03}\right) + \left(3,00 \cdot X_{PR1,03} \cdot 5\right) + \left(2,00 \cdot X_{PR1,03} \cdot 4\right) + \left(10,00 \cdot EF_{PR1,03}\right) \right] + \\
& \left[\left(12,00 \cdot X_{PR2,03}\right) + \left(3,00 \cdot X_{PR2,03} \cdot 5\right) + \left(2,00 \cdot X_{PR2,03} \cdot 7\right) + \left(8,00 \cdot EF_{PR2,03}\right) \right] + \\
& \left. \begin{array}{l} \left[\left(10,00 \cdot X_{PR3,03}\right) + \left(3,00 \cdot X_{PR3,03} \cdot 3\right) + \left(2,00 \cdot X_{PR3,03} \cdot 2\right) + \left(2,00 \cdot X_{PR3,03} \cdot 4\right) + \\ \left(15,00 \cdot EF_{PR3,03}\right) \right] \end{array} \right\} + 800,00
\end{aligned}
$$

Simplificação da função objetivo (somando os valores comuns a cada produto):

$$\text{Min Z} = \left[\left(31,00 \cdot X_{PR1,03}\right) + \left(10,00 \cdot EF_{PR1,03}\right)\right] + \left[\left(41,00 \cdot X_{PR2,03}\right) + + \left(8,00 \cdot EF_{PR2,03}\right)\right] + \left[\left(31,00 \cdot X_{PR3,03}\right) + + \left(15,00 \cdot EF_{PR2,03}\right)\right] + 800,00$$

Sujeito a

1. **Restrição de Equilíbrio de Estoques (equação de balanço de estoques - garante atendimento de demanda)**

$$EF_{PR1,03} = EF_{PR1,02} + X_{PR1,03} - \lambda_{PR1,03}$$
$$EF_{PR2,03} = EF_{PR2,02} + X_{PR2,03} - \lambda_{PR2,03}$$
$$EF_{PR3,03} = EF_{PR3,02} + X_{PR3,03} - \lambda_{PR3,03}$$

onde

$EF_{PR1,03}, EF_{PR2,03}, EF_{PR3,03}$ = variáveis
$EF_{PR1,02}, EF_{PR2,02}, EF_{PR3,02}$ = valores conhecidos (referem-se ao mês de fevereiro)
$X_{PR1,03}, X_{PR2,03} X_{PR3,03}$ = variáveis
$\lambda_{PR1,03}, \lambda_{PR2,03}, \lambda_{PR3,03}$ = valores previstos (ou fornecidos)

2. **Restrição de limite de capacidade de trabalho em cada máquina A, B e C**

Máquina A : $5 \cdot X_{PR1,03} + 5 \cdot X_{PR2,03} + 3 \cdot X_{PR3,03} \leq 160 \left(8 \text{ horas em 20 dias}\right)$
Máquina B : $4 \cdot X_{PR1,03} + 2 \cdot X_{PR3,03} \leq 160$
Máquina C : $7 \cdot X_{PR2,03} + 4 \cdot X_{PR3,03} \leq 160$

onde $THM_{PRi,K}$ é o tempo que o produto i (1, 2, 3) passa pela máquina K (A, B, C)

3. **Restrição do estoque final de cada produto no mês de março (t = 3) (cada aluno define uma quantidade para cada produto)**

$$EF_{PR1,03} \geq K_{PR1,03} \text{ onde } K_{PR1,03} \geq 0$$
$$EF_{PR2,03} \geq K_{PR2,03} \text{ onde } K_{PR2,03} \geq 0$$
$$EF_{PR3,03} \geq K_{PR3,03} \text{ onde } K_{PR3,03} \geq 0$$

As restrições de negatividade são as seguintes:

$$X_{PR1,03}, X_{PR2,03}, X_{PR3,03} \geq 0$$
$$E_{PR1,03}, E_{PR2,03}, E_{PR3,03} \geq 0$$

Observação: Nessas três restrições, o valor do estoque final desejado para cada produto deve ser especificado compatível com os custos de armazenagem e a demanda.

ELSEVIER APÊNDICE – PROJETOS DE APLICAÇÃO DIDÁTICA

PROJETO 2:
Projeto de Engenharia de Software de um sistema MRP

Agradecimento à Cristiane Carneiro da Silva pelas sugestões

Com as informações geradas no exemplo relativo à bicicleta (Capítulo 7) e com outras informações que você pode supor, é possível desenvolver um sistema MRP. O sistema deve conter os seguintes módulos (e respectivos relatórios): plano mestre de produção (MPS), plano de necessidades de materiais (MRP), emissão de ordem de compra, emissão de ordens de fabricação.

A proposta do projeto é integrar conhecimentos da área de Planejamento e controle da produção com conhecimentos da área de Engenharia de Software. O projeto utilizará a documentação pertinente à Engenharia de Software. Quatro tipos de documentos devem ser gerados.

* Documento de requisitos
* Diagrama de atores
* Casos de uso
* Mock-ups

Sugere-se que os alunos que não tenham tido contato prévio com esse assunto, sejam integrados a grupos que possuam alunos que tenham cursado a disciplina Engenharia de Software.

1. Documento de requisitos

O propósito deste documento é apresentar a descrição dos serviços e funções que o objeto do projeto deve prover, bem como as suas restrições de operação e propriedades gerais, a fim de ilustrar uma descrição detalhada do sistema resultante do projeto para um auxílio durante as etapas de análise, projeto e testes. O documento especifica todos os requisitos funcionais e não funcionais do sistema e foi preparado levando-se em conta as funcionalidades levantadas durante a fase de concepção do projeto. Esse documento deve conter os seguintes itens:

1. Introdução
    1.1. Escopo do projeto
2. Descrição geral
    2.1. Funções do Projeto
    2.2. Características dos Usuários
    2.3. Restrições
    2.4. Suposições e Dependências

3. Requisitos específicos

   3.1. Interfaces externas

   3.2. Requisitos funcionais

4. Informações de apoio

2. Diagrama de atores

O diagrama de atores identifica como os atores (ou usuários do sistema) se relacionam com o sistema. O diagrama de atores pode especificar a hierarquia (em função dos cargos) de quem acessa o sistema ou o nível de acesso, que especifica níveis que aumentam ou diminuem o escopo das informações que podem ser acessadas. No caso desse projeto, especificaremos em termos de níveis de acesso.

3. Casos de uso do sistema

O documento de casos de uso do sistema é um guia para o desenvolvedor que esclarece como as informações devem ser apresentadas e como os atores interagem com as mesmas. Apoia as demais atividades de desenvolvimento e a compreensão das funcionalidades do sistema, facilitando o desenvolvimento do sistema. A apresentação dos casos de uso deve contemplar os seguintes itens:

1. Breve descrição

2. Breve descrição dos atores

3. Pré-condições

4. Fluxo básico de eventos

5. Pós-condições

6. Requisitos especiais

4. *Mock-ups*

Mock-up é um modelo minimizado ou em tamanho real de um design ou aparelho, usado para o ensino, demonstração, validação de design, entre outros usos. Um mock-up é um protótipo com o qual se consegue demonstrar o funcionamento total ou parcial de um design. Mock-ups são utilizados para que sejam recebidos retornos de usuários. Os protótipos terão os seguintes objetivos:

Representar um protótipo do sistema

Simular a interface

Facilitar o entendimento

Aproximar os resultados iniciais da proposta final

5. Sugestão de ferramentas para o projeto

Ferramenta case: Star UML (http://www.baixaki.com.br/download/staruml.htm)

Ferramenta para prototipação: Pencil (http://pencil.evolus.vn/)